해양 유전 개발

| 해양 플랜트 산업 개론 |

안병무 ·

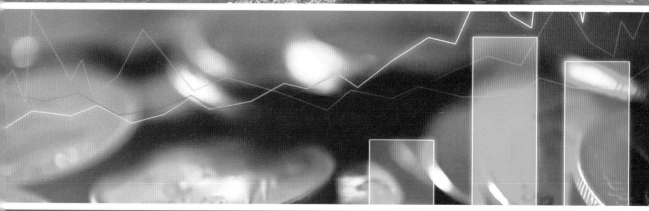

청문각

추천사

대우조선해양(주) 해양사업담당 **지영택 상무**

석유 및 가스 산업 관련한 여러 방면의 책들이 발간되었으나 산업 일부분이나 기능의 일부분을 다룬 것들이 대부분이었습니다.

이 책은 저자가 석유회사 및 금융회사 등에 근무하면서 얻은 지식과 경험을 바탕으로, 석유 산업의 개발 계획, 자금의 조달 방법 및 실행 단계까지를 아우르는 산업계 전반에 대한 이야기를 담아냈습니다.

특히, 우리나라의 관련 업체가 강점을 가지고 있는 하드웨어 측면(설계, 구매, 제작)뿐 아니라 보완이 필요한 소프트웨어 측면(개발 계획 및 금융 조달)에 관한 내용을 담았다는 점에서 의미가 있다고 봅니다.

석유 산업 관련 학과에서 공부하는 학생이나 산업에 관심 있는 독자 및 산업에 종사하는 독자가 산업을 이해하는 데 큰 도움이 될 것으로 믿습니다.

한국석유공사 기술개발처 **이준석 처장**

국내 석유 개발 산업이란 열쇠로 조선해양 플랜트 산업의 활성화를 열자!

화장품, 세제, 비료, 의류, 술, 아스피린, 베이킹 소다의 공통점은 모두 석유로 만든다는 것이다. 이제 석유가 자동차 연료나 전기 발전 분야에서만 쓰이는 게 아니라 우리 생활 모든 분야에서 필수적으로 된 것이다.

우리나라는 세계 8위의 석유 소비국이면서 석유 소비량의 거의 100%를 해외에서 수입하고 있다. 또한 석유 소비의 90%가 산업 및 수송용으로 활용될 정도로 우리의 석유 의존도는 매우 높다. 그러나 국내에서는 동해가스전 이외에는 석유가 생산되지 않고, 석유도 중동 위주로 수입되고 있기 때문에 장기적으로 적정한 가격에 적정 물량의 에너지를 확보할 수 있는 능력을 표현하는 에너지 안보 지수는 매우 낮다.

그러나 외국 대부분 국가들은 유가의 등락에 상관없이 안정적으로 석유를 조달하기 위해 국가 주도로 석유 개발부터 주유소까지 일괄 조업을 하는 형태로 사업을 해오고 있다.

지속적인 석유 자원의 개발은 국가의 안정적 발전을 위해서 필수적일 뿐만 아니라 관련 산업의 파급효과가 매우 크다. 석유 탐사부터 개발 생산, 철거 단계까지 대규모의 자금 및 설비 등이 투입되므로 철강, 조선, 해양 플랜트, 금융, 보험 등 관련 분야가 유기적으로 결합되어 지원해 줘야 성공할 수 있다. 2014년 〈FORTUNE〉지 선정 세계 10대 기업 중 5개가 석유 기업이란 것을 보면 석유 개발 기업의 수익성 및 규모를 짐작할 수 있다.

따라서 수출을 통해 경제 발전을 이룩해 온 우리나라가 지속적으로 성장을 해나가기 위해서는 수익성이 높고 연관 사업의 파급 효과가 큰 석유 개발 사업에 적극적으로 참여하고 이를 통해 국내 기업들이 동반 성장할 수 있는 기틀을 마련하는 것이 매우 중요하다. 그리고 이를 위해서는 먼저 상대적으로 불모지인 국내에서 석유 개발에 대한 제대로 된 인식과 정보를 공유하는 것이 필수적이다.

본인이 다년간 플랜트 협회, 조선사, 금융회사 등에서 석유 개발에 대한 강의를 하면서 느낀 부분은 과거보다 최근에는 석유 개발에 대한 관심이 매우 높아졌으나 이에 대한 정보를 정확히 얻을 수 있는 곳은 석유공사, 가스공사 및 연구소 등으로 극히 제한적이며, 또한 실무적인 경험에 바탕을 두고 있는 지식 및 정보를 얻을 수 있는 곳은 석유공사가 거의 유일하다는 것이다.

이러한 상황에서 〈해양 유전 개발〉이 발간된 것은 매우 시의 적절한 것으로 보인다. 이 책은 저자가 외국에서 다년간 근무한 경험을 바탕으로 해양 유전 개발 프로세스를 진행 순서대로 기술하였다. 석유가스 산업 개요로부터 탐사, 개발을 위한 기획 및 실행과 프로젝트 관리와 금융 분야 등 다양한 분야를 다루고 있고, 기존의 석유 탐사, 시추 및 개발에 대한 서적들이 이론 위주로 기술된 데 반하여 실무적 측면에서 다양한 내용을 기술하고 있어 조선해양 플랜트 업무와 석유 개발 관련 서비스를 제공하는 기술자들뿐만 아니라 석유 개발 기술자에게도 매우 유익할 것으로 보인다. 또한 내용 구성에 있어서도 기존의 석유 개발 관련 서적들이 석유 개발 기술자 관점에서 석유 탐사부터 개발에 이르는 과정의 개념을 설명하였으나 여기서는 플랜트 기술자 입장에서 석유 개발 단계를 설명하고 실제 개발 단계에서 설계, 비용 산출, 건설 및 설치 등에 관한 정보를 플랜트 및 석유 개발 기술자들이 공히 실무에 잘 활용할 수 있도록 기술하였다.

앞으로 이 책이 잘 활용되어 석유 개발 기술, 특히 해양 플랜트 산업 기술 활성화의 마중물이 되고 이를 바탕으로 조선해양 플랜트 산업 분야를 포함한 석유 산업 관련 분야가 국내에서 신산업 분야로 발전되어 국가 발전에 큰 일익을 담당했으면 하는 바람이다. 그리고 이를 위해서는 석유 개발 현장 경험과 이론을 공유하기 위한 석유 개발 기업과 해양 플랜트 기업 등 관련 기업 간에 지속적인 협조와 교류가 필수적이다.

한국조선해양플랜트협회 **유병세** 전무

많은 서적들이 시장이나 공급사슬, 엔지니어링을 중심으로 해양 플랜트 산업을 다루고 있는 반면 이 책은 경험하기 어려운 해양 유전 개발 프로세스에 대한 상세한 접근과 더불어 기술(記述)의 방향을 노르웨이 석유회사들 중심으로 한 것이 다른 많은 서적들과 크게 차별되는 요소라고 할 수 있다. 또한 해양 플랜트에서 대규모 적자를 경험하며 위기에 처해 있는 한국 조선업계가 어떠한 접근 방법을 가져야 하는지에 대해서도 저자 나름의 시각을 엿볼 수 있다는 것은 이 책이 주는 큰 선물이다.

이와 더불어, 끝부분에서 해양 프로젝트 금융조달 기법을 포함하여 조달 시 고려되는 사항과 실 사례로 FPSO 금융 구조에 대해서 언급하고 있어 해양 플랜트 산업의 다른 면을 이해할 수 있는 좋은 기회가 되고 있다.

저자는 노르웨이 현지에서의 경험을 바탕으로 추상적인 면을 걷어내고 정확하고 구체적인 내용 전달을 위해 용어 하나, 표현 하나에도 꼼꼼히 검토한 흔적이 역력하다. 개론서이면서도 전문성을 갖추고 있다는 점은 국내 조선업을 포함하여 석유가스 업계에 종사하시는 분들과 해양 플랜트 산업을 공부하는 학생들에게도 많은 도움을 줄 수 있을 것으로 확신하며, 이 책을 통해 현재 위기 극복을 위해 노력하고 있는 우리의 모습을 다시 한번 반추(反芻)하고, 앞으로 더욱 더 어려워질 환경에서 훌륭히 살아남을 수 있는 차별성을 찾을 수 있기를 기대한다.

KDB산업은행 PF2실 **유진석** 부부장

Upstream 및 해양 플랜트 산업에 대한 다양한 기술적 이슈에 대해 충실히 내용이 잘 정리되어 있어서 관련 분야 전공자뿐만 아니라 금융권에 있는 담당자 입장에서도 도움이 많이 될 것 같습니다.

자원 개발에 대해 호의적이지만은 않은 안타까운 분위기 속에서 저자들의 노력이 빛을 발하는 시기가 빨리 도래하기를 바랍니다.

한국무역보험공사 해양금융부 **김홍익** 팀장

'14년 중반 유가 급락 이후 침체된 오프쇼어 자원 개발이 최근 유가 반등, 업계의 경영 효율 제고 노력 등에 따라 다시금 활성화를 위한 온기가 서서히 돌고 있는 상황에서, 해양 유전 개발과 관련한 기본 개념 및 세부 프로세스를 쉽게 설명한 실무서가 발간되어 너무나 반갑고 저자의 노력에 박수를 보낸다. 사실, 국내 조선소에 발주된 해양 플랜트에 대한 중장기 수출 금융을 지원하는 업무를 담당하고 있지만 upstream 산업의 구체적인 이해가 없기에 늘 답답함을 느껴왔다. 해양 유전의 기획/개발 과정 등 동 산업의 전체를 조망하는 지식과 이해는 우리나라 해양 금융 종사자들에게 그동안 쉽사리 얻을 수 없었던 'the missing piece of the puzzle'과 같은 실질적인 도움이 될 것임을 확신한다.

한국해양대학교 해양플랜트운영학과 **이강기** 교수

이 책에서 저자는 해양 석유 탐사 및 개발의 선두 주자인 노르웨이 등지에서 얻은 경험을 바탕으로 해양 유전 개발의 실무적 이벤트를 시간순으로 정리하고 있다. 기존 서적들이 다소 이론에 치우친 해설서인 반면, 저자는 석유 가스 산업 현장의 상류(upstream) 부문의 방대한 가치사슬에 대해 설명함으로써 독자들의 이해를 돕고 저유가로 인해 힘든 우리 연관 산업이 나아갈 방향을 제시하고 있다. 수많은 인재들이 자원 개발과 해양 플랜트 연관 산업에 종사를 하고 있지만 유전 개발에 직접적인 경험이 부족하여 관련 기술이 축적되지 못한 것이 우리나라 현실이다. 이 책의 출간으로 우리나라 석유가스, 조선, 엔지니어링 등 연관 업계가 힘을 모아 어려운 시기를 극복하고 향후 경쟁력을 제고하기 위한 계기가 마련되길 기대한다. 이 책의 출간은 연관 산업 종사자뿐 아니라 해양 플랜트와 해양 자원 산업을 전공하는 학생들에게도 매우 반가운 소식이 아닐 수 없다.

머리말

한국 조선소의 해양 프로젝트 대규모 손실

우리나라의 주력 수출 산업 중 하나인 조선업계는 최근 몇 년간 유례 없는 적자를 기록하였다. 여기에 저유가로 인한 전 세계적인 불황이 겹치면서 업계 전체가 매우 힘든 시기를 보내고 있다.

대규모 적자의 원인으로는 해양 플랜트라고 통칭되는 해양 생산설비와 해양 시추설비 EPC 프로젝트(이하 '해양 프로젝트')에서의 손실이 지적되고 있으며 이와 관련된 다양한 논의가 관련 업체, 학회 및 기관에서 활발히 진행되고 있다.

구체적으로 거론된 해양 프로젝트 손실의 원인들은 매우 다양하지만 주요 골자만 들어 본다면 적정 처리 능력을 초과한 수주, 설계 능력 부족, 사업 관리 능력 부족, EPC 계약 형태 등이 포함될 수 있을 것 같다.

앞으로 같은 실수를 되풀이하지 않기 위해서는 이러한 원인 분석을 바탕으로 구체적인 행동을 취하는 것이 중요하다. 이러한 측면에서 다행히도 사업 관리 역량 강화, 기자재 표준화, 설계의 상류화 등의 다양한 움직임이 업계 내에서 목격되고 있다. 늦은 감이 없진 않지만 업체, 정부, 연구기관들이 공동의 문제 인식을 바탕으로 힘을 모아 해양 프로젝트의 수익성 제고를 위한 보다 전면적인 노력을 하길 기대해 본다.

위기 극복을 위한 충분 조건은?

그렇다면 과연 이러한 노력만으로 과연 조선업계가 현재의 위기 상황을 극복할 수 있을 것인가? 저자의 소견으로는 안타깝게도 그렇지 못하다.

앞서 간단히 언급하였듯이 현재의 조선업계 위기 상황은 단순히 해양 프로젝트의 손실뿐만 아니라 저유가로 인한 수주 급감이라는 또 다른 거시적인 원인이 복합적으로 작용한 결과이다.

위에 언급된 위기 극복을 위한 노력들은 해양 프로젝트를 발주하는 석유회사들과 체결한 계약을 이행하지 못하여 발생한 손실과 관련된 것들이다. 엄격히 말하면 석유회사들의 계약 상대방인 컨트렉터(contractor)로서 요구되는 역량 중 일부 부족한 부분을 보완하기 위한 부분이라고 보아야 할 것이다.

즉, 이러한 노력들은 현재 위기 상황의 원인들 중 하나인 해양 프로젝트의 손실을 막고 수익을 얻기 위한 필요조건은 될 수 있을지 몰라도, 또 다른 위기 주요 원인인 저유가로 인한 시장 불황을 극복하기 위한 충분조건은 되지 못한다.

해양 프로젝트는 석유회사가 주도하는 해양 유전 개발 사업의 하위 프로젝트로서 유가에 매우 민감할 수밖에 없다. 때문에 현재로서는 최근 미국 셰일오일 개발로 촉발된 저유가에 따른 수주 급감으로 인한 직접적인 피해를 피할 수 없는 상황이다.

저유가로 인한 조선소의 위기 상황을 보다 잘 이해하기 위해서는 조선소가 속한 오일 서비스 시장 현황을 알아볼 필요가 있다(본문 1.4.2 참조). 간단히 설명하자면, 우리나라 조선산업을 포함해 유전 개발을 위한 다양한 제품과 서비스를 석유회사에 제공하는 산업을 통칭하여 오일 서비스 산업이라고 한다. 2000년대 들어 유가가 급등함에 따라 오일 서비스 산업들은 호황을 누리면서 관련 제품 및 서비스 제공 능력을 2~3배 이상 급격히 증가시켜 왔다. 그리고 이는 우리나라 조선소들도 예외는 아니었다.

문제는 2014년 들어 유가가 급락하면서부터 나타나기 시작했다. 석유회사가 저유가로 다수의 해양 유전 개발 사업을 보류 또는 취소하자 오일 서비스 시장에서의 극심한 공급 과잉이 표면화된 것이다. 이는 업체 간 경쟁 심화에 따른 단가 하락으로 이어져 오일 서비스 산업 전반의 수익성 악화를 초래하였다.

현재 유가가 상당 부분 회복되긴 하였으나 예전 호황기 수준으로 회복되긴 어려울 것으로 전망된다. 따라서 향후 석유회사가 발주할 해양 프로젝트 건수도 제한적일 것으로 예상되고 이로 인해 오일 서비스 산업의 불황도 당분간 계속될 것으로 보인다.

이러한 시장 환경을 감안하면 우리나라 조선소들이 여러 노력을 통하여 개별 프로젝트에서 손실을 막고 이익을 낼 수 있는 역량을 갖추더라도 저유가로 인한 수주 급감에 따른 위기 상황을 해결해 나가기는 쉽지 않다.

앞으로 적은 수의 해양 프로젝트를 두고 싱가포르, 중국, 일본 조선소 등 경쟁자들과의 극심한 경쟁이 불가피할 것으로 예상되며, 기술력과 경험을 갖춘 유럽과 미국의 업체들도 단가를 낮추어 경쟁력을 키우는 등 전열을 가다듬고 있다.

따라서 단순히 계약의 이행을 위해 기본적으로 요구되는 사항들을 충실히 이행하는 것만으로는 앞으로의 시장에서 살아남기 힘들다. 이미 발주처인 석유회사들도 오일 서비스 업계의 불황을 최대한 활용하기 위해 컨트렉터들에게 단가 하락과 동시에 더 나은 서비스 품질을 요구하는 등 압박을 가하고 있다. 이런 어려운 환경에서 살아남기 위해서는 기존의 틀에서 벗어나 기대 이상의 부가 가치 창출 능력을 증명하여 경쟁자들과 차별화할 수 있어야 한다.

가치사슬 전체를 관통하는 석유회사의 시각

그렇다면 과연 구체적으로 무엇을 어떻게 해야 할 것인가?

이에 답하여 구체적인 방향을 잡고 행동으로 실천해 나가기 위해서는 우선 해양 프로젝트가 속하는 상류(upstream) 부문의 가치사슬 전체를 바라볼 수 있는 시각을 갖출 필요가 있다.

여기서 필자가 말하는 '상류 부문 가치사슬 전체를 바라볼 수 있는 시각'이란 피상적인 이론적 지식이 아닌 해양 유전 개발 프로세스에 대한 실체적인 기술적/상업적 사항들의 이해를 뜻한다.

상류 부문은 유전을 찾아 개발하여 석유가스를 생산하는 과정이 포함되는 석유가스 산업의 일부분으로 그 가치사슬은 유전 개발 과정과 맞물려 있다. 석유회사들은 이 유전 개발 사업을 효율적으로 진행하기 위해서 수십 년간의 경험을 바탕으로 개발 프로세스를 정립하여 왔다.

유전 개발 프로세스는 다음 그림과 같이 크게 탐사, 개발, 생산, 폐쇄의 네 단계로 나뉘고 각 단계는 다시 여러 하위 단계로 나뉜다. 각 하위 단계별로 주요 목표와 기능적 요구 사항들이 존재하여 이를 바탕으로 구체적인 기술적/상업적 요구 사항과 가이드라인이 수립되어 있다. 그리고 이에 따라 다양한 활동들이 수행되어 그 결과물들을 바탕으로 다음 단계로 넘어가기 전에 주요 의사 결정을 하게 된다.

석유회사는 이 전체 프로세스의 관리자로서 탐사 단계에서 유전을 발견하고 기획 단계에서 프로젝트 개발 계획을 수립하여 그에 따라 실행 단계에서 프로젝트를 수행한다. 그리고 프로젝트의 결과물로서 생산시설을 운영하여 유전에서 원유와 천연가스를 생산하고 생산이 끝나면 유전을 폐쇄한다.

이 일련의 과정에서 우리나라 조선소들이 해양 프로젝트를 수행하는 시기는 실행 단계이다. 즉, 석유회사들이 기획 단계에서 평가–선정–정의 과정을 거쳐 수립한 계획에 따라 조선소들이 실행 단계에서 구체적인 계획을 세워 프로젝트를 수행하게 된다. 이것이 유전 개발 사업 내에서 해양 프로젝트를 포함한 여러 프로젝트들이 계획되고 실행되는 기본적인 프레임워크이다.

하지만 유가 하락 이전에 이러한 방식으로 진행된 많은 프로젝트들이 비용 초과 및 지연 문제를 겪었다. 여기에는 우리나라 조선소들이 손실을 본 다수의 해양 프로젝트들도 포함된다. 과거의 문제를 되풀이하지 않기 위해서는 이러한 기존의 프레임워크를 벗어난 접근 방식으로 해결책을 모색할 필요가 있다.

이미 시장에서는 유례 없는 불황에서 살아남기 위해 새로운 접근 방식의 다양한 시도들이 이루어지고 있다. 그중 하나는 컨트렉터가 실행 단계에만 머무르지 않고 기획 단계의 선정-정의 과정에 참여하여 석유회사와 같이 프로젝트를 계획하는 것이다. 서 브씨(subsea) 등 오일 서비스 세부 분야에서는 이런 사례가 다수 진행 중이다. 이 외에 도 서로 다른 오일 서비스 분야의 업체들 간의 서비스 통합 또는 특정 제품 또는 서비 스 분야 내에서의 수직계열화 등 다양한 형태의 솔루션들이 컨트렉터들과 석유회사들 사이에 논의되고 있다.

이러한 움직임들은 모두 컨트렉터가 단순히 실행 단계에서 프로젝트의 입찰 참여자 로서만 머무르던 기존의 방식을 뛰어넘어 상류 부문 가치사슬 전체에 걸쳐 적극적으 로 석유회사의 역할에 관여하여 가치를 창출하는 것을 전제로 하고 있다.

우리 조선소도 이러한 추세에 맞추어 기존의 프레임워크를 벗어나 전체 유전 개발 과정을 관통하는 발주처의 시각에서 추가적인 가치 창출에 기여할 수 있는 방법이 무 엇인지를 고민하고 적극적으로 솔루션을 제시할 수 있어야 한다.

문제는 우리나라 석유가스 관련 업계 종사자 대부분은 이러한 문제 인식을 하기 위 한 전제 조건인 유전 개발 프로세스에 대한 이해도가 낮다는 점이다. 유전 개발 프로 세스를 이해하기 위해서는 프로세스의 각 단계에서 이루어지는 활동들과 결과물들의 흐름을 파악하여야 하지만, 안타깝게도 우리나라에서는 그러한 내용을 접할 기회를 찾기가 쉽지 않다.

유전 개발 프로세스를 경험하기 어려운 환경

조선소 이외에도 많은 우리나라 회사들이 해양 유전 개발 사업과 직간접적으로 연관 되어 있다. 우선 석유회사로 분류될 수 있는 국영석유회사, 종합상사, 정유업체 등이 있다. 또한 조선소와 동일하게 실행 단계에서 프로젝트를 수행하는 국제적인 대형 건 설업체들도 있다. 이 외에도 각종 기자재와 서비스를 제공하는 수많은 업체들이 존재 한다.

그러나 이러한 다양한 업체들이 존재함에도 불구하고 우리나라에서 유전 개발 프로 세스를 구체적으로 배울 수 있는 기회는 매우 제한적이다. 유전 개발 프로세스는 석유 회사가 주도하여 수립하게 되는데 광구 운영 경험이 있는 한국석유공사와 한국가스공 사, 대우인터내셔널 등 몇몇을 제외한 우리나라의 석유회사 대부분은 자체적인 프로 세스를 정립하기에는 아직 경험이 부족하다. 안타깝게도 국내에는 한국석유공사가 운 영하는 동해가스전 이외에는 우리나라 석유회사가 주도하여 탐사-개발-생산-폐쇄 로 이어지는 유전 개발 프로세스 전체를 진행해본 경험이 없기 때문이다. 이는 또한 우리나라 석유회사가 진행해온 유전 개발 사업이 주로 탐사 단계 또는 생산 단계에 중 점을 두고 있는 것과도 관련이 있다.

다른 한편으로 조선소들과 건설회사들은 컨트렉터로서 실행 단계에서부터 사업에 참여하여 프로젝트를 실행하기 때문에 전체 유전 개발 사업의 흐름에 대한 이해도는 석유회사에 비하여 상대적으로 낮을 수밖에 없다. 최근 들어 그 참여 영역을 실행 단계 이전의 정의 단계로까지 확장하여 FEED(Front End Engineering Design)를 수행하려는 등의 움직임이 있으나 이 또한 전체적인 흐름에 대한 이해가 전제되어야 한다. 해양 유전 개발 프로세스에 대한 이해 없이 진행되는 섣부른 상류화(上流化) 작업은 전체 사업의 흐름을 역행하는 모양새가 되어 필요 이상의 시간과 노력이 소모될 위험이 있다.

다시 말해 유전 개발 프로세스상 몇몇을 제외한 국내 석유회사 대부분은 탐사 단계, 조선 및 건설회사들은 실행 단계에서 주로 경험을 쌓아왔고 그 중간인 기획 단계에서는 아직 경험이나 지식이 부족하다. 기획 단계는 탐사 단계에서 발견한 유전을 개발하기 위한 계획을 수립하고 불확실성을 줄여 실행 단계에서의 리스크를 줄이는 매우 중요한 단계로 조선 및 건설업체들이 실행 단계에서 수행하는 프로젝트의 성패에 직접적인 영향을 미치게 된다. 이는 궁극적으로는 유전 개발 사업을 주도하는 석유회사의 이해와 직접적인 관련이 있는 부분이다.

이러한 점에서 전체 유전 개발 프로세스에 대한 이해도를 높이고, 그중에서도 특히 기획 단계에서의 경험과 지식의 간극을 줄이는 것이 우리나라의 석유가스 관련 업계의 주요 과제라고 할 수 있을 것이다.

해양 유전 개발 프로세스 소개를 위한 개론서

이 책은 국내 조선업을 포함한 석유가스 관련 업계 종사자들을 대상으로 해양 유전 개발 프로세스를 소개하기 위하여 쓰여진 책이다. 책의 주 내용은 집필진이 일하고 배우면서 습득한 노르웨이 석유회사들의 해양 유전 개발 프로세스를 중심으로 기술되었다.

북해 유전 개발의 풍부한 경험을 가진 노르웨이가 어떤 과정을 거쳐 해양에 위치한 유전을 개발하는지를 전반적으로 설명하였으며, 특히 그중에서도 중요한 기획 단계에 중점을 두었다. 따라서, 부족한 점이 아직 많긴 하지만, 해양 유전 개발 사업의 전체적인 흐름을 이해하기 위한 참고 자료로서 이 책이 활용될 수 있으리라 생각한다.

이 책의 내용은 해양 유전 개발 프로세스를 시간 순서대로 나열하는 방식으로 구성하였다. 주요 목차와 내용은 다음과 같다.

1. 석유가스 산업 개요
    석유가스 산업의 소개
2. E&P 기초
    유전 탐사 및 생산을 위한 지표하, 유정, 시설 기능(function)의 기술적 내용 소개

3. 탐사

　　탐사 단계에서의 주요 활동 소개

4. 기획

　　기획 단계에서의 주요 활동 소개

5. 실행

　　실행 단계에서의 주요 활동 소개

6. 프로젝트 관리

　　기획 단계에서의 프로젝트 관리 기법 소개

7. 금융

　　프로젝트 금융 조달 기법 소개

　　책의 집필 중에 되도록 추상적이고 모호한 표현은 피하고 구체적인 사항을 기초적인 기술적/상업적 측면에서 설명하기 위해 노력하였다. 그럼에도 불구하고 해양 유전 개발 사업 자체가 수많은 전문 분야들이 직간접적으로 연관되어 진행되는 방대한 작업이기 때문에 충분히 설명하지 못하거나 일부 오류가 있는 부분도 많을 것이라 생각된다. 부족한 부분은 추가적인 연구와 조사를 통해 보완해 나가도록 할 예정이다.

　　부디 이 책이 조선업을 비롯한 우리나라 석유가스 관련 업계가 한 단계 더 도약하는데 조금이나마 기여할 수 있기를 희망한다.

도움 주신 분들

무엇보다도 저자가 이 책을 쓰기 위한 바탕이 된 해양 유전 개발 사업에 대한 직접적인 경험과 지식을 쌓을 수 있었던 기회를 제공한 Audun Håland와 Siv Irene Skadsem, Nina Marie Andresen에게 깊은 감사의 말을 전한다. 이들의 도움이 없었더라면 이 책은 세상에 나오지 못했을 것이다.

　　이들 이외에도 깊이 있는 가르침을 아끼지 않은 Wintershall Norge AS와 Statoil ASA의 여러분들과 각종 자료 제공에 적극 협조해준 Aker Solutions ASA, APL Norway, CGG, Schlumberger Limited, Farstad Shipping ASA, Huisman Equipment BV의 관계자 여러분들, 그리고 Odd Furenes에게도 고마움의 뜻을 전하고 싶다.

　　또한 바쁘신 와중에도 시간을 내주셔서 이 책의 감수를 봐 주신 양영순 교수님, 임종세 교수님, 임영섭 교수님, 그리고 편집 및 출판 작업에 적극 협조해준 청문각 관계자들에게도 지면을 빌어 감사의 인사를 올린다.

차례

01 석유가스 산업 개요

02 E&P 기초

03 탐사

04 개발-기획

05 개발-실행

06 프로젝트 관리

07 금융

01

석유가스 산업 개요

이번 장에서는 석유가스 산업에 대한 전반적인 내용을 간단히 소개하도록 한다.

탄화수소는 탄소와 수소로 이루어진 화합물로서, 자연 상태에서 생성된 탄화수소 화합물은 액체(원유), 기체(천연가스) 등의 여러 형태로 존재한다. 오랜 기간에 걸쳐 지하에서 생성된 탄화수소 화합물은 황, 이산화탄소, 질소 등 여러 다른 물질들과 뒤섞여 있는데 이러한 자연 상태로 존재하는 탄화수소 화합물을 석유(petroleum)라고 부른다. 원론적으로 석유는 액체, 고체, 기체 상태의 모든 탄화수소 화합물을 포함하지만 일반적으로는 액체 상태의 원유(crude oil)를 지칭한다. 자연 상태로 지하에 존재하는 탄화수소 화합물을 지상으로 끌어올려 물과 모래, 황 등을 걸러내고 액체 상태와 기체 상태의 물질을 분리(separation)하는 과정을 통하여 원유와 천연가스(natural gas) 등이 생산된다.

이렇게 생산된 원유, 천연가스 등은 정제 및 석유화학 공정의 주원료로 사용된다. 정제 공정을 통하여 휘발유와 경유 등 정제 제품이 생산되며 석유화학 공정에서는 각종 합성수지와 합성고무 등의 석유화학 제품이 생산되게 된다.

1.1.1 　분류

자연 상태에서 생성된 탄화수소 화합물에서 물과 모래, 황 등을 걸러내고 분리 과정을 통하여 생산되는 제품은 크게 원유와 천연가스 및 NGL(Natural Gas Liquid, 액상천연가스)로 나눌 수 있다.

(1) 원유

지하의 암반 사이에 존재하는 액체 상태의 탄화수소 화합물들로 육상으로 끌어올려진 뒤에 같이 올라온 물과 모래 그리고 원유 내에 녹아있는 천연가스 성분을 제거한 뒤의 상태를 말한다.

(2) 천연가스

자연 상태에서 생성된 기체 상태의 탄화수소 화합물들로서 팽창성과 압축성이 크다. 일반적으로 메탄(CH_4)이 85% 이상을 차지하며 그보다 분자량이 커서 무거운 에탄(C_2H_6), 프로판(C_3H_8), 부탄(C_4H_{10}), 펜탄(C_5H_{12}) 등도 포함한다. 이외에 이산화탄소, 헬륨, 질소, 황화수소, 황 등의 불순물들이 다량 함유되어 있다.

천연가스는 크게 습성가스(wet gas)와 건성가스(dry gas)로 나뉜다. 습성가스는 프로판, 부탄 등 에탄보다 무겁고 액화될 수 있는(liquefiable) 탄화수소 화합물이 다량 함유된 천연가스를 말하며 리치가스(rich gas)라고 불리기도 한다. 습성가스를 각종 처리 시설을 통해서 처리하는 과정에서 NGL이 생산된다. 건성가스는 이러한 액화 가능한 탄화수소 화합물의 함유량이 매우 낮은 천연가스를 지칭하며 린가스(lean gas)라고 불리기도 한다.

(3) NGL

NGL과 콘덴세이트(condensate) 등의 정의 및 분류 방법 등은 아직까지 지역/기관별로 조금씩 다른 경우가 있는데 여기서는 노르웨이에서 사용하는 방식에 따라 설명하도록 한다.

NGL은 천연가스의 구성 성분이지만 여과 및 분리 설비 또는 가스 처리 설비 내에서 액체 상태로 존재하는 탄화수소 화합물을 말한다. 여기에는 주로 프로판, 부탄, 펜탄, 헥산 등이 포함되고, 천연가스의 주 구성 성분인 메탄은 포함되지 않는다.

NGL은 증기압에 따라 다시 3개 하위 그룹으로 구분된다.

- 낮은 증기압(높은 끓는점): 콘덴세이트
  고온고압의 지하에서는 가스 상태로 존재하다가 온도 또는 압력이 내려가게 되면 액체 상태로 변하게 되는 탄화수소 화합물로 구성되어 있다. 육상의 공정 설비에서 처리 중에 있거나 가스 파이프라인 내에서 이송 중인 가스에서부터 응축 또는 응결되어 생성되기도 한다. 천연가스 콘덴세이트(natural gas condensate) 또는 가스 콘덴세이트(gas condensate)라고 불리기도 한다.

- 높은 증기압(낮은 끓는점): LPG(Liquefied Petroleum Gas)
  프로판과 부탄이 주 구성 성분으로, 상온, 상압 상태에서 기체 상태이나 낮은 온도 또는 높은 압력하에서는 액체 상태로 변한다. 액화한 상태에서 저장 및 운송이 용이하고 상온에서 기화하여 사용하기도 편하기 때문에 가정용 또는 산업용으로 많이 쓰인다.

- 중간 증기압(중간 끓는점): 천연 가솔린(natural gasoline)
  콘덴세이트와 LPG의 중간 지점에 위치하는 끓는점을 가진 NGL로서 주 구성 성분은 펜탄 또는 그보다 무거운 탄화수소 화합물이다. 상온, 상압 상태에서 액체 상태로 존재하지만 상업적으로 쓰이는 가솔린 제품과 비교하면 휘발성이 높고 불안정하다.

1.1.2 측정 단위

(1) 부피

원유나 천연가스의 양을 측정하기 위해서 사용되는 부피의 주요 단위는 다음과 같다.

- bbl = 배럴(barrel)
- mbbls = 1,000 barrels
- mmbbls = 1,000,000 barrels
- Sm^3 = 1 m^3(표준 상태)
- mcm = 1,000 m^3
- mmcm = 1,000,000 m^3

- bcm = 1,000,000,000 m^3
- scf = 1 ft^3(표준 상태)
- mcf = 1,000 ft^3
- mmcf = 1,000,000 ft^3
- bcf = 1,000,000,000 ft^3
- tcf = 1,000,000,000,000 ft^3

표준(standard) 상태는 상온(15.56℃) 상압(101.325 kPa)의 상태를 말한다.

여기서 주의할 점은 영문자 m은 천, mm은 백만을 의미한다는 점이다. 일반적으로 m을 백만으로 해석하는 경우가 많으므로 혼동하기 쉬운 부분이다.

각 단위 간의 변환치는 다음과 같다.

- 1 Sm^3 = 6.2898 bbl
- 1 scf = 0.17811 bbl

(2) 열량

원유나 천연가스의 양을 측정하는 다른 방법으로 이들을 연소시켰을 경우 발생하는 열량, 즉 열에너지의 양을 측정하여 사용할 수도 있다. 에너지를 측정하는 단위에는 J, Ws, cal, btu 등이 있다.

- J = 질량 1 kg의 물체를 1 m/s²의 가속도로 1 m 이동시키는 데 필요한 에너지
- kJ = 1,000 J
- Ws = 1 J의 에너지를 일률 단위 W와 시간 단위 s를 사용하여 표시
- Wh = 3,600 Ws
- kWh = 1,000 Wh
- cal = 1기압에서 1 g의 물을 1℃ 올리는 데 필요한 에너지
- kcal = 1,000 cal
- btu = 1기압에서 1파운드(452 g)의 물을 1℉ 올리는 데 필요한 에너지
- mbtu = 1,000 btu
- mmbtu = 1,000 mbtu

각 에너지 단위 간의 변환치는 다음과 같다.
- 1 W·h = 3600 J
- 1 cal = 4.187 J
- 1 btu = 1,055 J

(3) O. E.(Oil Equivalent)

석유가스 제품(원유, 천연가스, NGL 등)의 경제적 가치는 각 생산물의 열량과 비례한다. 때문에 이들 생산물을 비교할 때 열량을 감안하지 않고 부피만을 측정하여 비교하는 것은 큰 의미가 없다. 이러한 비교를 용이하게 하기 위해서 일반적으로 각 생산물의 열량을 측정한 뒤 그 열량 수치에 해당하는 원유의 부피로 환산하여 비교하는 방법을 쓴다. 이 경우 부피 단위 뒤에 O. E.를 붙여 사용한다.

예를 들어, 1 bbl의 원유와 1 mscf의 천연가스의 가치를 비교할 경우, 원유 1 bbl의 열량은 5,729,000 btu이고, 천연가스 1 mscf의 열량은 1,032,000 btu이므로 천연가스 1 scf의 열량은 1032 btu이다. 여기서 1 mscf를 1 bbl당 5,729,000 btu의 열량을 가지고 있는 원유 부피(bbl)로 환산하면 1,032,000를 5,729,000로 나눈 0.18 bbl oil equivalent가 된다. 즉, 천연가스 1 mscf의 열량은 0.18 bbl의 원유와 동등하므로 우리는 1 bbl의 원유가 1 mscf의 천연가스보다 더 가치가 있다는 것을 확인할 수 있다. bbl oil equivalent를 줄여서 b.o.e라고 쓰기도 하며, bbl을 대신하는 측정 단위로 쓸 수도 있다. 이 방법을 사용할 때 적용하는 원유, 천연가스, NGL 등의 열량 수치는 어디까지나 근사치이며, 사용하는 국가, 회사에 따라 조금씩 차이가 난다.

1.1.3 매장량 분류 체계

지하에 묻혀 있는 탄화수소 자원은 발견 여부, 기술적/경제적 생산 가능 여부 등에 따라 분류할 수 있는데, 국가/기관별로 약간씩 차이가 있으나 큰 틀은 거의 동일하다. SPE(Society of Petroleum Engineers)와 미국 증권거래위원회(U. S. Security Exchange Commission)의 분류법이 가장 많이 알려져 있으며, 여기서는 SPE의 기준에 따라 설명하도록 한다(그림 1-1 참조).

(1) 원시 부존량

지하에서 자연적으로 생성되어 존재하는 탄화수소 자원의 총량을 원시 부존량(HCIIP; Hydrocarbon Initially In Place)이라고 부른다. 쉽게 생각해서 지하에 원래 존재했던 탄화수소 자원의 양을 말한다. 이 중 석유는 OIIP(Oil Initially In Place), 가스는 GIIP(-Gas Initially In Place)라고 표시할 수 있다.

원시 부존량은 시추 작업을 통해 발견(discovery)된 발견(discovered) 원시 부존량과 아직 발견되지 않고 존재할 것으로 추정되는 미발견(undiscovered) 원시 부존량으로 나뉜다. 발견 원시 부존량 중에서 현존하는 기술력으로 생산 가능하며 생산 활동의 상업성이 확보되는 부분을 매장량(reserve)이라고 부른다. 원시 부존량 중에서 아직 발견되지 않았거나, 발견되었더라도 생산 활동의 상업성이 확보되지 못한 부분을 자원량(resource)이라고 한다.

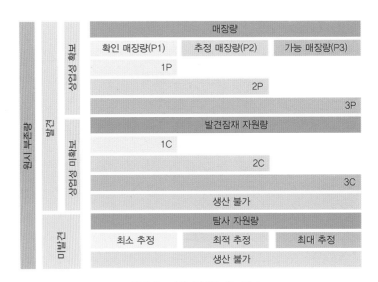

그림 1-1 자원량 분류 매트릭스

(2) 매장량

매장량은 지질학/지구물리학 등 다양한 분야의 많은 자료들을 검토하여 상업적 생산 가능성에 따라 확인(proven), 추정(probable), 가능(possible) 매장량으로 구분하는데, 이들은 약어로 각각 P1, P2, P3로 표기한다.

- 확인 매장량(P1)

  90% 이상의 확률로 실제 생산 가능할 것으로 추정되는 최소 생산량으로 P90 또는 1P로 표기한다.

- 확인 매장량(P1) + 추정 매장량(P2)

  50% 이상의 확률로 실제 생산 가능할 것으로 추정되는 최소 생산량으로 P50 또는 2P로 표기한다. 국가/기관/회사별로 차이가 있지만 일반적으로 P50를 유전 개발 사업을 통한 생산 가능량으로 보고 사업을 추진하게 된다.

- 확인 매장량(P1) + 추정 매장량(P2) + 가능 매장량(P3)

  10% 이상의 확률로 실제 생산 가능할 것으로 추정되는 최소 생산량으로 P10 또는 3P로 표기한다.

확인, 추정, 가능 매장량을 확률분포함수상에서 표현하면 그림 1-2와 같다. 여기서 퍼센트로 표시된 수치는 확률분포함수 곡선 아래 영역의 넓이이다.

매장량은 유전 개발 사업에 있어서 가장 중요한 요소 중 하나이기 때문에 그 개념을 명확히 이해할 필요가 있다.

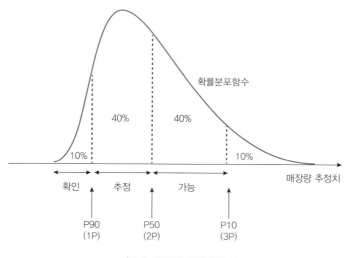

그림 1-2 확률적 매장량 정의

  유전 개발 사업이 진행됨에 따라 매장량의 수치에 상당한 변동이 있을 수가 있는데 그 이유로는 사업 초기 가용 자료의 부족을 들 수 있다. 지하에 묻혀 있는 자원의 양을 파악하는 것은 매우 어려운 작업으로 매장량을 계산하기 위해서는 수많은 다양한 분야의 자료를 검토해야 하는데, 사업 초기에 얻을 수 있는 자료는 매우 제한적이어서 매장량 추정치의 불확실성이 매우 높다. 시간이 지나면서 보다 많은 자료를 축적하여 점차 추정치의 정확도를 높여가게 된다. 매장량이 특정 시점의 '상업성'을 포함한 개념이라는 점도 유의해야 할 부분이다. 즉, 유가와 생산 비용 등이 변동됨에 따라 상업적으로 생산 가능한 자원의 양, 즉 매장량도 변하게 된다.

(3) 자원량

자원량은 크게 발견잠재(contingent) 자원량과 탐사(prospective) 자원량으로 구분될 수 있다.

- 발견잠재 자원량

  이미 발견되어 잠재적으로 생산이 가능할 것으로 생각되나 현재로서는 상업성을 확보하지 못한 자원량이다. 판매처 부재 등의 상업적 요인이나 기술적 한계, 환경 규제 또는 정치적 이유 등으로 생산을 위한 개발 사업을 진행 할 수 없는 경우에 해당된다. 발견잠재 자원량은 매장량과 같은 방식으로 1P, 2P, 3P에 대응하는 1C(90% 이상 확률), 2C(50% 이상 확률), 3C(10% 이상 확률)로 구분할 수 있다.

- 탐사 자원량

  아직 발견되지 않았으나 잠재적으로 생산이 가능할 것으로 생각되는 자원량이다.

아직 발견되지 않은 상태이므로 상당한 불확실성을 내포하고 있는 경우에 해당된다. 매장량이나 발견잠재 자원량과 같은 방식으로 최소 추정(low estimate), 최적 추정(best estimate), 최대 추정(high estimate)으로 구분할 수 있다.

1.2 석유가스 산업 구성

석유가스 산업은 크게 상류(upstream), 중류(midstream), 그리고 하류(downstream) 세 부문으로 나눌 수 있다.

- 상류

  석유가스 제품을 생산하기 위해서는 우선 지하에 묻혀 있는 탄화수소 자원을 찾기 위한 탐사를 진행하게 된다. 탐사 활동을 통해 탄화수소 자원이 집적되어 있는 유가스전(oil and gas field)을 발견하게 되면 생산 설비를 설치하여 원유와 가스 등을 생산하게 된다. 이러한 자원 탐사 및 생산 활동 전반을 석유가스 산업의 상류 부문이라고 하며, E&P(Exploration and Production) 산업이라고 부르기도 한다.

- 중류

  상류 부문에서 생산된 원유, 가스 등을 정제 설비로 보내거나 판매하기 위해 파이프라인, 철도, 선박 등을 통해 이송하거나 저장설비에 저장하게 되는데 이를 중류 부문이라고 한다. 이 과정에서 원유와 가스를 이송 및 저장에 적합한 상태로 만들기 위한 비교적 간단한 처리 공정도 중류 부문에 포함시키기도 한다.

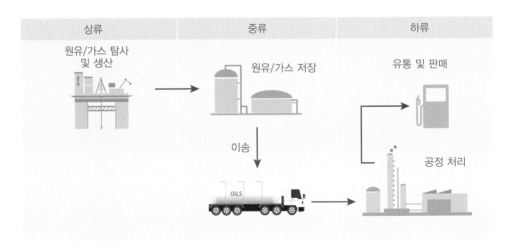

그림 1-3 상류/중류/하류 구분

- 하류

  중류 부문을 통하여 전달된 원유와 가스는 여러 추가 처리 공정을 거치게 된다. 원유는 정제 공정을, 가스는 NGL 회수 및 액화 과정 등을 거치면서 다양한 제품이 생산되는데 이들은 곧바로 최종 소비자에게 판매되거나 석유화학 산업의 원료로서 공급되게 된다. 이러한 처리 과정과 판매 및 공급 활동 전반을 하류 부문이라고 한다.

1.3 E&P 산업

위에서 간단히 설명한 바와 같이 상류 부문, 즉 E&P 산업의 주요 목적 및 활동은 유전을 찾고 개발하여 탄화수소 자원을 생산하는 것으로, 생산이 종료된 유전의 폐쇄 등도 그 범위에 포함시킨다. 즉, 유전의 탐사부터 시작하여 개발 및 생산 그리고 폐쇄에 이르기까지 유전을 그 생애주기 전반에 걸쳐 관리 및 운영하는 산업을 E&P 산업이라 할 수 있다.

이러한 E&P 산업의 주역은 흔히 말하는 오일메이저를 포함한 석유회사(oil company)들로서 이들은 유전의 관리 및 운영을 주도한다. 여기서 말하는 석유회사는 상류 부문 사업을 하는 석유회사를 지칭하며 중류 또는 하류 부문 사업, 즉 이송, 정제, 석유화학 등의 사업을 영위하는 회사를 포함하지는 않는다. 상류 부문에 참여한다는 점을 보다 명확히 하기 위해 하류 부문의 회사들과 구별하여 상류 부문의 석유회사들을 E&P 회사라고 부르기도 한다.

1.3.1 유전 생애주기

유전의 생애주기는 크게 탐사(exploration)−개발(development)−생산(production)−폐쇄(abandonment)의 4개 단계로 나뉘어진다.

(1) 탐사

탐사 단계에서는 탄화수소 자원이 묻혀있는 지역을 찾기 위한 여러 활동을 진행하게 된다. 탐사 단계는 크게 탐사 준비 단계와 탐사 수행 단계로 나눌 수 있다.

탐사 준비 단계

탐사 준비 단계에서 E&P 회사들은 각종 지질학/지구물리학적 자료를 수집하고 검토하여 탄화수소 자원이 존재할 가능성이 높은 유망 지역을 선별하게 된다. 또한 해당

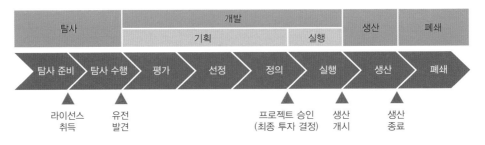

그림 1-4 유전 생애주기

지역에서의 탐사 활동을 수행하기 위해 자원 탐사/개발/생산 활동에 대한 법적인 권리, 즉 라이선스(license)를 취득하여야 한다. 대부분의 경우 지하 자원의 소유권은 국가에 있으며, 산유국들은 장기적인 자원 개발 계획에 따라 탐사 유망 지역을 일정한 크기의 블록(block)으로 나누어 입찰을 통해 라이선스를 부여하게 된다. 이렇게 라이선스가 설정된 블록들을 광구라고 부른다.

탐사 수행 단계

라이선스를 취득한 E&P 회사들은 해당 광구에서 지질 조사 및 지구 물리 탐사를 실시하여 탄화수소 자원의 부존 잠재력을 분석한다. 부존 잠재력이 높은 지질학적 구조들을 파악하면 해당 지역에서 시추를 실시하여 탄화수소 자원의 존재 여부를 확인한다. 탄화수소 자원을 발견할 경우에는 해당 유전에 대한 개략적인 경제성 평가를 수행한다. 최신 기술의 도움을 받더라도 시추 활동을 통해 상업적으로 개발이 가능한 유전을 발견할 확률은 10~20% 내외로 매우 낮다.

탐사 단계에 대한 보다 자세한 내용은 3장에서 다루기로 한다.

(2) 개발

탐사 단계에서 유전을 발견하여 개략적인 경제성이 확인되면 개발 단계로 넘어오게 된다. 여기서는 발견된 유전에 대한 본격적인 개발 프로젝트를 개시하여, 프로젝트의 타당성을 평가하고, 개발 방안을 파악/선택/구체화하며 이를 바탕으로 생산을 위한 기반시설을 설치하게 된다. 유전의 발견에서부터 실제 생산이 이루어지기까지는 통상 5~10년의 상당한 기간이 소요된다. 개발 단계는 다시 기획(planning) 단계와 실행(execution) 단계로 나뉘어진다.

기획 단계

기획 단계에서는 유전 개발의 사업성을 평가하고 유전을 어떻게 개발할 것인지에 대한 계획을 수립하게 된다. 기획 단계는 다시 3개의 하위 단계로 나뉜다.

- 평가(appraise) 단계

  탐사 단계에서 발견한 유전의 상업적 개발 프로젝트의 전반적인 타당성 평가를 진행한다.

- 선정(select) 단계

  평가 단계에서 개발 프로젝트가 사업성이 있다고 판단되면 어떠한 방식으로 유전을 개발하여 생산을 할 것인지, 즉 개발 컨셉(development concept)을 선정한다.

- 정의(define) 단계

  선정 단계에서 정한 개발 컨셉을 구체화하기 위해 FEED(Front End Engineering Design) 스터디 등 엔지니어링 스터디를 실시하고 유전 개발 계획을 수립한다.

기획 단계가 마무리되어 최종적으로 유전 개발 계획이 산유국 정부에 제출되어 프로젝트 승인(project sanction)이 떨어지면 실행 단계로 넘어가게 된다. 기획 단계에 대한 자세한 내용은 4장과 6장에서 설명하도록 한다.

실행 단계

실행 단계에서는 기획 단계에서 세운 유전 개발 계획에 따라 생산을 위한 기반시설을 설치하게 되는데, 일반적으로 여러 개의 개발정(development well)이 건설되고 생산시설과 이송을 위한 파이프라인 등이 설치된다. 해상 유전의 경우 해양 생산시설과 해저 파이프라인 또는 운송 선박 등의 대형 기반시설이 건조 및 설치된다. 따라서 실행 단계에서는 대규모 자본 지출이 이루어지게 된다. 세부적으로는 상세 설계(detail engineering), 조달(procurement), 건설(construction), 설치 및 시운전(installation and commissioning) 등의 작업들이 실행 단계에서 수행된다. 이들 작업들의 실행 단계를 영자 약어로 EPC 단계라고 표기하기도 한다. 우리나라 조선소들이 EPC 컨트렉터(contractor) 또는 제작 컨트렉터로서 참여하여 해양 생산시설 등을 건조하는 단계이기도 하다.

실행 단계에 대해서는 5장에서 추가적으로 설명하도록 한다.

(3) 생산

유전에 기반시설이 설치되면 본격적으로 생산을 시작하여 20년 이상 장기간에 걸쳐 원유와 천연가스 등을 생산하게 된다. 시간이 경과함에 따라 유전에서의 생산량은 감소하게 되는데, 줄어든 생산량을 증가시키기 위한 여러 생산 증진 기술을 적용하고 노후화된 기반시설을 유지 보수하는 데에 많은 비용이 소요됨에 따라 해당 유전에서 창출되는 순현금흐름은 빠른 속도로 줄어들게 된다.

(4) 폐쇄

생산을 계속하게 되면 생산량이 줄어들면서 유전에서 원유 등을 생산하는 원가가 시장에서 거래되는 상품 가격과 비교하였을 때 사업지속성을 만족시킬 수 있는 수준 이상으로 오르게 되는데, 이 시점에 이르러 해당 유전은 폐쇄를 하게 된다. 육상 유전을 폐쇄할 경우에는 개발정을 시멘트 등으로 플러깅(plugging)하고 지반 상태를 원상태로 되돌려야 한다. 해상 유전의 경우는 개발정 플러깅 이외에도, 해양 생산시설과 해저파이프라인 등을 해체하는 대규모 해상 작업을 수행하게 되므로 많은 자본이 소요되는 경우가 일반적이다.

1.3.2 유전 개발 프로젝트의 특징

유전 개발 프로젝트란 넓은 의미에서 유전의 생애주기 전반에 걸쳐 유전을 관리 및 운영하는 사업이라 할 수 있으며, 이 경우 유전의 생애주기 전체 과정이 유전 개발 프로젝트에 해당된다고 할 수 있다. 좁은 의미에서는 유전의 생애주기 중 개발 단계 내에서의 유전 관리와 관련된 사업이라고 볼 수 있다.

여기서는 넓은 의미에서 유전의 생애주기 전반에 걸친 유전 개발 프로젝트의 특징을 살펴보도록 한다.

(1) 자본집약적 프로젝트

유전 개발 프로젝트를 실행하는 데는 막대한 자금이 소요된다. 탐사 단계에서 산유국으로부터 유망 지역의 라이선스를 취득하는 데에만 수백억 원에서 수천억 원이 소요된다.

탄화수소 자원이 지하에 존재하는지를 확인하고 또 확인된 자원을 생산하기 위해서는 탐사정(exploration well) 또는 개발정을 시추하여야 하는데, 이 비용도 매우 높다. 심해에서 시추할 경우, 심해 시추선 임대 비용만 하루에 수억 원이 소요되며, 시장 호황기에는 심해 시추공 1공을 건설하는 데에만 약 천억 원가량이 들기도 하였다.

여기에 생산을 위한 공정 설비, 생산된 원유 등을 이송하기 위한 파이프라인 등을 포함한 전체 개발 비용은 적어도 수천억 원 보통은 수조 원을 넘나든다. 특히 대규모 해상 유전의 경우 해양 생산시설 등을 건설하는 데에만 수조 원이 소요되고 전체 개발 비용이 수십조 원에 이르는 경우도 많다.

(2) 장기 프로젝트

일반적으로 유전에서의 생산 기간만 약 15~20년 이상이 되기 때문에 여기에 탐사 및 개발 단계에서 소요되는 기간을 추가로 감안하면 전체 유전 개발 프로젝트는 30년 이상 소요되는 경우가 대부분이다. 해양 유전의 경우에는 최소 탐사 단계 3~5년 이상,

개발 단계 3~5년 이상이 소요되며, 대형 유전의 경우에는 전체 프로젝트 기간이 50년 이상되는 경우도 있다.

(3) 다양한 분야의 전문성이 필요

유전 개발 프로젝트는 매우 다양한 분야의 전문가들이 한데 모여 서로 협력하여 진행하게 된다. 유전 개발 프로젝트에 필요한 대표적인 전문 분야들을 크게 3가지 그룹으로 나누어 간단히 나열하면 다음과 같다.

- 지질학(Geology), 지구물리학(Geophysics), 암반물리학(Petrophysics), 저류공학(Reservoir engineering) 등
- 시추공학(Drilling engineering) 등
- 공정공학(Process engineering), 생산공학(Production engineering), 기계공학(Mechanical engineering), 토목공학(Civil engineering), 전기공학(Electrical engineering), 전자공학(Electronics) 등

(4) 높은 리스크

유전 개발 프로젝트는 리스크가 매우 큰 사업으로 대표적인 리스크는 다음과 같다.

● 탐사

탐사 단계에서 시추 작업을 통해 실제 유전을 발견할 확률은 20% 내외에 불과하다. 그나마 발견된 유전이 상업성이 있는 경우는 절반도 되지 않는다. 따라서 거액을 들여 탐사 활동을 하더라도 상업성 있는 유전을 발견하지 못하고 손실만 입을 가능성이 높다.

● 개발

개발 단계에서는 수천억 원에서 수십조 원의 자본이 집중적으로 투입되고 수백 개의 회사들과 수천, 수만 명의 인원들이 참여하여 매우 복잡한 대규모 시설을 건조 및 설치하는 프로젝트를 진행하게 된다. 때문에 프로젝트의 작은 한 부분에서 발생한 문제가 다른 부분에서 예상치 못한 수억 원에서 수백억 원의 큰 손실로 이어지는 경우가 빈번하다.

● HSE(Health, Safety, and Environment)

유전을 탐사하거나 개발 또는 운영함에 있어서 건강, 안전, 환경 문제는 핵심적이고 매우 민감한 사안이다. 그중에서도 특히 석유의 유출은 환경적 재앙으로 직결되기 때문에 어떤 상황에서도 용납될 수 없는 문제로서 엄청난 금전적, 환경적 손실로 이어지게 된다. 2010년 BP(British Petroleum)의 걸프만 원유 유출 사건의 경우, 사건 당사자인 BP는 사건 해결을 위해 대략 70조 원을 지출한 것으로 알려져

있다. 또한, 석유는 지하에서 고온고압의 상태로 존재하기 때문에 이를 생산하기 위해서는 위험한 환경에 노출될 수가 있어 안전에 각별한 주의를 기울여야 한다. 특히 해상 유전의 경우에는 매우 열악한 자연 환경에서 작업을 해야 하는 경우도 많다. 이러한 환경적 특성을 감안할 때 유전 개발 프로젝트에서 안전사고의 위험은 매우 높은 수준이라고 볼 수 있다. 만일 이러한 사고가 발생했을 경우에는 숫자로 환산할 수 없는 큰 손실로 이어지기 때문에 철저한 예방 관리가 필수적이다.

1.3.3 프로젝트 가치 창출 과정

유전 개발 프로젝트의 이러한 특징 들은 유전의 생애주기 전반에 걸쳐 상당한 수준의 불확실성으로 연결된다. E&P 업계에서는 이러한 불확실성을 관리하기 위해서 체계적인 유전 생애주기 관리 체계를 발전시켜 왔다. 이를 통해서 유전의 생애주기, 즉 유전 개발 과정의 각 단계를 거치면서 점진적으로 불확실성을 제거하고 사업 내용을 구체화해 나감으로써 프로젝트의 가치를 창출 및 극대화하게 된다.

탐사 및 기획 단계의 중요성

그림 1-5와 그림 1-6은 유전 개발 프로젝트의 주요 이벤트와 각 단계별로 불확실성이 제거되고 그와 동시에 프로젝트의 가치가 창출되는 과정을 나타내고 있다.

그림 1-6에서 보여지듯이 프로젝트에서 불확실성이 줄어들면서 가치가 창출되는 부분은 크게 탐사 단계와 기획 단계의 평가/선정 단계 두 부분이다. 그 이후의 정의 단계 및 실행 단계는 평가/선정 단계에서 수립된 계획에 따라 차질 없이 프로젝트를 진행하여 탐사 단계와 기획 단계에서 창출된 가치를 최대한 구현하는 것을 목표로 한다. 따

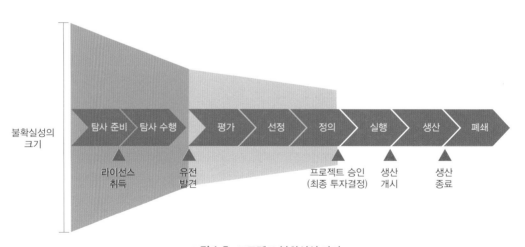

그림 1-5 프로젝트 불확실성 관리

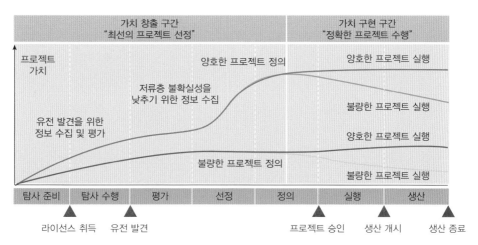

그림 1-6 가치 창출 과정

라서, 전체 프로젝트의 가치 극대화 측면에서 탐사 단계와 기획 단계가 매우 중요하며 많은 노력이 집중되어야 함을 알 수 있다.

기획 단계와 실행 단계

물론 프로젝트 실행을 소홀히 하면 목표 가치를 구현하지 못하므로 실행 단계도 소홀히 할 수 없다. 다만 프로젝트 실행 이전에 프로젝트 전체 가치를 최대한 높이고 프로젝트 실행 계획을 잘 수립한다면 실행 단계에서 프로젝트가 실패할 가능성이 많이 줄어들 수 있다는 측면에서 기획 단계의 중요성은 더 강조될 필요가 있다.

우리나라 조선소에서 발생한 해양 생산시설들의 인도 지연 또는 비용 증가 사태들은 위 그림에서 평가/선정/정의 단계에서의 실행 계획 수립과 실행 단계에서의 프로젝트 실행이 양호하지 못하여 전체 프로젝트의 가치가 하락한 경우에 해당한다고 볼 수 있다.

유전 개발 프로젝트 각 단계에서의 주요 작업들, 특히 그중에서도 기획 단계에서의 활동들을 체계적으로 관리하기 위한 관리 기법에 대해서는 4장과 6장에서 살펴보기로 한다.

1.4　E&P 산업의 공급사슬

지금까지 살펴본 바와 같이 E&P 산업은 규모가 매우 크고 구조가 복잡하기 때문에 다양한 분야의 전문성을 갖춘 수백, 수천 곳에 달하는 회사들이 참여한다. 이러한 복잡한 E&P 산업 구조를 단순화한 공급사슬로 나타내면 그림 1-7과 같다.

그림 1-7 E&P 산업 공급사슬

여기서 보듯이 공급사슬의 최상위에는 유전 개발 프로젝트를 주도하는 석유회사, 즉 E&P 회사들이 위치하고 그 다음에 E&P 회사와 직접적인 계약 관계에 있으면서 프로젝트의 큰 부분에 해당하는 SOW(Scope Of Work, 작업 범위)에 대하여 전반적인 책임을 지는 주 컨트렉터가 있다. 다음으로는 주 컨트렉터보다는 작은 시스템 단위의 SOW에 대한 책임을 지는 시스템 공급회사가 있으며 이어서 장비(equipment), 자재(material), 엔지니어링 서비스 등을 제공하는 장비 공급 회사와 서비스 제공 회사 등이 있다. 마지막으로 E&P 산업과 관련한 다양한 분야의 서비스를 제공하는 회사들이 있는데, 기술 개발, 금융 서비스, 법률 서비스, 교육 서비스, 시장 정보 서비스 회사 등이 포함된다.

E&P 산업 공급사슬은 크게 E&P 회사들과 E&P 회사가 최종 소비자인 기자재와 서비스를 제공하는 오일 서비스(oil service) 업계로 나눌 수 있다. 오일 서비스 업계에는 공급사슬에서 E&P 회사를 제외한 나머지 업계들이 전부 포함된다. 오일 서비스 업계를 다른 말로 오일필드 서비스(oilfield service) 또는 해양 유전의 경우에 특화하여 오프쇼어 오일 서비스(offshore oil service)라고 부르기도 한다.

이러한 E&P 산업 내 업계의 분류 방법은 아직 산업 차원에서 정립되지 않아서 기관/회사별로 상이할 수 있다. 예를 들어, 회사에 따라서는 오일필드 서비스를 저류층 관리, 시추 및 완결 서비스(drilling and completion service)를 제공하는 유정 서비스(well service) 회사들만 지칭하는 개념으로 사용하는 경우도 있다.

1.4.1 E&P 업계

상류 부문에 참여하는 석유회사들인 E&P 회사들은 회사의 사업 범위, 지배 구조, 개발전략, 유전 개발 프로젝트상 역할 등 여러 가지 기준으로 분류할 수 있다.

(1) 종합 석유회사와 독립계 석유회사

종합 석유회사(integrated oil company)는 석유가스 산업의 상류, 중류, 하류 전 부문에 걸쳐서 사업을 영위함으로써 수직계열화를 이룬 대형 석유회사를 말한다. 이러한 회사들의 경우 상류 부문이 전체 수익의 대부분(약 70~80%)를 차지하는 것이 일반적이다. 대부분의 대형 국제석유회사들(IOC)과 국영석유회사들(NOC)의 일부가 여기에 포함된다.

독립계 석유회사(independent oil company)는 상류 부문에서만 사업을 하고 있으며 종합 석유회사보다 상대적으로 규모가 작은 E&P 회사를 뜻한다. Anadarko, EOG Resources, Apache, Marathon, Davon, Tullow Oil 등이 대표적인 독립계 E&P 회사들이다.

(2) IOC와 NOC

IOC(International Oil Company)는 말 그대로 국제적으로 E&P 사업을 수행하는 대형 석유회사들로서 주식시장에 상장된 경우가 일반적이다. IOC는 현재 전 세계 매장량의 14%가량을 차지하고 있다. 흔히 말하는 오일 수퍼메이저 6개사(Exxon Mobil, Royal Dutch Shell, BP, Chevron, Total, ConocoPhillips)들도 여기에 포함된다.

NOC(National Oil Company)는 산유국 정부가 회사의 지분 전체 또는 상당 부분을 보유하고 있는 석유회사를 말한다. 정부의 대리인으로서 해당 국가 내에서의 탄화수소 자원 개발을 주도하는 경우가 많고 경우에 따라서는 라이선스 입찰 및 자원 개발 관련 세금을 관리하는 역할을 하기도 한다. 대표적인 회사로는 사우디아라비아의 Saudi Aramco, 이란의 NIOC, 카타르의 Qatar Petroleum, 베네수엘라의 PDVSA, 이라크의 INOC 등을 들 수 있다. NOC들은 현재 전 세계 매장량의 85% 이상을 보유하고 있고 생산량의 75%가량을 차지하고 있다.

IOC와 NOC는 지배 구조뿐만 아니라 여러 면에서 매우 다른 특징을 가지고 있다.

- 사업 목표

  IOC는 주식시장에 상장된 사기업으로서 이윤을 극대화하여 회사의 시장 가치를 높이고 주주의 이익 증가를 추구한다.

  반면, NOC의 경우도 회사의 이익을 추구하긴 하지만 그보다도 산유국의 정책적인 목표인 국가 소유인 탄화수소 자원의 체계적인 개발과 회수율의 극대화에 우선 순위를 두고 있다.

- IOC의 경험과 NOC의 매장량

  IOC는 석유 산업이 나타난 19세기 중반부터 수많은 자원 개발 경험을 바탕으로 기술과 자본을 축적하여 전 세계 석유 산업을 지배해왔다. 그러나 1960~70년대 들어 산유국들의 자원 국유화 바람의 영향으로 전 세계 매장량의 대부분을 NOC가 차지하게 됨에 따라 매장량을 확보하는 것이 IOC들에게 최우선적인 사안이 되었다.

  반면 NOC의 경우 산유국의 지원을 받아 막대한 매장량을 보유하고 있으나 아직 자체적인 자원 탐사, 개발, 생산 및 사업 관리 관련 기술, 자본 및 시장에 대한 접근성 등이 부족하여 아직까지 IOC들에게 이러한 부분을 의존하고 있는 경우가 많다.

이러한 차이점은 결국 유전 개발 프로젝트에 있어서 상이한 IOC와 NOC의 개발 전략(development strategy)으로 이어지게 된다. 이에 대한 보다 자세한 내용은 4.2.2.(8)에서 살펴보도록 한다.

(3) 오퍼레이터와 라이선스 파트너

유전 개발 프로젝트의 특성에서 살펴보았듯이 탐사 단계에서 유전을 발견할 확률은 매우 낮다. 많은 노력을 기울여 탄화수소 자원이 존재할 가능성이 높은 유망 지역을 선정하여 유전을 발견하더라도 해당 유전이 실제 상업성이 있는 경우는 절반이 되지 않는다. 탐사 활동에 필요한 라이선스 취득 및 시추 등 탐사 작업 비용이 수백~수천억 원 규모인 데 반해, 상업성 있는 유전을 발견하지 못할 경우 회수할 수 있는 비용은 거의 없다는 점을 감안하면 한 회사가 단독으로 라이선스를 취득하여 탐사 활동을 진행하는 것은 규모가 큰 E&P 회사라도 감당하기 어려운 큰 리스크이다.

때문에 일반적으로 2개 이상의 E&P 회사들이 합작투자 등의 형태로 라이선스를 공동으로 취득하여 해당 광구에서의 유전 개발 프로젝트를 같이 진행한다. 이때 대부분의 경우 투자 지분이 가장 많은 E&P 회사가 라이선스 또는 광구의 운영권자, 즉 광구 오퍼레이터(operator)로서 같이 투자한 E&P 회사들을 대신하여 유전 개발 프로젝트를 실질적으로 주도한다. 나머지 E&P 회사들은 광구의 라이선스 파트너(license partner)로서 오퍼레이터의 프로젝트 진행을 관리·감독하고 오퍼레이터와 함께 주요 의사 결정 과정에 참여하게 된다.

오퍼레이터는 유전 개발 프로젝트의 프로젝트 매니저로서 전체 프로젝트의 계획 수립과 실행에 있어서 종합적인 책임을 진다. 즉, 유전 개발의 전 단계에 걸쳐서 수행되는 모든 작업들에 대한 계획, 분배, 조율, 감독 등의 업무를 수행한다. 때문에 오퍼레이터의 프로젝트 관리 역량은 유전 개발 프로젝트의 성공 여부와 직결되는 매우 중요한 요소이다.

1.4.2 오일 서비스 업계

유전 개발 프로젝트에서 수행되는 작업들은 다양한 분야의 전문성과 경험, 그리고 고가의 대형 장비 운영 능력 등이 요구되기 때문에 오일 메이저와 같은 대형 IOC라 하더라도 오퍼레이터로서 이 모든 작업을 수행하기 위한 인원과 장비 등을 다 직접 보유하는 것은 불가능하다. 따라서 오퍼레이터는 프로젝트 매니저 역할을 주로 하고 실제 작업은 전문적인 기자재와 서비스를 제공하는 회사들을 고용하여 진행하게 되었는데, 이들을 통칭하여 오일 서비스 회사라고 부른다.

앞서 살펴본 바와 같이 E&P 산업의 공급사슬에서 E&P 회사를 제외한 나머지 회사들이 오일 서비스 업계에 해당된다. 공급사슬의 흐름을 따라 수천, 수만 개의 회사가 유전 개발 프로젝트에 참여하여 오퍼레이터의 요구 사항에 맞는 기자재와 서비스를

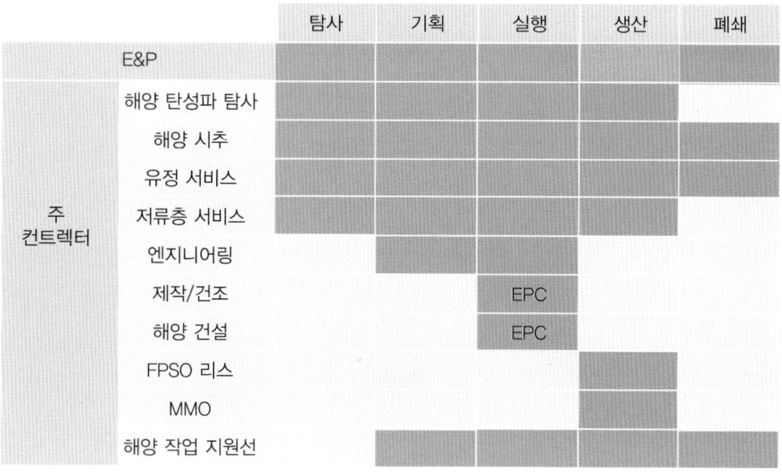

	탐사	기획	실행	생산	폐쇄
E&P	■	■	■	■	■
해양 탄성파 탐사	■	■	■	■	
해양 시추	■	■	■	■	■
유정 서비스	■	■	■	■	■
저류층 서비스	■	■	■	■	
엔지니어링		■	■		
제작/건조			EPC		
해양 건설			EPC		
FPSO 리스				■	
MMO				■	
해양 작업 지원선		■	■	■	

(주 컨트렉터)

그림 1-8 오프쇼어 오일 서비스 업계의 대표적인 주 컨트렉터들

제공하고 있다.

오일 서비스 회사들 중에서도 주 컨트렉터에 속하는 대표적인 오프쇼어 오일 서비스 분야를 E&P 산업의 가치사슬, 즉 유전 개발 프로젝트의 각 단계별로 표시하면 그림 1-8과 같다.

(1) 해양 탄성파 탐사(offshore seismic survey)

해상 광구의 해저 지표 아래 지층 구조를 파악하기 위해 탄성파 탐사선을 운용하여 지표하 지구물리 자료를 취득하는 서비스를 제공한다. 또한 이렇게 취득한 탄성파 자료의 처리 및 해석 서비스도 제공하기도 한다. 탄성파 탐사 회사는 주로 탐사 및 기획 단계에서 활동하지만 나머지 실행, 생산 단계에서도 참여하여 서비스를 제공한다. 대표적인 탄성파 탐사 회사로는 WesternGeco, Polarcus, CGG, TGS, PGS 등이 있다.

(2) 해양 시추(offshore drilling)

탄화수소 자원의 존재 여부를 확인하고 생산하기 위해 탐사정과 개발정 등 유정을 시추하고 완결하는 데 필요한 해양 시추선을 보유하여 이를 임대하는 서비스를 제공한다. 해양 시추선에는 잭업(jack-up), 반잠수식(semi-submersible), 드릴쉽(drillship) 등이 있다. 대표적인 해양 시추 회사로는 Transocean, Seadrill, Ensco 등이 있다.

(3) 유정 서비스

해상에서 유정을 시추하고 완결하기 위해서는 해양 시추선뿐만 아니라 방향성 시추 서비스, 케이싱 및 시멘팅 서비스, 머드(mud) 서비스, 시추비트(drill bit), 각종 측정 및 테스트 장비 등의 수많은 서비스와 장비가 필요하다. 또한 유정을 장기간 사용하기 위해서는 유지 보수를 위한 다양한 서비스와 장비가 요구된다. 이들을 제공하는 컨트렉터를 유정 서비스 회사라고 한다. 대표적인 회사로는 Schlumberger, Baker Hughes, Halliburton, Weatherford 등이 있다.

(4) 저류층 서비스(reservoir service)

각종 탐사 자료를 해석하고 이를 반영하여 저류층 특성화, 저류층 시뮬레이션 회수 증진 등 다양한 저류층 관리 서비스를 제공하는 서비스 회사이다. 다양한 분야가 결합하여 서비스를 제공하는 분야인 만큼 세부 분야별로 수많은 서비스 회사가 있다. 그중에서도 저류층 관리의 핵심 툴인 저류층 시뮬레이션 프로그램을 제공하는 대표적인 회사로는 Schlumberger, Computer Modeling Group, Petex 등을 들 수 있다.

(5) 엔지니어링(engineering)

탄화수소 자원을 생산하기 위한 지표 시설(surface facility), 즉 해상 및 해저 시설의 설계 서비스를 제공하는 회사로서 대표적인 회사로는 Technip, KBR, Aker Solutions, CB&I, Wood Group Mustang, WorleyParsons 등이 있다.

(6) 제작(fabrication)

해양 생산설비 등을 제작 및 건조하는 회사이다. 대형 회사의 경우에는 자체 설계 및 조달 능력까지 갖추어 종합 EPC(Engineering, Procurement, Construction) 서비스를 제공하기도 한다. 대우조선해양, 삼성중공업, 현대중공업, McDermott, Sembcorp Marine 등이 있다.

(7) 해양 건설(offshore construction)

해저에 설치되는 SURF(Subsea Umbilical, Riser, Flowline)와 SPS(Subsea Production System) 등의 제작 및 설치 서비스 등을 제공하는 회사로서 제작 회사들과 마찬가지로 자체 설계 능력을 갖추어 EPC 서비스를 제공하기도 한다. 대표적인 회사로 Technip, Saipem, Subsea 7 등이 있다.

(8) FPSO 임대(FPSO lease)

주로 중소형 유전에서 비교적 단기간에 걸쳐 생산을 하기 위한 FPSO(Floating Production Storage and Offloading)를 보유하여 오퍼레이터에 임대 및 운용 서비스를 제공하는 회사로 SBM Offshore, Modec, BW offshore, Teekay Offshore 등이 있다.

(9) MMO(Maintenance Modification and Operation)

유전의 생산 단계에서 생산 활동과 관련된 설비의 운영, 유지 보수 및 개조 서비스를 제공하는 회사이다. 각 산유국별 노동, 환경 등 규제에 직접적으로 영향을 받는 분야여서 국가/지역별로 특화된 회사가 여럿 존재한다. 노르웨이에서는 Aker Solutions, Aibel 등이 MMO 서비스를 제공하고 있다.

(10) 해양 작업 지원선

물자 보급, 예인, 잠수 등 해상 작업을 지원하기 위한 다양한 해양 작업 지원선(OSV; Offshore Support Vessel)을 보유하여 임대 서비스를 제공한다. 대표적인 회사로는 SolstadFarstad, Bourbon, Rem Offshore, Seacor Marine, GulfMark Offshore 등이 있다.

(11) 시추 시스템(drilling system) 공급업체

주 컨트렉터는 아니지만 해양 유전 개발 프로젝트에서 빼놓을 수 없는 중요한 해양 시추 시스템을 공급하는 회사로서 NOV, Aker Solutions, Cameron 등이 있다.

(12) 서브씨 생산 시스템(SPS) 공급업체

마찬가지로 시스템 공급 회사로서 해양 유전 개발 프로젝트에서 매우 중요한 SPS를 제작하여 공급한다. FMC, Aker Solutions, OneSubsea 등의 회사가 있다.

1.4.3 E&P 업계와 오일 서비스 업계의 차이점

(1) 목적 적합성(fit for purpose)

그림 1-8에서 E&P 회사에 해당하는 오퍼레이터는 프로젝트 전체를 관리하는 프로젝트 매니저 역할을 하며 실제 작업 실행에 필요한 전문적인 인원과 설비는 주 컨트렉터들을 고용하여 수배하게 된다.

예외적으로 오퍼레이터가 주 컨트렉터를 고용하지 않고 직접 관련 인원과 설비를 보유하여 작업을 하는 경우는 해당 작업에 필요한 전문 지식과 설비가 특정 목적이나 용도에만 적합하고 범용성이 없어 다수의 프로젝트를 상대로 표준화된 서비스를 제공하는 오일 서비스 회사가 관련 인원 및 설비를 보유/운용하기에는 적합하지 않을 때이다. 대표적인 예로 우리나라 조선소에서 건조하는 반잠수식, FPSO, TLP(Tension Leg Platform), Spar 등 여러 형태의 해양 생산설비들의 탑사이드(topside; 상부 구조물)를 들 수가 있다. 대부분의 경우 이들은 유전에 설치되면 20년 이상 장기간 생산 작업을 하게 되기 때문에 각 유전이 가지고 있는 고유한 특성(석유의 압력과 성분, 유전 지역의 날씨, 해당 국가의 규제 등)을 반영하여 건조된다. 즉, 해당 유전에서만 사용되기 위한 목적으로 특화된 디자인에 따라 건조가 되었기 때문에 다른 유전에서 사용되었을 경우에는 생산 효율이 떨어지므로 범용성이 없다. 이는 서로 다른 특성을 지닌 여러 유전에 보유 인원과 설비를 투입하고 설비의 가동률을 극대화시켜 수익을 높여야 하는 오일 서비스 업계의 사업 모델과 거리가 있는 부분으로 탑사이드는 오일 서비스 회사가 보유 및 운용하기에 적합하지 않다. 따라서 탑사이드를 포함한 해양 생산설비는 E&P 회사들이 소유권을 갖고 우리나라 조선소에 직접 발주를 하게 된다.

이는 반대의 경우를 살펴보면 더 쉽게 이해할 수 있다. 오일 서비스 산업에 속하는 해양 시추 회사가 보유한 해양 시추선들이 이에 해당된다. 예를 들어, 시추선의 한 종류인 드릴쉽은 세계 여러 곳의 심해 지역에서 시추 서비스를 제공할 수 있는 범용성이 있는 설비이므로 목적적합성 정도가 낮고 표준화 비중이 커서 일반적으로 탑사이드와 비교하여 건조 시 투입되는 엔지니어링 자원이나 리스크 요인에서 큰 차이가 난다. 이러한 이유로 드릴쉽은 E&P 회사보다 상대적으로 규모가 작은 해양 시추 회사가 전문성을 키워 보유 및 운용하기에 적합하며, 드릴쉽을 조선소에 발주하는 주체도 해양 시추 회사가 된다.

이러한 목적 적합성의 개념은 E&P 업계와 오일 서비스 업계를 구분하는 중요한 기준 중 하나이다

(2) 해양 플랜트

현재 우리나라에서 사용하고 있는 '해양 플랜트'라는 개념은 오퍼레이터가 소유하고 조선소에 발주하는 해양 생산설비뿐만 아니라 오일 서비스 회사들이 소유하고 발주하는 시추선, 탄성파 탐사선, OSV 등을 모두 포괄하고 있는데, 이는 E&P 업계의 고유한 목적 적합성 특징을 반영하지 못한 것이다.

실제로 해양 플랜트(offshore plant)라는 단어는 해외에서는 쓰이지 않는 용어로서, 필자의 생각으로는 조선산업의 관점에서 E&P 산업을 바라보다 보니 편의상 기존에 조선소의 주력 제품이었던 상선을 제외한 나머지를 '해양 플랜트'라는 개념으로 뭉뚱그려 분류한 것이 아닌가 싶다. 그러나 엄밀히 따지자면 앞서 설명했듯이 오퍼레이터가 소유하는 해양 생산설비는 E&P 업계에 속하고 나머지 시추선 및 탄성파 탐사선, OSV 등은 모두 오일 서비스 업계에 속하며, 이 두 부류는 근본적으로 서로 다른 성질의 것으로 봐야 한다. 좀 더 넓게 보자면 유조선 및 LPG선 등 상선들 또한 해운 회사가 보유하여 오퍼레이터를 위해 원유 및 천연가스 이송 서비스를 제공하기 위한 설비로서 오일 서비스 업계에 속한다고 보는 것이 적절하다고 보여진다.

이러한 E&P 업계와 오일 서비스 업계의 차이점을 이해하는 것은 고객의 특성과 니즈를 파악하고 해양 생산설비 EPC 프로젝트의 특징을 이해하는 데 필수적인 부분으로 해양 유전 개발 프로젝트에 참여하고자 하는 회사들이 유념해야 할 부분이다.

E&P 업계의 목적 적합성 특징의 주요한 원인이 되는 유전의 고유한 특성들에는 여러 가지 요소가 있는데, 이에 대해서는 4장에서 자세히 살펴보기로 한다.

02
E&P 기초

이번 장에서는 E&P 산업의 기초가 되는 지표하, 유정, 시설 기능에 대해 간단히 소개하도록 한다.

E&P 산업에 핵심적인 기술적 기능(function)은 크게 4가지로 나눌 수 있는데 지표하 (subsurface), 유정(well), 시설(facility), 그리고 운영(operation) 기능이 여기에 해당된다. 회사별로 조금씩 명칭과 구성에 차이가 있지만 어느 정도 규모가 되는 E&P 회사들은 대부분 유전 개발 프로젝트를 진행하는 데 매우 중요한 이 4개의 기능에 대한 전담 조직들을 가지고 있다.

여기서는 이들 기능 중 개발 단계에서 중요한 요소로 작용하는 지표하, 유정, 시설 기능 각각에 대해 유전 개발 프로젝트의 전체적인 흐름을 이해할 수 있는 매우 기초적인 수준의 지식을 전달하는 수준으로 설명하도록 한다.

2.1 지표하 기능

지표하 기능은 지하에 묻혀 있는 탄화수소 자원을 찾고 이를 지표 위로 회수하는 방법과 관련된 분야로, E&P 회사에서 가장 중요한 역할을 한다.

지표하 기능과 관련된 분야에는 지질학, 지구물리학, 암반물리학, 저류공학 등이 있다. 매우 다른 분야의 전문가들이 같이 협력하여 일하는 다제학적(multi-disciplinary) 특성이 강한 기능으로서 각 분야(discipline) 간의 원활한 의사소통이 필수적이다.

2.1.1 탄화수소 자원의 기원

여기서는 전통자원(conventional resource)을 기준으로 탄화수소 자원의 생성 및 부존에 대한 내용을 설명하도록 한다.

(1) 탄화수소 자원의 생성 과정

탄화수소 자원은 수억~수천만 년 전에 바다에 쌓인 유기물의 잔해로부터 생성되었다는 것이 현재 정설로 받아들여지고 있다. 주로 바다의 조류 및 플랑크톤이 죽어 분해된 엄청난 양의 유기물들이(분해 작용) 매우 미세한 모래(silt)와 함께 해저에 쌓여 두터운 퇴적암층을 형성하게 되었다(퇴적 과정). 이 퇴적암층이 오랜 기간을 거쳐 여러 지각 변동에 의해 깊은 지하에 매몰되었고(구조 형성 과정) 높은 압력과 온도의 영향으로 그 안에 있던 유기물이 탄화수소 화합물로 변하게 되었다(성숙 과정).

이렇게 생성된 탄화수소 화합물은 유기물보다 부피가 크고 더 가볍기 때문에 그들이 생성된 퇴적암층의 매우 미세한 틈을 따라 지상 방향으로 이동을 하게 된다(이동 과정). 이동 중인 탄화수소 화합물은 침투가 불가능한 암석층을 만나면 그 경사 부분을 따라 지상 방향으로 이동을 계속하여 결국 침투 불능 암석층이 오목한 형태를 형성

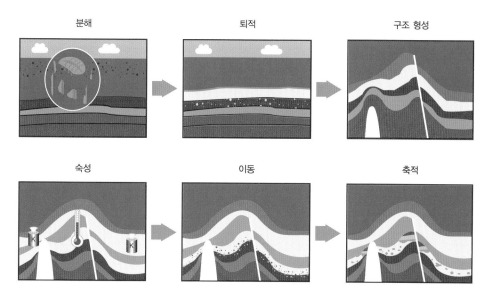

그림 2-1 탄화수소 자원의 생성 과정

한 지역에 이르러 더 이상 위로 움직이지 못하고 모이게 되었다(축적 과정).

(2) 석유 시스템

위에서 간단히 살펴본 바와 같이 탄화수소 자원이 생성되고 한 곳에 모여 우리가 상업적으로 생산이 가능한 상태가 되기 위해서는 크게 다음 6가지 조건을 만족해야 한다.

① 탄화수소 화합물을 생성하기 위한 유기 탄소 성분이 다량 포함된 퇴적암, 즉 근원암(source rock)이 존재하여야 한다.

② 유기 탄소 성분이 분해되어 탄화수소 화합물로 변환되기 위해서는 장기간에 걸쳐 충분한 열(약 지하 2~4 km에서의 지열 수준)이 공급되어야 한다.

③ 생성된 탄화수소 화합물이 근원암을 벗어나 지상 방향으로 이동이 가능한 이동경로(migration route)가 있어야 한다.

④ 투과성이 있어(permeable) 탄화수소 화합물이 암석 내부에서 이동할 수 있고, 저장될 수 있도록 충분한 공간이 있어(porous) 경제적으로 생산이 가능한 양이 존재할 수 있는 특성을 가진 저류암(reservoir rock)이 있어야 한다.

⑤ 투과성이 낮아 탄화수소 화합물의 이동을 막을 수 있는 덮개암(seal)이 저류암과 맞닿아 존재하여야 한다.

⑥ 덮개암이 탄화수소 화합물이 더 이상 위로 이동하지 못하게 막고 저류암에 머물러 축적될 수 있는 지질학적 구조, 즉 트랩(trap) 구조를 형성해야 한다.

탄화수소 자원이 생성되고 저장되기 위해서는 이러한 근원암, 저류암, 덮개암 등의

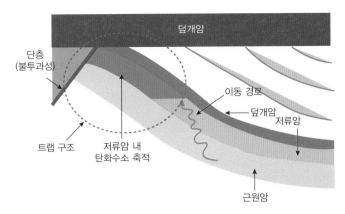

그림 2-2 석유 시스템

지질학적 구성 요소들과 이들 요소들 사이에 발생하는 이동, 트랩 형성 등의 지질학적 작용들이 필수적이다. 석유 시스템(petroleum system)은 이러한 지질학적 구성 요소들과 작용들을 포괄하는 시공간적 개념으로 유전 탐사 작업의 흐름을 파악하기 위해서는 석유 시스템의 개념을 명확히 이해해야 한다. 이들 구성 요소들과 작용들 중에 어느 하나가 존재하지 않거나 발생하지 않았다면 전통적 자원에 해당하는 상업성 있는 유전이 존재할 수 없다.

2.1.2 탄화수소 자원의 부존

유전의 탐사 작업은 탄화수소 자원이 존재할 가능성이 있는 퇴적층이 축적되어 형성된 퇴적 분지를 찾는 데서 시작한다. 퇴적 분지에 대해 다양한 지질 조사 방법으로 자료를 수집·분석하여 분지의 형성과 변형 등의 발달 과정을 파악한다. 이를 통해 탄화수소 자원의 생성과 이동, 축적에 대한 시공간적 정보를 파악함으로써 석유 시스템의 존재 가능성을 평가하게 된다.

탄화수소 자원이 존재할 가능성이 있는 유망 퇴적 분지 후보가 정해지면 해당 분지에 대해 탄성파 탐사 등을 포함한 다양한 물리 탐사 방법으로 지구물리학적 자료를 수집·분석한다. 이를 통해 광범위한 퇴적 분지에서 점차적으로 석유 시스템의 존재 가능성이 큰 지역의 물리적 범위를 좁혀 들어가 플레이(play)와 잠재구조(lead), 유망구조(prospect) 등을 순차적으로 파악해 나간다.

- 플레이

  플레이는 특정 근원암과 저류암 그리고 덮개암이 발생하여 상업적 생산이 가능한 탄화수소 자원의 존재를 확인할 가능성이 있는 구역 개념으로, 일반적으로 하나의 석유 시스템 내에 발생한다. 플레이는 하나 이상의 잠재구조와 유망구조들의 집합을 포괄하며, 이들은 지질학적으로 매우 유사한 석유 시스템 구성 요소들(근원암,

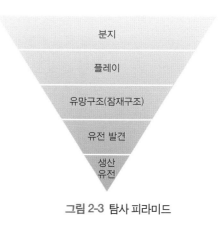

그림 2-3 탐사 피라미드

저류암, 덮개암)을 가진다.

- **잠재구조**

  잠재구조는 트랩 형성의 가능성이 있으나 아직 확인되지 않은 구역 개념으로 추가 자료의 수집과 분석을 하여 트랩 구조가 확인이 되면 유망구조로 분류된다.

- **유망구조**

  유망구조는 플레이 내에서 탄화수소 자원이 축적되어 있을 수 있는 트랩 형성이 확인된 구역 개념이다. 트랩의 구조가 파악되어 잠재적으로 생산 가능할 것으로

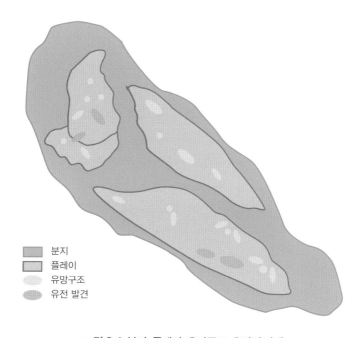

그림 2-4 분지, 플레이, 유망구조, 유전의 관계

예상되는 탄화수소 자원의 양을 계산할 수 있다.

유망구조를 판단하는 기준인 트랩에는 여러 가지 형태가 있는데 대표적인 예는 그림 2-5와 같다.

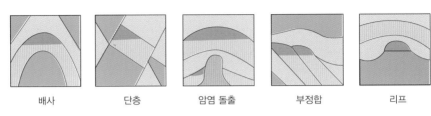

배사   단층   암염 돌출   부정합   리프

그림 2-5 대표적인 트랩 종류

- 유전 발견

  유망구조를 시추하여 탄화수소 자원의 존재 여부를 확인하면 유전의 발견이 선언된다. 뒤이어 유전의 상업성 평가를 진행하여 유전 개발을 추진하게 된다.

2.1.3 탄성파 탐사

퇴적 분지에서부터 시작하여 플레이, 잠재구조, 유망구조 등을 확인하기 위해서 탄성파 탐사, 중력 탐사, 자기 탐사 등 다양한 물리 탐사 방법들을 동원하여 지질 구조를 파악하게 된다. 그중에서도 탄성파 탐사는 시추를 하기 전에 지층의 구조와 층서(지층의 순서)를 확인할 수 있는 주요 탐사 방법이다.

탄성파 탐사는 탄성파가 통과하는 매질이 바뀔 때마다 통과 속도와 진행 경로가 바뀌는 성질을 이용하는 방법이다. 탄성파에는 여러 종류가 있으나 탄성파 탐사 시에는 지구 내부를 통해 전파되는 실체파(P파와 S파)를 사용한다.

탄성파를 인공적으로 발생시켜 지하로 전파시키면, 이들은 지층 등을 통과할 때마다 바뀌는 매질의 영향으로 속도가 변하게 된다. 또한 탄성파 중 일부는 반사되어 지상으로 향하고 일부는 굴절되며 계속 지하로 전파된다. 지층에 반사되어 지표면에 도착하는 탄성파들의 도착 시간 정보를 분석하면 해당 탄성파가 반사된 지층 경계면의 상대적 위치를 파악할 수 있고, 이를 취합하여 지질 구조를 확인하게 된다.

(1) 탄성파 탐사 과정

탄성파 탐사 작업은 크게 자료 취득, 자료 처리, 자료 해석의 3가지 과정을 거친다.

① 자료 취득(data acquisition)

해양에서의 탄성파 탐사 시에는 일반적으로 탄성파 탐사 선박을 소유한 해양 탄성파 탐사 컨트렉터를 고용하여 작업을 실행하게 된다. 탄성파 탐사 선박에 연결된 에어건(air gun) 등을 이용해 고압의 압축 공기로 인공적으로 탄성파를 발생시킨다(그림 2-9 참조). 탄성파가 해저를 통과하여 지표면 아래로 전파되면서 일부는 해저면 아래의 각 지층 경계면에서 반사되어 올라오고 일부는 계속 아래로 전파된다. 탄성파 탐사 선박의 후미에 연결되어 있는 튜브 형태의 스트리머(streamer)에 들어 있는 수중 음파 탐지기(hydrophone)가 지층 경계면에서 반사되어 올라온 탄성파 신호음을 탐지하여 탄성파 자료(seismic data)를 취득하게 된다.

② 자료 처리(data processing)

해양에서 취득한 탄성파 자료는 여러가지 요소의 영향을 받아 많은 오차가 포함되어 있어 이를 제거하고 신호음 정보의 정도를 향상시켜야 한다. 우선 다른 해상 작업이나 자연적으로 발생한 잡음 또는 불필요한 탄성파(표면파), 2번 이상 반사되어 탐지된 탄성파(다중 반사파) 등을 제거하는 전처리(pre-processing) 과정을 거친다. 뒤이어 여러 탄성파 신호음 정보를 하나로 합치는 중합(staking), 지층 경계면의 경사에 따른 오차를 보정하는 구조 보정(migration) 등의 작업을 수행한다. 이러한 작업에는 대용량 자료 처리를 위한 수퍼 컴퓨터와 복잡한 처리 프로그램을 사용하여야 한다.

일련의 처리 작업을 통해 품질이 향상된 정보를 바탕으로 탄성파 반사 이벤트가 발생한 지점의 시간 차원의 정보를 공간 차원의 지점 정보로 변환하여 2차원 또는 3차원의 지표하 이미지(subsurface image)를 생산하게 된다(그림 2-7 참조).

③ 자료 해석(data interpretation)

자료 처리를 통해 생산한 지표하 이미지와 기타 다른 방법을 활용해 취득한 가용한 모든 자료를 종합적으로 분석한다. 이를 통해 해당 퇴적 분지의 지질 구조를 이해하고 석유 시스템의 존재 여부를 검토하여 플레이, 유망구조 등 탄화수소 자원의 부존 가능

그림 2-6 해양 탄성파 탐사 작업 (CGG 제공)

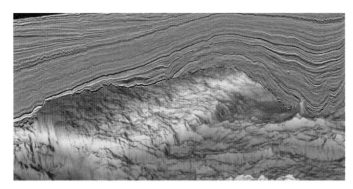

그림 2-7 3D 지표하 이미지 (CGG 제공)

성이 큰 구역을 파악하게 된다.

　기본적인 해석 과정으로 이들 자료를 활용하여 구조 해석(structural interpretation)과 층서 해석(stratigraphic interpretation)을 실시하여 지질 모형을 구축한다. 구조 해석에서는 습곡, 단층 등 지층 구조 추이와 특징을 파악하고, 층서 해석에서는 부정합, 지층 형성 시기나 순서, 암석의 특성 등을 파악한다.

　또한 직접적으로 탄성파 신호음 정보를 활용하여 탄화수소 자원의 부존 가능성을 파악할 수도 있다. 탄성파가 탄화수소 자원을 만나 반사될 때 관찰되는 탄성파 진폭(amplitude)의 변동 특성을 분석하고 진폭 이상(anomaly) 현상을 파악하여 탄화수소 부존과 관련된 추가적인 정보를 획득하게 된다. 이는 유망구조 평가, 저류층 특성화 등에 활용된다.

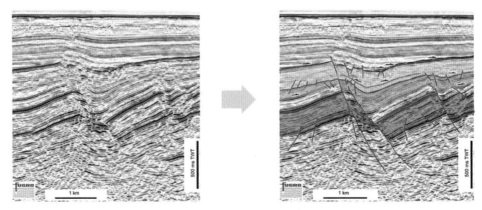

그림 2-8 탄성파 자료 구조 해석 사례 (CGG 제공)

(2) 탄성파 탐사 종류

해양 탄성파 탐사 방법에는 2D, 3D, 4D의 세 종류가 있다.

- 2D

아래 그림에서 보듯이 1개조의 스트리머가 달린 해양 탄성파 탐사선을 이용한 탐사 방법이다. 에어건에서 발생된 탄성파는 지하로 전파되고 지층에서 반사되어 수중 음향 탐지기에서 탐지된다. 탐사 실행 시 1개 탐사 라인(line)에서 스트리머 바로 아래 지역에 대한 2차원 단면 탄성파 자료 1건이 생산된다. 2D 탐사는 주로 수 km 간격을 두고 실시되므로, 그 간격 사이에 있는 지역의 지질 구조를 파악하기는 어렵다.

2D 탐사는 크게 광역 분지 탐사와 준광역 탐사로 나눌 수 있다. 광역 분지 탐사에서

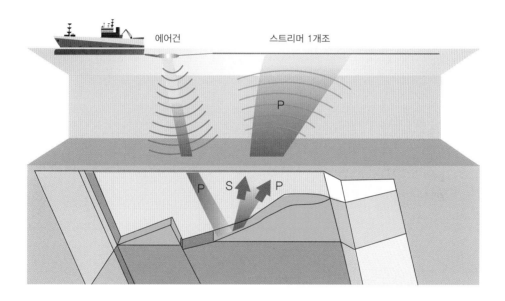

그림 2-9 2D 해양 탄성파 탐사

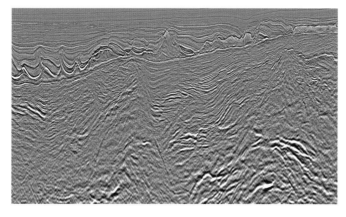

그림 2-10 2D 탄성파 자료 (CGG Multi-Client & New Ventures 제공)

그림 2-11 북해에서 수행된 2D 광역 분지 탐사 라인

는 5~10 km 간격으로 50~200 km 이상 거리에 대해서 탐사를 실시하며 분지 단위 지층 추이와 모델링에 활용된다. 준 광역 탐사에서는 광구, 즉 라이선스 블록 지역 단위에 대해서 1~4 km 간격으로 5~50 km 거리에 대해서 실시하며 유망구조를 파악하는데 활용된다.

● 3D

2개조 이상의 스트리머가 달린 해양 탄성파 탐사선을 이용한 탐사 방법이다. 좁은 간격(수십 m 내외)으로 배치된 여러 개의 스트리머를 이용하기 때문에 1개 탐사 라인

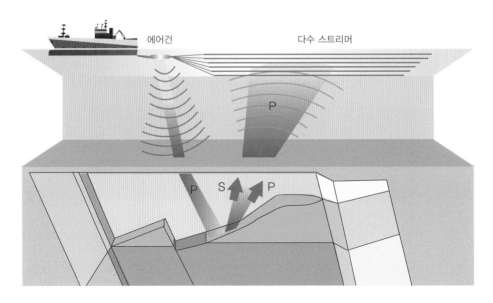

그림 2-12 3D 해양 탄성파 탐사

그림 2-13 3D 탄성파 자료

에서 생산되는 2차원 단면 탄성파 자료도 좁은 간격으로 다수가 생성된다. 이들 2차원 탐사 자료 들을 취합하고 확장시켜 탐사 지역에 대한 3차원 입체 탄성파 자료를 생산하게 된다.

3D 탄성파 탐사에서는 탐사 라인들을 가능한 한 가까운 간격으로 평행하게 배치하고, 이를 따라 한 방향으로 탐사를 진행하여 탐사 대상 지역을 최대한 커버하도록 한다.

자료 처리 과정을 통해 반사 이벤트가 발생한 지점을 3차원 공간에서 나타내어 좀더 정밀한 지표하 이미지를 구축할 수 있다. 이는 탐사 라인을 따라 2차원 단면에 대한 해석만 가능한 2D 탐사보다 정확하고 입체적인 지질 구조 파악이 가능하게 해준다.

그림 2-14 3D 탄성파 탐사 (CGG 제공)

• 4D

같은 지역에 대하여 장기간에 걸쳐 수년(3, 5, 10년) 간격으로 탄성파 탐사를 실시하여 시간 경과에 따른 변화를 파악하는 방법이다. 주로 유전의 생산 단계에서 탄화수소 자원이 생산되면서 발생하는 저류층 내의 잔류 탄화수소 자원의 분포 상태 변화 등을 확인하는 데 활용된다.

그림 2-15는 동일한 지역에 대해서 1992년과 2003년 탄성파 탐사를 실시하여 취득한 자료를 분석하여 석유 부존 가능성을 색상으로 표시한 것이다. 이를 통해 시간 경과에 따른 석유 부존 가능 지역의 변화와 동기간 동안의 생산 효율성을 파악하고 매장량을 좀 더 정확히 파악할 수 있다.

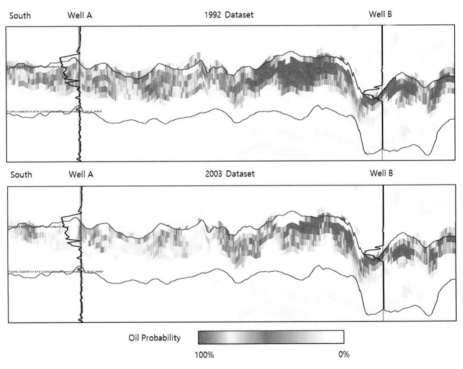

그림 2-15 4D 탄성파 자료 분석 (CGG 제공)

2.1.4 저류층

저류층(reservoir)은 탄화수소 자원이 존재하는 지층 구역에 해당되며 석유 시스템의 구성 요소인 저류암 등으로 구성되어 있다.

저류층은 다음 3가지 필수 조건을 만족하여야 한다.

① 수많은 작은 공간들이 존재하여 유체를 저장할 수 있어야 한다.

② 수많은 작은 공간들이 서로 연결되어 있어 유체가 저류층 안에서 이동할 수 있어야 한다.

③ 저류층 내에 충분한 양의 탄화수소 자원이 집적되어 존재하여야 한다.

저류층의 주요 특성은 크게 저류암의 물리적 성질과 탄화수소 자원을 포함한 저류층 내의 유체, 즉 저류층 유체의 성질 두 종류로 나뉜다. 여기서는 가장 기초적이고 기본적인 저류암의 물리적 성질(공극률, 유체 투과도)과 저류층 유체의 성질(포화도, 상거동)만 간단히 설명하도록 한다.

(1) 공극률

토양이나 암석 내부에 존재하는 다양한 형태와 크기의 빈 공간을 공극이라고 하고 암석 전체 부피 중에서 공극들의 부피가 차지하는 비율을 공극률(porosity)이라고 한다.

$$\phi(\text{공극률}) = \frac{V_p(\text{공극 부피})}{V_T(\text{암석 부피})}$$

공극률은 자갈, 모래, 점토, 셰일 등 다양한 크기의 입자들의 분포 양상에 큰 영향을 받는다. 비교적 비슷한 크기와 형태의 입자로 구성된 분급이 양호한 저류층일수록 공극률이 크다.

공극률이 클수록 좋은 저류층으로 평가하는데, 일반적인 공극률에 따른 저류층 평가 내용은 다음과 같다.

공극률	평가
0~5%	매우 불량
5~10%	불량
10~15%	양호
15~20%	우수
20~25%	매우 우수

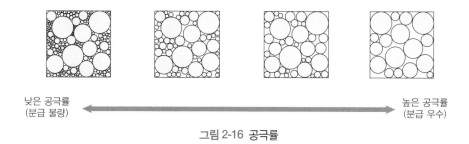

낮은 공극률
(분급 불량)

높은 공극률
(분급 우수)

그림 2-16 공극률

(2) 유체 투과도

암석 내에 존재하는 공극을 통해서 탄화수소 자원 등이 포함된 저류층 유체가 이동할 수 있는 능력을 유체 투과도(permeability)로 표시한다. 공극이 많고 그 크기가 크고 서로 잘 연결되어 있으면 유체 투과도가 높고 공극의 숫자가 적거나 크기가 작거나 서로 잘 연결되어 있지 않으면 유체 투과도가 낮다고 한다.

유체 투과도는 Darcy의 법칙을 사용하여 계산하게 된다.

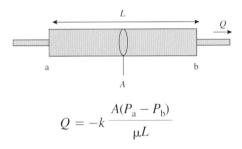

$$Q = -k\,\frac{A(P_a - P_b)}{\mu L}$$

여기서 Q는 유체의 유량, k는 유체 투과도, A는 이동 경로 단면적, L은 이동 거리, P_a와 P_b는 이동 경로 양 끝지점의 압력, μ는 유체의 점성이다.

유체 투과도도 클수록 좋은데 일반적인 유체 투과도에 따른 저류층 평가 내용은 다음과 같다.

표 2-1 유체 투과도에 따른 저류층 평가

유체 투과도(mD)	평가
0~1	매우 불량
1~10	불량
10~50	보통
50~200	양호
200~500	우수
500 이상	매우 우수

공극률과 유체 투과도는 높은 상관관계를 가지고 있어 공극률이 클수록 유체 투과도도 높은 경우가 일반적이다.

(3) 포화도

저류암의 공극은 크게 액체와 기체 상태의 탄화수소 자원과 물로 채워져 있다. 따라서 전체 공극의 부피(V_p)는 저류암의 공극에 존재하는 액체 상태인 탄화수소 자원(석유)의 부피(V_o), 기체 상태인 탄화수소 자원(가스)의 부피(V_g), 그리고 물의 부피(V_w)의 합과 같다. 이들 각 성분의 부피가 전체 공극의 부피 중에서 차지하는 비율을 각 성분의 포화도(saturation)라고 한다.

석유의 포화도 S_o, 가스의 포화도 S_g, 그리고 물의 포화도 S_w는 각각 다음과 같이 계산된다.

$$S_o = \frac{V_o}{V_p}, \ S_g = \frac{V_g}{V_p}, \ S_w = \frac{V_w}{V_p}$$

여기서 $V_o + V_g + V_w = V_p$이므로, $S_o + S_g + S_w = 1$이 된다.

(4) 상 거동(phase behavior)

탄화수소 자원은 저류층 내에 유체(액체 또는 기체) 상태로 평형상태를 이루며 존재한다. 탄화수소 자원을 지상으로 끌어올려 생산하게 되면 저류층 내에 있는 유체는 압력과 온도, 부피가 변하면서 상태가 변하게 된다. 이렇게 저류층 유체의 상(phase)이 변하는 거동 특성은 매우 중요한 저류층의 동적 특성 중 하나로서 PVT(Pressure, Volume, Temperature) 데이터라고도 한다.

여기서는 상 거동 특성을 반영한 저류층의 분류 방식 중 하나로, 압력−온도 상태도(phase diagram)를 활용하여 저류층을 4가지 유형으로 분류하는 방법을 설명하도록 한다.

그림 2-17은 저류층 유체의 압력−온도 상태도를 나타낸 것이다.

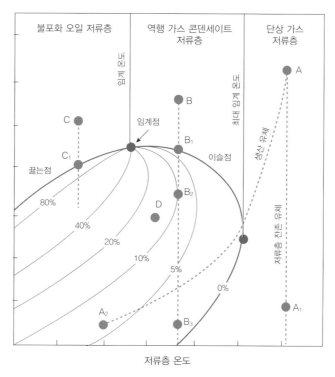

그림 2-17 저류층 유체의 압력−온도 상태도

그림 2-17에서 끓는점과 이슬점을 잇는 곡선 안쪽은 탄화수소 자원이 액체 상태(석유)와 기체 상태(가스)의 2가지 상태(2상)로 존재하는 영역이다. 이 영역 안에 표시된 얇은 곡선들에 표시된 퍼센트 수치는 주어진 압력과 온도에서 전체 탄화수소 화합물 부피 중에 액체 상태인 탄화수소 자원이 차지하는 비율을 나타낸다. 이렇게 복잡한 상 거동 특성이 나타나는 이유는 저류층 유체가 단일 물질로 구성된 것이 아니라 메탄, 에탄, 프로판, 부탄 등 다양한 종류의 탄화수소 화합물들이 섞여 있기 때문이다.

- 단상 가스 저류층(single phase gas reservoir)

저류층 내 탄화수소 자원이 그림 2-17에서 A 상태에 있는 경우로 저류층의 온도가 최대 임계 온도 이상이므로 저류층 유체는 기체의 단상 상태에 있다. 이 저류층에서 생산을 시작하게 되면 저류층 내부의 상태는 직선 $A-A_1$ 구간을 따라 변화하여 압력이 하락하지만 온도는 여전히 변화 없이 최대 임계 온도 이상으로 유지되고 따라서 저류층 유체도 기체 상태를 계속 유지하게 된다. 반면 저류층에서 끌어올려져 지상의 생산시설에서 생산 공정을 거치는 유체의 상태는 곡선 $A-A_2$ 구간을 따라 압력과 온도가 모두 하락하여 응축 현상이 일어난다. 이러한 과정은 저류층에서 가스 상태인 탄화수소 자원이 육상에서 응축되어 콘덴세이트가 생성되는 현상을 설명해준다.

저류층에서 기체 상태를 유지하는 탄화수소 자원은 대부분 지상에서 콘덴세이트를 생성하는데, 이들을 습성가스라고 부른다. 하지만 저류층에서 기체 상태인 탄화수소 자원 및 중 일부는 메탄과 에탄으로만 구성되어 지상에서도 기체 상태로만 존재하는데 이들은 건성가스라고 부른다.

- 역행 가스 콘덴세이트 저류층(retrograde gas condensate reservoir)

동일한 성분의 탄화수소 자원이 B 상태에 있는 경우로 저류층의 온도가 임계 온도보다는 높고 최대 임계 온도보다는 낮으며 2상 상태 영역 외부에 존재하여 저류층 유체는 기체의 단상 상태에 있다. 생산이 시작되면 저류층 내부의 상태는 압력이 하락하여 이슬점 곡선과 교차하는 B_1 상태에 도달하기 전까지는 기체의 단상 상태를 유지한다. B_1에 도달한 이후에는 응축 현상이 발생하여 콘덴세이트가 저류암의 공극 벽면에 생성되게 되는데, 이러한 콘덴세이트는 생산이 불가능하게 된다. 이 상태에서 생산된 가스는 지상에서 생성되는 콘덴세이트 함량이 낮아져 판매 가치도 떨어지게 된다. 이러한 응축 현상은 압력이 계속 낮아져 액체 상태인 탄화수소 자원이 최대 부피에 도달하는 B_2 상태에 이를 때까지 계속된다. B_2 이후에는 다시 콘덴세이트의 기화 현상이 발생하게 된다.

- 불포화 오일 저류층(unsaturated oil reservoir)

동일한 성분의 탄화수소 자원이 C 상태에 있는 경우로, 저류층의 온도가 임계점이하이므로 액체의 단상 상태에 있다. 생산이 시작되면 저류층 내부 상태는 압력이 하락하여 끓는점 곡선과 교차하는 C_1 상태에 도달할 때까지 액체의 단상 상태를 유지한다. C_1에 도달한 이후에는 액체 상태의 탄화수소 자원에서 기체가 분리되어 나오게 되는데 이를 용해가스(solution gas)라고 한다.

- 포화 오일 저류층(saturated oil reservoir)
  D 상태에 해당되는 경우로 동일한 성분의 탄화수소 자원이 2상 상태에 있으며 저류층 내부의 오일층(oil zone) 위에 가스층(gas cap)이 존재해 있는 상황이다. 이 경우 가스층과 오일층의 구성 성분은 전혀 다르기 때문에 생산을 하게 되면 이들은 각자 다른 상 거동 특성을 따르게 된다. 오일층의 경우 불포화 오일 저류층의 거동 특성을 나타내어 생산 중에 분리되어 나오는 가스가 가스층에 추가될 수 있다. 가스층의 경우는 이슬점 상에 위치하며 단상 가스 저류층 또는 역행 가스 콘덴세이트 저류층의 거동 특성을 나타내게 된다.

2.1.5 회수 기법

저류층의 탄화수소 자원은 저류층과 생산정의 압력 차이에 의해 생산정을 통해 지상으로 올라가게 된다. 즉, 저류층 내의 공극에 있는 탄화수소 자원 자체의 압력이 생산정의 시추공저(bottomhole)의 압력보다 높을 경우, 탄화수소 자원이 저류층 내에서 이동하여 시추공저를 통해 생산정을 타고 올라가게 된다. 이때의 유량은 저류층과 시추공저의 압력 차이, 저류층의 유체 투과도, 그리고 탄화수소 자원의 점성 등의 영향을 받게 된다.

저류층의 탄화수소 자원을 지상으로 올려 생산하는 것을 회수(recovery)라고 표현한다. 생산 기술의 발달로 다양한 방식의 탄화수소 자원의 회수 방법들이 사용되고 있는데, 이들은 1차 회수법(primary recovery), 2차 회수법(secondary recovery), 3차 회수법(tertiary recovery)으로 분류할 수 있다.

(1) 1차 회수법

생산 초기 단계에서 저류층 내의 압력과 같은 자연 에너지를 사용하여 탄화수소 자원을 생산정을 통해 회수하는 방법이다. 1차 회수법을 적용하여 일반적으로 원시 부존량(HCIIP)의 20%가량을 회수하고, 최대 60%까지도 회수할 수 있다.

생산 초기에는 저류층 내부의 압력과 시추공저의 압력의 차이가 매우 크며, 이 높은 자연 압력차로 인해 탄화수소 자원이 생산정을 통해 지상으로 이동한다. 생산을 지속하게 되면 자연스럽게 저류층 내부의 압력이 내려가 시추공저와의 압력차도 줄어들고 생산량도 감소하게 된다. 이 경우 ESP(Electrical Submersible Pump)를 설치하거나 가스 리프트(gas lift) 방식을 사용하여 인위적으로 압력차를 다시 벌려주기도 하는데 이러한 인공적인 방식도 1차 회수법으로 분류한다.

드라이브 메커니즘

이러한 압력 차이를 이용해 탄화수소 자원을 지상으로 밀어 올리는 드라이브 메커니즘(drive mechanism)은 크게 3가지로 나뉜다.

- 용해가스 드라이브(solution gas drive)
  생산이 시작되면 저류층의 압력이 감소하면서 액체 상태의 탄화수소 자원에서 가벼운 탄화수소 화합물 성분이 빠져 나와 용해가스가 생성된다. 이 용해가스가 팽창하면서 오일을 시추공으로 밀어내게 된다.

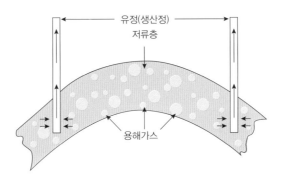

그림 2-18 용해가스 드라이브

- 가스 캡 드라이브(gas cap drive)
  가스 캡, 즉 가스층이 있는 저류층에서 생산이 시작되면 압력이 감소하면서 가스층의 가스가 팽창하고 오일을 시추공으로 밀어내게 된다.

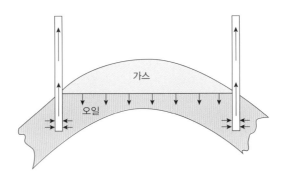

그림 2-19 가스 캡 드라이브

- 워터 드라이브(water drive)
  저류층의 석유가 지상으로 빠져나가면 오일층 아래에 존재하는 대수층의 에너지

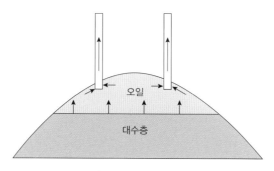

그림 2-20 워터 드라이브

에 의해 대수층의 물이 석유를 시추공으로 밀어내게 된다. 저류층에서 빠져나간 석유의 공간을 대수층의 물이 들어와 차지하게 되면서 저류층 내의 압력은 비교적 높은 상태를 유지하게 된다. 때문에 생산정을 통해 생산되는 물의 양도 계속 증가하여 과도한 수준이 되면 생산정을 폐쇄하게 된다.

(2) 2차 회수법

1차 회수로 인해 저류층 내의 압력이 너무 낮아져 생산이 힘들 경우에 물 또는 가스 등의 유체를 육상에서부터 저류층으로 주입하여 저류층의 압력을 올려주는 방식이다. 2차 회수법을 적용하여 1차 회수 이후에 원시 부존량(HCIIP)의 20~40% 정도를 회수하게 된다.

2차 회수법에는 크게 워터 플러딩(water flooding)과 가스 플러딩(gas flooding) 방식이 있다.

- 워터 플러딩

유정을 통해 물을 지상에서 저류층으로 주입하고 그 주변에 있는 유정에서 석유를 생산하는 방식이다. 물을 주입하는 유정인 주입정(injection well)에서 물이 저류층으로 들어가 생산정(production well) 방향으로 석유를 밀어낸다. 일반적으로

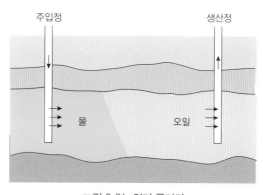

그림 2-21 워터 플러딩

생산 시에 석유와 같이 회수되는 물을 사용하고 저류층의 압력을 유지해주는 효과가 있다.

- 가스 플러딩

워터 플러딩과 유사한 방법으로 물 대신 생산 시에 석유와 같이 회수되는 천연가스를 저류층의 가스층에 주입한다. 주입된 가스는 가스 캡 드라이브와 비슷한 방식으로 부피가 팽창하면서 석유를 지상으로 밀어 올리게 된다.

(3) 3차 회수법

EOR(Enhanced Oil Recovery)이라고도 한다. 지하에 존재하는 물이나 탄화수소 자원 이외의 다른 물질이나 에너지를 이용하여 생산을 증진시키는 비교적 최근에 개발된 방법들이다.

크게 Thermal EOR, Chemical EOR, Immiscible gas injection 등의 3가지 방식으로 분류할 수 있다. Thermal EOR은 고온고압의 수증기 주입 등의 방법으로 저류층의 온도를 상승시키는 방식이고, Chemical EOR은 폴리머(polymer) 등 화학 물질을 주입하여 생산량을 증진하는 방식이다. Immiscible gas injection에서는 석유와 섞이지 않는 질소나 이산화탄소 등을 저류층에 주입하게 된다.

일반적으로 비용이 많이 들기 때문에 이 방법으로 생산을 해도 경제성이 있는 경우에만 선별적으로 적용하게 된다.

2차 회수법과 3차 회수법을 통칭하여 IOR(Improved Oil Recovery)이라고 한다.

2.1.6 매장량 추정

매장량은 다음과 같은 식으로 간단히 표현할 수 있다.

$$Reserve = HCIIP \times Recovery\ Factor(RF)$$

회수율(RF; Recovery Factor)

회수율은 원시 부존량 중에서 상업적으로 생산이 가능한 탄화수소 자원의 비율로서 동적 개념이다. 회수율은 가장 중요한 변수 중의 하나이지만 가장 추정하기 어려운 변수이기도 하다.

회수율은 다음과 같은 매우 다양한 요소의 영향을 받는다.

· 지질 구조
· HCIIP(원시 부존량)
· 저류층 물성: 공극률, 유체 투과도 등
· 저류층 유체 특성: 압력, 포화도, 상 거동 특성, 점도, 용해가스 비율(Gas-Oil Ratio,

GOR) 등

· 대수층 특성: 유체 투과도, 저류층과의 연결성
· 유전 개발 계획: 개발 컨셉, 회수 기법 등
· 사업 경제성: 상품 가격(원유, 천연가스 가격 등), 자본 비용, 운영 비용, 세금 등

유전의 경우 일반적으로 전 세계 평균 회수율은 25~35% 내외로 알려져 있다. 드라이브 메커니즘에 따른 유전의 회수율의 범위는 다음과 같다.

－용해가스 드라이브: 5~30%

－가스 캡 드라이브: 20~60%

－워터 드라이브: 30~70%

가스전의 회수율은 일반적으로 50~80% 내외이다. 1 tcf 이상의 대형 가스전의 경우는 60~80%의 회수율을 보인다.

매장량 추정 방법

매장량을 추정하는 방법은 크게 유추법(analogy method), 체적법(volumetric method) 그리고 생산실적법(production performance method)의 3가지 종류로 분류할 수 있다.

일반적으로 유추법 < 체적법 < 생산실적법 순으로 신뢰도와 정확성이 높다. 생산실적법은 감퇴곡선법(decline curve analysis), 물질평형법(material balance) 그리고 저류층 시뮬레이션(reservoir simulation)으로 다시 나뉜다.

이들 매장량 추정 방법 중 어떤 방법을 선택할 것인지는 유전의 성숙도와 필요 데이터의 활용 가능 여부, 저류층의 균질 정도를 감안하여 결정하게 된다. 유추법과 체적법은 주로 생산 이전 단계 또는 생산 단계 초기에 신속히 평가를 수행할 경우에 사용된다. 생산실적법은 생산 개시 이후에 보다 많은 자료가 이용 가능할 때 적용된다.

(1) 유추법

주로 개발 단계 초반에 쓰이는 매장량 평가 방법으로 해당 유전에서 직접 취득한 자료가 한정적일 경우에 사용된다. 아직 시추를 실시하지 않았거나 시추 건수가 충분치 않은 지역에서 인근 지역의 지질학적 특징과 저류층 특성 등의 정보를 활용한다. 따라서 인근 지역과의 유사성을 바탕으로 한 유추법이 유효한지 여부가 이 방법의 적용 가능 여부 및 그 결과물의 신뢰도와 직결되는 중요한 이슈로, 일반적으로 유추법을 통해 산출한 매장량의 신뢰도는 낮은 편이다.

유추법은 다음과 같은 조건들을 충족할 경우 개발 대상 지역의 매장량과 생산 프로파일(production profile, 2.1.7.(6) 참조)이 비교 대상 지역과 유사한 수준일 수 있다고 가정한다.

· 개발 대상 지역과 지질학적 그리고 저류공학적 유사성이 나타나는 비교 대상 지역을 선정한다.
· 비교 대상 지역의 개발정 완결 타입, 개발정 간 거리 등의 개발 방식이 개발 대상 지역에 적용 및 비교가 가능하다.
· 비교 대상 지역의 개발 방식에 따른 생산 실적 자료를 확보, 이를 활용하여 매장량을 평가하고 생산 프로파일을 작성한다.

두 지역 간의 유사성을 판단하기 위해서는 다양한 요소를 감안해야 하는데, 저류층의 깊이, 압력, 온도, 드라이브 메커니즘, 크기, 두께, 공극률, 유체 투과도 등의 저류층 자료와 개발 방식 등을 검토한다.

(2) 체적법

체적법은 저류층의 물성과 저류층 유체 특성을 이용하여 저류층 내의 탄화수소 자원의 양과 그중 회수 가능한 부분을 추정하는 방법이다.

체적법을 통해 매장량을 구하는 방법은 다음과 같다.

① 탄성파 탐사 자료, 시추를 통해 취득한 유정 자료 등 가용한 모든 자료를 이용하여 저류층의 형태를 파악하고, 이를 바탕으로 저류층의 전체 부피(GRV; Gross Rock Volume)를 계산한다. 저류층 형태를 직육면체로 가정하였을 경우 GRV는 다음과 같은 수식으로 나타낼 수 있다.

$$GRV = A \times h$$

여기서 A는 저류층의 단면적이고, h는 저류층의 총 두께이다.

② GRV 중 실제 탄화수소 자원이 존재하는 저류층 부분의 부피(net volume)를 계산한다.

$$Net\ volume = GRV \times N/G$$

여기서 N/G(Net to Gross ratio)는 저류층 전체 부피와 실제 탄화수소 자원이 존재하는 저류층 부분의 부피 비율이다. 직육면체 형태의 저류층을 가정하면 실제 탄화수소 자원이 존재하는 순 두께(net thickness)와 총 두께(h)의 비가 된다.

③ Net volume에서 탄화수소 자원이 존재하는 공극의 부피를 계산한다.

$$Pore\ volume = Net\ volume \times \phi$$

여기서 ϕ는 공극률이다.

④ 공극의 부피 중 탄화수소 자원이 차지하는 부피를 계산한다. 이 부피가 해당 저류층의 원시 부존량(HCIIP)이 된다.

$$\text{HCIIP} = \text{Pore volume} \times S_{hc}$$

여기서 S_{hc}는 탄화수소 자원의 포화도로서 S_o 및 S_g가 된다.

⑤ 저류층에서 고온고압 상태인 탄화수소 자원이 지표에서 표준 상태로 얼마만큼의 부피를 차지하는지 계산한다. 이 값이 표준 상태에서의 HCIIP가 된다.

$$\text{HCIIP} = \text{Pore volume} \times S_{hc} \times \frac{1}{\text{FVF}}$$

여기서 FVF(Formation Volume Factor)는 저류층 상태에서의 탄화수소 자원의 부피와 표준 상태에서의 탄화수소 자원의 부피의 비율이다. 이는 탄화수소 자원이 고온고압의 저류층 상태에서 지표면으로 나올 때 압력과 온도가 내려가면서 발생하는 부피 변화를 보정해주는 계수이다.

⑥ 회수율을 적용하여 실제 회수 가능한 매장량을 계산한다.

$$\text{Reserve} = \text{HCIIP} \times \text{RF}$$

이를 수식을 풀어서 표현하면 다음과 같다.

$$\text{Reserve} = A \times h \times \text{N/G} \times \phi \times S_{hc} \times \frac{1}{\text{FVF}} \times \text{RF}$$

여기서는 저류층의 형태가 직육면체라고 가정하고 있으나 실제로 그런 경우는 거의 없다고 봐야 할 것이다. 따라서 실제로는 탄성파 탐사 자료, 유정 자료 등 가용한 모든 자료를 활용하여 저류층의 형태를 파악하고 이를 평행한 면을 가진 여러 구획으로 나눈다. 각 구획의 부피를 구하고 이를 합하여 전체 저류층의 부피를 구하게 된다. 그림 2-22의 예에서는 탄화수소 자원이 존재하는 저류층 부분을 5개의 구획으로 나누고 각 구획의 부피를 구한 뒤 더하여 총 부피를 구한다.

체적법을 통한 매장량 추정치는 결정론적(deterministic) 방식 또는 확률론적(stochastic) 방식으로 계산할 수 있다. 결정론적 방식에서는 매장량 추정에 필요한 여러 변수들에 대해 각각 단일값을 적용하여 수식을 계산, 그에 대응하는 단일값의 최적 추정치를 산출하게 된다. 확률론적 방식에서는 변수들 각각에게 적절한 확률밀도함수를 부여하고 이들 함수들을 조합하여 매장량을 구하게 된다.

일반적으로 가장 불확실성이 큰 변수는 저류층 전체 부피와 회수율이다.

(3) 생산실적법

생산실적법에는 물질평형법과 감퇴곡선법 그리고 저류층 시뮬레이션 등이 있는데, 여기서는 개략적인 설명만 하도록 한다.

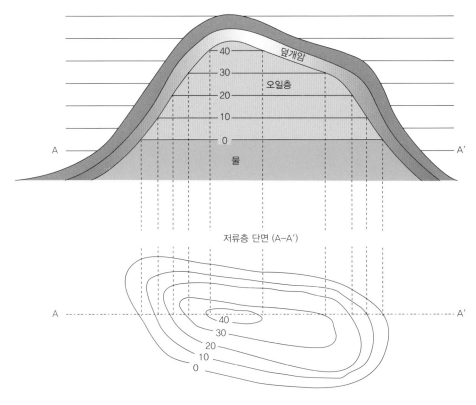

그림 2-22 체적법 적용 시 부피 계산

● 물질평형법

　유전에서 생산되는 탄화수소 자원의 양과 그에 따른 저류층에서의 압력 변화를
측정하여 매장량을 구하는 방법이다. 저류층 유체 특성과 생산실적 및 저류층 압
력 데이터의 저류층 전체 평균치를 구하고 이에 대하여 물질평형식을 계산한다.
탄화수소 자원 생산량과 저류층 압력 변화의 관계를 파악하기 위해 충분한 양의 생
산 데이터를 활용하면 체적법보다 높은 신뢰도의 추정이 가능하다. 저류층의 구조적
복잡성과 저류층 유체 감소에 따른 압력 변화 등이 생산에 미치는 불확실성 요소를
감안하여야 하기 때문에 복잡한 지층 구조에서는 높은 정확도를 기대하기 어렵다.
체적법에서와 같이 결정론적 방식 또는 확률론적 방식으로 계산할 수 있다.

● 감퇴곡선법

　탄화수소 자원의 생산 실적 데이터로부터 도출된 경험적 수식을 사용하여 향후
생산량을 보외법으로 구하고 매장량을 추정한다. 이 방법은 과거의 생산량 추세가
미래에도 같은 양상으로 나타난다고 가정한다. 따라서 이 방법은 상당 기간 동안
의 생산 데이터가 있는 경우에만 적용이 가능하다.

- **저류층 시뮬레이션**

   컴퓨터 프로그램을 이용하여 구축한 3차원 저류층 모형을 사용하여 매장량을 계산한다. 저류층을 3차원 격자 형태의 단위로 나누어 각각에 저류층 물성과 유체 특성값을 부여하여 저류층 모형이 만들어진다. 3차원 격자 단위로 저류층 내 유체 흐름을 분석하고 물질평형식을 계산하여 생산량을 예측하고 매장량을 추정하게 된다. 다른 생산실적법들과 마찬가지로 생산 실적 데이터를 필요로 한다 .

   저류층 시뮬레이션은 오늘날 유전 개발사업에 필수적인 도구로 활용되고 있다. 많은 비용이 소요되고 높은 전문 지식이 요구되는 방법이지만 저류층 드라이브 메커니즘을 보다 잘 이해하고 회수율을 더 정확하게 추정할 수 있는 장점이 있다.

2.1.7 저류층 관리

지금까지 살펴보았듯이 지하의 탄화수소 자원을 찾아 매장량을 추정하고 회수하는 일은 매우 큰 불확실성이 따르는 작업이다. 그 불확실성의 근원은 탄화수소 자원이 존재하고 있는 저류암의 물성과 저류층 유체 특성을 정확히 파악하지 못하는 현실적인 한계에서 비롯한다. 저류층 관리는 다양한 전문 분야들이 통합된 기술을 적용하여 이러한 불확실성을 관리함으로써 저류층 생산 능력을 최적화하고 매장량을 극대화시키는 시스템적 접근 방식이다. 따라서 매우 전문적인 지식과 많은 경험이 요구되는 분야이지만, 여기서는 타 분야 전공자들도 쉽게 이해할 수 있는 수준으로 저류층 관리의 전체적인 흐름을 파악하는 데 필요한 주요 개념들과 그 결과물들 위주로 매우 간략히 설명하기로 한다.

   저류층 관리는 유전의 생애주기와 직접적인 관련이 있기 때문에 유전 개발 과정과도 맞물려 있다.

   본 책의 구성상 이번 장을 지표하 기능 아래 항목으로 포함시켰으나, 저류층 관리는 유정 기능과 시설 기능 분야도 포괄하는 개념이다. 독자들에게는 이번 장을 읽기 전에 2.2(유정 기능)와 2.3(시설 기능)을 먼저 살펴보기를 권장한다.

(1) 자료 수집

저류층 관리를 위한 첫 단계는 저류층 모형을 만들기 위해 필요한 자료를 수집하고 이를 디지털화하여 데이터베이스를 구축하는 작업이다. 여기에는 탐사 단계와 개발 단계에 걸쳐 실시한 모든 탐사 활동, 즉 지질 조사, 지구 물리 탐사, 탐사 시추, 평가 시추 등을 통해 취득하고 처리한 자료가 포함된다.

   그중에서도 저류층 모형을 만드는 저류층 모델링(modelling) 작업의 근간이 되는 자료는 다음과 같다.

- 정적 데이터

  시간과 관계없이 일정하며 저류층 유체 흐름과 관련 없는 성질의 정보를 통칭한다. 주로 지질 조사와 탄성파 탐사, 그리고 코어링, 각종 검층(logging) 등의 시추 평가 (2.2.3.(11) 참조)를 통해 취득한다. 저류층의 구조/층서/암상 정보와 공극률, 유체 투과도, 저류층 N/G 비율, 유정 경로(well trajectory) 등이 해당된다.

- 동적 데이터

  시간에 따라 변하며 저류층 유체 흐름과 관계된 성질의 정보를 통칭한다. 주로 유정을 시추하고 실시하는 각종 유정 테스트, 생산 실적 자료, 4D 탄성파 탐사 활동 등을 통해 취득한다. 포화도, 저류층 압력/온도, PVT 데이터, 워터컷(water-cut), GOR 등이 해당된다.

저류층 모형은 크게 지질 모형(geological model)과 시뮬레이션 모형(simulation model) 두 종류로 나뉜다. 지질 모형은 주로 지질학 및 지구물리학 정보를 사용하여 정적 상태의 저류층의 상태를 모사하는 데 사용된다. 시뮬레이션 모형은 생산 기간 동안 저류층 유체의 흐름을 시뮬레이션하는 데 사용된다.

(2) 저류층 특성화

저류층의 특성을 규명하고 지질 모형을 구축하여 원시 부존량을 추정하는 과정을 저류층 특성화(reservoir characterization)라고 한다.

① 구조 모델링

  탄성파 탐사 데이터에 대한 구조 해석을 실시하여 저류층의 단층과 층준(horizon) 등의 위치를 파악한다. 이를 통해 저류층의 상단과 하단, 그리고 단층 구조 등 구조적 경계면을 3차원으로 시각화한 구조 모형(structural model)을 구축하여 저류층의 형태와 구조적 복잡성을 파악할 수 있게 된다.

② 층서 모델링

  구조 모형을 바탕으로 탄성파 탐사 데이터에 대한 층서 해석을 실시하여 지층의 시간 순서를 검토하고 층서 단위, 참조 층준, 생성 연대 등을 파악한다. 이를 각종 검층, 코어 샘플 분석 등을 통해 얻은 유정 자료(유정 경로 등)와 결합하고 깊이 및 공간 보정을 실시하여 층서 모형을 구축한다. 층서 모형은 주 층서 단위들과 모형의 경계면 형상을 따라 수많은 격자 형태 단위로 나누어지게 된다.

③ 암상학적/암석물리학적 모델링

  저류층의 암상에 따른 지질학적 추세를 분석하여 그 특성에 따라 암상(facies)을 파악하고 이를 층서 모형에 입력하여 암상에 따라 구역화한 암상 모형(facies

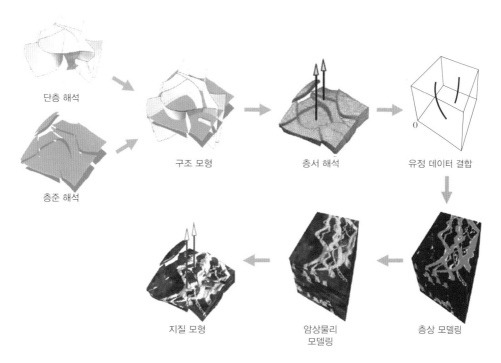

단층 해석

층준 해석

구조 모형

층서 해석

유정 데이터 결합

지질 모형

암상물리 모델링

층상 모델링

그림 2-23 지질 모형 구축 프로세스

model)을 만든다. 이후 지구통계학적 기법(확률론적)을 사용하여 모형의 각 격자들에 대하여 암상 구역별로 공극률, 유체 투과도, 포화도 등 저류층의 암석 물리학적 특성 정보를 부여한다. 이를 통해 고해상도의 정밀한 지질 모형을 구축하게 된다.

④ 원시 부존량 추정(체적법)

지질 모형을 활용하여 체적법을 써서 원시 부존량(HCIIP)을 구한다.

이렇게 만들어진 지질 모형은 유전 개발 과정에서 계속 업데이트된다. 최초 탄성파 탐사 및 탐사정 시추 이후에도 추가로 탄성파 탐사를 실시하거나 탐사정을 시추하면서 새로운 데이터를 얻게 되는데, 그때마다 지질 모형 구축 과정을 반복하며 최신 정보를 반영한 지질 모형을 만들게 된다.

(3) 저류층 시뮬레이션

저류층 시뮬레이션에 사용될 모형을 구축하고 시뮬레이션을 실시한다.

① 업스케일링(upscaling)

저류층 특성화를 통해 완성된 고해상도 지질 모형은 수많은 작은 격자로 이루어

져 있어 현재의 컴퓨터의 정보처리 능력으로 반복적으로 유체 흐름 시뮬레이션을
실행 하기에는 너무 많은 정보를 포함하고 있다. 따라서 시뮬레이션 시 처리되는
정보의 양을 줄이기 위해 격자의 크기를 확대하여 지질 모형을 구성하는 격자의
개수를 줄이는 업스케일링 과정을 거치게 된다.

② 동적 모델링(dynamic modelling)

업스케일링된 모형에 동적 데이터를 결합시켜 저류층의 동적 특성을 반영시킨 시
뮬레이션 모형을 만든다.

③ 시뮬레이터 선정(simulator selection)

해당 저류층 내의 유체의 흐름 특성을 파악하여 이를 바탕으로 시간에 따른 생산
량의 변화를 예측하기 위한 도구인 시뮬레이터를 선정한다. 대용량 컴퓨터를 사
용하여 저류층의 시뮬레이션 모형에 각 시뮬레이터에 따라 복잡한 수학적 모델을
적용하여 시뮬레이션을 수행한다. 대표적인 시뮬레이터에는 Black oil, Composi-
tional, Thermal 등이 있다.

④ 히스토리 매칭(history matching)

시뮬레이션 모형에 시뮬레이터를 적용하여 생산 시뮬레이션 자료를 산출한다. 시
뮬레이션 결과와 실제 저류층의 생산 실적 자료를 대조하여 오차를 확인하고 이
를 감안하여 시뮬레이션 모형을 수정한다. 이러한 과정을 시행착오(trial and error)
방식으로 반복하여 실제 생산 자료와 최대한 유사한 결과가 나오도록 시뮬레이션
모형을 완성시킨다.

⑤ 생산량 예측

시뮬레이션 모형으로 저류층 유체 흐름 시뮬레이션을 실시하여 회수율과 생산 프
로파일 등 핵심적인 정보를 추산하게 된다.

(4) 생산 전략 수립

생산 전략(drainage strategy)은 어떠한 방식으로 드라이브 메커니즘을 활용하여 탄화
수소 자원을 저류층으로부터 지상으로 배출(drainage)시키는지를 검토하고 구체화한
것이다. 이를 위해 다양한 생산 시나리오(drainage scenario)에 대해서 저류층 시뮬레
이션을 실시하여 저류층과 개발정의 성능을 예측하고 상업적 생산이 극대화되는 생산
전략을 도출하게 된다. 생산 전략은 개발 단계의 주요 생산물(deliverable)인 유전 개발
계획(Field Development Plan)에 반영되게 된다(유전 개발 계획에 대한 자세한 내용은
4.2 참조).

생산 전략에서 검토되는 생산 시나리오에 포함되는 주요 요소들은 다음과 같다.

- 생산정 위치와 개수
- 각 생산정의 종류: 수직정(vertical well), 수평정(horizontal well), 다방향 수평정 (multi-lateral well) 등
- 각 생산정의 생산량
- 2차 회수법 적용 여부, 적용 방법 및 시기
- 각 주입정의 주입량(2차 회수법 적용 시): 물 또는 가스의 주입량
- 시추 일정(개발정 시추 순서)
- 생산시설 처리능력

위의 조건들을 반영한 각 생산 시나리오에 대해서 시뮬레이션을 실시하여 다음과 같은 주요 정보를 산출한다.

- 회수율
- 생산 프로파일
- 원유, 천연가스, 물의 생산량
- 저류층의 압력 변화

생산 시나리오들의 시뮬레이션 결과물과 프로젝트의 향후 유연성 등을 반영하여 프로젝트 경제성과 위험 분석을 실시하고 생산이 최적화되는 최적 생산 시나리오를 결정한다. 프로젝트의 유연성 측면에서 검토되는 요소들에는 자료 취득, 회수율 증가, 생산 속도 증가, 운영 비용 감소 가능성 등이 포함된다.

(5) 실행 및 모니터링

생산 전략을 반영하여 유전 개발 계획을 수립한다. 세부 실행 계획으로 시추 및 완결 계획(drilling and completion plan), 자료 취득 계획(data acquisition plan) 등을 세우고 유전 개발 프로젝트의 실행 단계에서 계획을 실행한다.

저류층 모니터링은 생산 중인 유전의 경제성을 향상시키고 생산 기간을 연장시키기 위해 매우 중요한 도구로서, 유전의 생산이 시작되면 지속적으로 저류층과 생산정의 생산 능력을 추적 관찰한다.

각 생산정의 생산량 추이, GOR, 웰헤드(wellhead) 압력 등 주요 생산정 생산 능력 인자들은 매일 관찰하여 변화를 주시하여야 한다. 매년 단위로는 유전 단위 생산량 추이, 저류층 압력, 회수율 등을 검토하여 생산 전략을 업데이트하도록 한다. 이러한 계측 결과가 생산 전략의 예측치와 차이가 날 경우는 추가 정보를 수집하여 업데이트한 모형의 시뮬레이션을 통해 생산량 증진을 위한 추가적인 조치를 검토하게 된다.

(6) 생산 프로파일

저류층 관리의 주요 산출물 중 하나인 생산 프로파일은 유전 개발 프로젝트의 생산 단계에서 생산 기간 전반에 걸친 생산량 변화 추이를 나타낸 그래프이다.

일반적인 유전의 생산 기간은 20년 내외이지만 작은 유전의 경우는 5년에 불과한 경우도 있고 큰 유전의 경우는 50년 이상인 경우도 있어 유전의 크기에 따라 큰 편차를 보인다.

유전과 가스전은 각각 매우 다른 생산 프로파일을 나타낸다. 유전의 경우 생산 초기 생산량이 급격히 증가하여 생산량이 고점인 플라토(plateau) 상태가 단기간 유지되다가 점차 생산량이 감소한다. 반면에 가스전의 경우 일반적으로 20년이 넘는 장기간 동안 플라토 상태가 유지된다.

그림 2-24는 일반적인 유전의 생산 프로파일을 나타낸 것이다.

유전의 생산 기간은 크게 생산 증가 기간, 플라토 기간, 생산 감소 기간으로 나뉜다.

● 생산 증가(production build-up) 기간

일단 프로젝트 승인이 내려져 투자가 집행되면 최대한 생산량을 단기간에 늘려 프로젝트의 NPV(Net Present Value, 순현재가치)를 극대화하는 것에 중점을 두게 된다. 따라서 생산이 개시되면 생산량을 최대한 증가시켜 조속히 플라토 상태에 이르도록 하는 것이 매우 중요하다.

생산시설의 설치 전후로 시추 및 완결 계획에 따라 순차적으로 개발정이 시추 및 완결되며 생산량이 점차 늘어나게 된다. 모든 개발정은 시추된 뒤에 각종 평가 시험을 실시하여 새로운 유정 자료(well data)를 취득하고 이를 바탕으로 지질 모형을 업데이트한다.

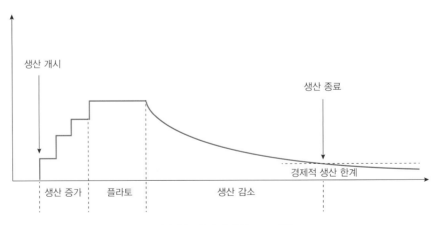

그림 2-24 유전의 생산 프로파일

● 최고 생산량 유지기간

생산시설의 생산능력이 최고 수준에 달하면 유전의 일일 생산량이 최고점에 이른 플라토 기간에 도달한다. 석유의 경우 일반적으로 플라토 기간에 생산되는 생산량은 매장량의 10~20% 내외이다. 이는 프로젝트의 경제성 측면에서 매장량 대비 적정 수준의 생산능력으로 생산시설을 설계 및 건조하는 것이 최선이기 때문이다. 실제로는 생산량이 생산시설의 생산능력 최고 수준에 도달하지 못하는 경우가 많다 그 원인으로는 예상보다 저류층의 구조가 복잡하거나 저류층의 압력이 예상대로 유지되지 않거나, 또는 생산정의 생산성이 생산시설의 생산능력에 미치지 못하는 것 등을 들 수 있다.

● 생산 감소(production decline) 기간

유전의 일일 생산량이 줄어들기 시작하면 이를 가능한 한 최대한 높은 수준으로 유지하기 위해 노력해야 한다. 생산 감소 기간에 들어서면 일차적인 시추 프로그램이 마무리되고 이차 시추 프로그램을 실행하게 된다. 업데이트된 지질 모형과 시뮬레이션 모형을 이용하여 생산량을 최대한 끌어올릴 수 있는 시추 목표 지역을 파악한다.

기 시추된 각 생산정들에 대해서 생산 능력 분석을 실시하고 그때까지 취득한 모든 데이터를 반영하여 생산 전략을 재검토한다. 여러 번의 생산정 워크오버(workover), 생산정 간 시추(infill drilling) 등을 실시하여 생산 패턴을 바꾸는 것을 검토하게 된다.

육상 유전의 경우 늦어도 이 시점에서 워터 플러딩이나 가스 플러딩 등의 2차 회수법의 적용이 검토되어야 한다. 가스 리프트나 ESP 등의 인공적으로 저류층 내부의 압력과 시추공 내부의 압력차를 증가시키는 방법도 고려되어야 한다. 해상 유전의 경우 환경상의 제약으로 인해 이러한 생산 증진 방법들을 생산 개시 시점부터 적용하는 경우가 많다.

유전의 생산 종료 시점에 가까워지면 상업적으로 타당한 모든 생산 증진 방법을 동원하여 생산을 최대화하고 그 효과를 관찰하게 된다.

시간이 지남에 따라 탄화수소 자원의 생산량은 감소하고 물의 생산량은 증가한다. 따라서 이익이 점점 줄어들게 되고, 마침내 이익이 운영 비용 및 폐쇄 비용에 못 미치는 수준이 되면 생산을 중단한다.

2.2 유정 기능

유정 기능은 지반에 구멍을 뚫어 지하에 묻혀 있는 탄화수소 자원의 부존 여부를 확인하고 저류층과 지상을 연결하는 유정 또는 가스정을 건설하는 작업과 관련된 분야이다. 이 책에서는 편의상 유정과 가스정을 통틀어 유정으로 칭하도록 한다. 유정은 지하 저류층과 물리적으로 연결되는 유일한 통로로 시추 작업을 통해서만 지하에 탄화수소 자원이 실재로 존재하는지를 확인할 수 있다.

여기서 지반에 구멍을 뚫어 케이싱을 설치하고 시멘트로 고정하는 등의 작업을 시추(drilling)라 하고 생산정 내에 생산을 위한 생산 튜빙 등 장비를 설치하고 천공을 하는 등의 마무리 작업을 완결(completion)이라 한다.

일반적인 시추 및 완결 시의 유정 디자인의 주요 구성은 그림 2-25와 같다. 왼쪽 그림은 시추 작업 시의 유정을 나타내고 있다. 맨 위에 BOP(Blowout Preventer, 유정 폭발 방지기)가 있고 그 아래 웰헤드와 케이싱 부분으로 구성되어 있다. 오른쪽 그림은 시추한 뒤에 생산을 위한 완결 작업을 한 유정이다. BOP 자리에 크리스마스 트리가

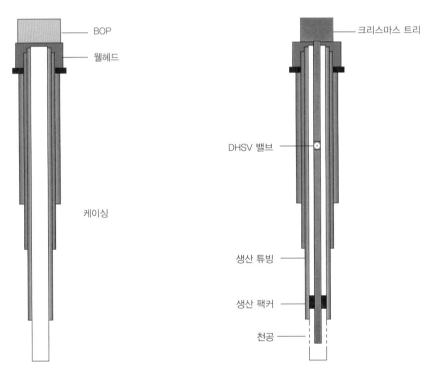

그림 2-25 시추 및 완결 디자인

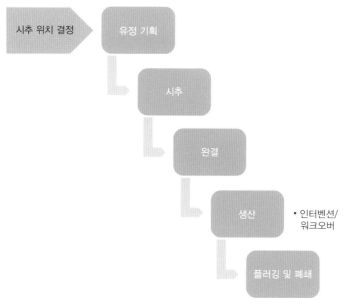

시추 위치 결정 → 유정 기획

시추

완결

생산 · 인터벤션/
워크오버

플러깅 및 폐쇄

그림 2-26 유정의 생애주기

엊혀 있고 케이싱 안에 생산 튜빙이 설치되며 천공된 부분을 통해 저류층의 탄화수소 자원이 시추공 안으로 유입된다. 유정 디자인에 대한 보다 자세한 내용은 시추프로그램에서 다루기로 한다.

2.2.1 유정의 생애주기

탐사 활동이나 저류층 시뮬레이션 등을 통해 유정 시추 위치가 선정되면 유정을 건설하기 위한 일련의 작업을 수행하게 된다. 유정의 생애주기는 크게 유정 기획-시추-완결-생산-플러깅 및 폐쇄 단계로 구성된다.

2.2.2 유정 기획

유정 기획의 목적은 저류층에서 탄화수소 자원을 생산하기 위한 요구 조건을 만족하는 유정을 안전하게 최저 비용으로 시추하고 완결하는 것이다. 시추 및 완결 작업, 특히 해양에서의 작업은 많은 비용이 소요되고 다양한 위험이 뒤따른다. 모든 유정은 각각 다른 구조와 기능을 가지도록 설계된다. 이는 해당 저류층의 특성에 맞춘 생산 전략과 주변 자연 환경 등을 반영하기 때문이다. 이러한 특징 때문에 유정의 시추 및 완결 이전에 철저한 계획을 세우는 것이 중요하다.

　유정 기획은 크게 다음과 같은 과정을 거친다.

　① 유정의 종류와 목적 정의

② 산유국 정부의 시추 작업 승인
③ 자료 수집 및 분석: 지표하 공극압 및 파쇄압 파악
④ 시추 프로그램 준비

(1) 유정의 종류와 목적

일반적으로 유정은 다음 중 하나 이상의 목적을 달성하기 위해 건설된다.

· 탄화수소 자원의 존재 여부 확인
· 지표하 정보 수집
· 탄화수소 자원의 생산
· 워터 및 가스 플러딩(2차 회수법)

유전 개발 프로젝트 중에 건설되는 유정은 크게 3가지 종류로 나눌 수 있다.

● 탐사정

지하 탄화수소 자원의 부존 여부를 확인하거나 탄화수소 자원이 존재하는 지층의 특성 정보를 취득하기 위한 유정이다. 와일드캣(wild cat)이라고도 불린다. 대상 지역의 지질학적 정보나 지표하 압력 체계에 대한 정보가 부족한 상황에서 시추를 하여야 하기 때문에 유정 기획이 가장 어려운 경우이다. 일반적으로 탄성파 탐사와 광역 지질 조사 자료 등 충분치 않은 자료들을 최대한 활용하여 유정 계획을 마련하게 된다.

따라서 보다 많은 자료를 취득하기 위해 탐사정을 시추하면서 다양한 물리 검층 및 유정 테스트를 실시하게 된다. 자료 취득 후에는 유정을 폐쇄한다.

● 평가정(appraisal well)

탐사정을 시추하여 탄화수소 자원을 발견하였을 경우, 해당 석유 시스템의 지질학적 구조와 저류층 등의 물리적 범위를 파악하기 위한 유정이다. 탐사정에서 취득한 유정 자료를 활용할 수 있기 때문에 상대적으로 유정 기획이 용이한 경우이다. 여러 유정 테스트를 실시하여 추가적으로 유정 자료를 수집하게 된다.

평가정의 경우는 향후 원유나 가스를 생산하기 위한 생산정 등으로 사용될 수도 있다. 이런 경우에는 생산에 적합하도록 유정이 설계되어야 하며 이를 위해 광범위한 전기 검층 등을 실시하여 저류층에 대한 보다 상세한 정보를 수집하게 된다.

● 개발정

개발정은 유전 개발 프로젝트의 실행 및 생산 단계에서 건설되어 사용되는 유정들로서, 대표적으로 원유나 가스가 생산되는 생산정과 2차 회수법에서 물이나 가스를 주입하기 위한 주입정으로 나뉜다.

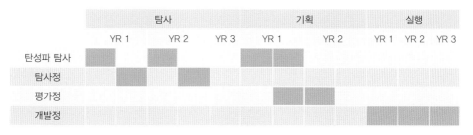

	탐사			기획		실행		
	YR 1	YR 2	YR 3	YR 1	YR 2	YR 1	YR 2	YR 3
탄성파 탐사								
탐사정								
평가정								
개발정								

그림 2-27 유정 건설 시기

탐사정과 평가정에서의 작업이 순조롭게 진행되면 그 뒤를 이어 실제 생산을 위한 개발정들이 시추 및 완결된다. 이 시기에는 많은 유정 정보를 활용할 수 있기 때문에 탐사정이나 평가정과 비교하여 유정 기획 작업이 용이하다. 추가 유정 자료 확인을 위한 유정 테스트 등을 실시할 수도 있다. 또한 생산 및 주입 기능을 감안한 유정 설계를 하기 위해 광범위한 전기 검층을 실시할 수 있다.

유전 개발 프로젝트에서 탐사정과 평가정, 그리고 개발정이 시추되는 시기를 개략적으로 나타내면 그림 2-27과 같다.

유정을 분류하는 다른 방법으로 시추 및 완결 형태에 따라 수직정, 수평정, 다방향 수평정 등으로 분류할 수 있다. 수직정은 시추 센터에서 시추하여 저류층을 수직으로 통과하는 유정이고, 수평정은 저류층을 수평으로 통과한다. 다방향 수평정은 1개 시추공을 통해서 여러 개의 수평정을 시추하는 형태이다.

(2) 유정 압력 제어

유정을 안전하고 경제적으로 건설하기 위해서는 지층 압력 체계를 파악하여 시추 시 시추공(well bore) 하부의 압력을 적정 수준에서 유지해야 한다. 좀 더 구체적으로는 시추공저 압력(bottomhole pressure)이 지층의 공극에 존재하는 유체의 압력인 공극압

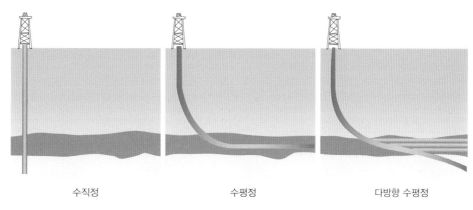

수직정   수평정   다방향 수평정

그림 2-28 시추 및 완결 형태에 따른 유정 분류

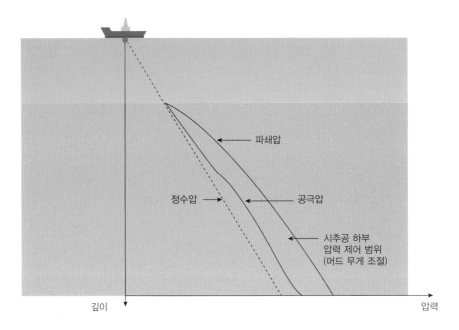

그림 2-29 시추공 하부 압력 제어

(pore pressure)과 지층에 균열을 일으키는 최소 압력인 파쇄압(fracture pressure) 사이에서 유지되도록 해야 한다. 시추공저 압력이 공극압보다 낮을 경우는 저류층 또는 지층 유체가 역류하게 되고, 파쇄압보다 높을 경우는 지층에 균열을 일으키고 머드가 유출된다. 이 공극압과 파쇄압을 파악하는 작업은 유정 기획의 핵심적인 부분으로서 특히 공극압은 유정 기획의 주요 의사 결정에 중대한 영향을 미친다.

공극압과 파쇄압을 가능한 한 자세히 파악하기 위해서 다양한 자료를 수집하고 분석하여야 하는데, 탐사정의 경우에는 주변에 기 시추된 유정이 없어 가용한 유정 자료가 많지 않은 경우가 대부분이다. 이런 경우에는 주로 탄성파 탐사 자료 등에 의존하여 압력을 예측하게 된다. 평가정과 개발정의 경우는 인근 유정의 유정 자료를 추가로 활용할 수 있다.

2.2.3 시추 프로그램 준비

시추 프로그램은 다음과 같은 유정의 시추 및 완결과 관련된 주요한 내용을 포함하고 있다.

· 유정 정보
· 시추선의 종류 및 선정
· 케이싱 설계

- 웰헤드 선정
- BOP 요구 사양
- 머드 프로그램
- 시멘팅 프로그램
- 방향성 시추(directional drilling) 프로그램
- 서베이(survey) 요구 사항
- 시추 비트(drilling bit) 프로그램
- 평가 프로그램
- 완결 설계
- 유정 폐쇄
- 현장 계획

(1) 유정 정보

유정의 목적과 종류, 작업 위치, 작업 개시일, 작업 예상 기간, 작업 수심, 시추선, 목표 심도, 주변 유정 자료 등의 정보를 표기한다.

(2) 시추선의 종류 및 선정

바다에서 유정을 시추하기 위해서는 시추선을 사용하여야 한다. 주로 해양 시추 컨트랙터에게서 시추선을 임대하여 시추를 하게 되는데, 다음과 같은 사항들을 감안하여 시추선을 선택하게 된다.

- 임대 비용(dayrate) 및 임대 가능 시기
- 이동성
- 시추 해역의 수심에서 작업 가능 여부
- 목표 심도와 예상 지층 압력
- 시추 해역의 날씨
- 시추 작업 인력의 숙련도와 HSE 이력

시추선에는 크게 3가지 종류가 있다.

- **잭업 시추선(jack-up rig)**
  주로 낮은 수심의 해역에서 시추를 할 경우 사용된다. 스스로 이동하는 자항 능력이 없기 때문에 터그선 등으로 예인하여 이동한다. 시추 지역에 도착하면 선체에 부착된 승강식 철제 레그(leg)를 해저로 내려 해저면에 고정시키고 선체를 해수면 위로 띄운 상태에서 시추 작업을 하기 때문에 파도와 조류의 영향을 최소화할 수 있다.
  잭업 시추선은 작업 수심에 따라 다음과 같이 분류할 수 있다.

그림 2-30 잭업 시추선 (Statoil ASA 제공)

· 작업 수심 400 ft 이상: 하이 스펙(high specification)

· 작업 수심 350~400 ft: 프리미엄(premium)

· 작업 수심 350 ft 이하: 스탠다드

● 반잠수식 시추선(semi-submersible rig)

해상에서 부유 상태로 시추 작업을 하기 때문에 중간 또는 깊은 수심의 해역에서 사용할 수 있는 시추선이다. 잭업 리그와 마찬가지로 자항 능력이 없는 경우가 많다. 복원성(stability)이 높아 북해와 같이 바람이 세고 파고가 높은 거친 해역에서 주로 사용된다.

반잠수식 시추선은 작업 수심에 따라 다음과 같이 분류할 수 있다.

· 작업 수심 4,000 ft 이하: 중간 수심(middle water)

그림 2-31 반잠수식 시추선 (Statoil ASA 제공)

그림 2-32 드릴쉽 (Statoil ASA 제공)

· 작업 수심 4,000~7,500 ft: 심해(deep water)
· 작업 수심 7,500 ft 이상: 극심해(ultra-deepwater)

● 드릴쉽

반잠수식 시추선과 마찬가지로 해상에서 부유 상태로 시추 작업을 한다. 일반 선박과 유사한 형태로 자항 능력이 있어 이동성이 좋지만, 반잠수식 시추선과 비교하여 복원성이 떨어지므로 서아프리카와 같이 바람이 없어 파고가 낮은 해역에서 주로 사용된다.

반잠수식 시추선과 같은 방식으로 작업 수심에 따라 분류할 수 있다.

(3) 케이싱 설계

시추 작업 시에는 케이싱이라 불리는 철제 파이프를 시추공 내에 설치하게 되는데, 케이싱을 설치하는 이유는 다음과 같다.

· 불안정한 인접 지층으로부터 유정 보호
· 대수층의 오염 방지
· 머드로 인한 저류층의 오염 방지
· 머드로 인한 연약 지층 구조 파쇄 방지
· 유정 압력 제어
· 웰헤드와 BOP 지지
· 저류층 유체를 시추공 내에 가두어 지상까지의 이동 경로 제공

케이싱은 직경의 크기 순으로 컨덕터 파이프(conductor pipe), 표면 케이싱(surface casing), 중간 케이싱(intermediate casing), 생산 케이싱(production casing)으로 구분할

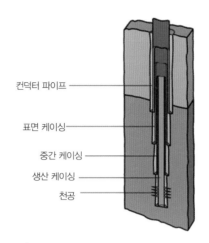

컨덕터 파이프
표면 케이싱
중간 케이싱
생산 케이싱
천공

그림 2-33 케이싱 (Schlumberger Limited 제공)

수 있는데 직경이 큰 것에서부터 작은 순으로 설치가 된다. 각각의 케이싱의 디자인
과 설치 심도는 해당 지층이나 저류층의 특성에 의해 결정이 된다. 설치 시에는 해당
케이싱들을 스크류로 연결해 설치 심도에 맞는 길이로 케이싱 스트링(casing string)을
조립하여 시추공에 집어 넣는다.

컨덕터 파이프는 해저면에서 유정과 면한 지반의 함몰을 막고 시추선의 기초 지반
위험을 줄이는 역할을 한다. 표면 케이싱 아래와 유정의 최종 심도 사이에 불안정 지
층이 있을 경우에 중간 케이싱을 설치하게 된다. 대부분 유정에 마지막으로 설치되는
케이싱은 생산 케이싱이다. 생산 지층에 케이싱을 설치하느냐 여부에 따라 완결 방식
이 달라지게 된다.

(4) 웰헤드 선정

웰헤드는 저류층에서부터 올라온 유체를 유정 내에 가두어 해저면에서의 유출 또
는 유정 폭발(blowout)을 방지하는 역할을 하는 장비이다. 각각의 유정의 목적, 종
류, 주변 환경 등에 따라 웰헤드의 디자인을 결정하게 된다. 일반적으로 웰헤드는 크
게 케이싱 헤드(casing head), 튜빙 헤드(tubing head), 그리고 크리스마스 트리 지지대
(Christmas tree foundation) 등으로 구성된다.

- 케이싱 헤드
  유정에 케이싱을 설치할 때 케이싱 스트링의 상단부(upper casing)를 고정시키는
  해저면에 설치되는 중량의 철제 지지 장비이다. 유정에 여러 개의 케이싱 스트링
  이 사용될 경우에는 한 개의 웰헤드에 한 개 이상의 케이싱 헤드를 사용하게 된다.

- 튜빙 헤드
  케이싱 헤드와 형태와 용도가 유사하다. 튜빙 행거(tubing hanger)를 튜빙 헤드에

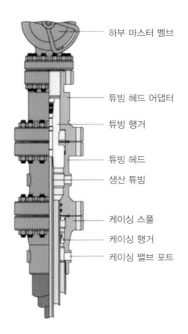

하부 마스터 벨브

튜빙 헤드 어댑터

튜빙 행거

튜빙 헤드

생산 튜빙

케이싱 스풀

케이싱 행거

케이싱 밸브 포트

그림 2-34 **웰헤드** (Schlumberger Limited 제공)

걸치는 방식으로 생산 튜빙 스트링을 고정시킨다. 또한 생산 튜빙과 케이싱 사이의 압력 조절이 가능하도록 밀봉하는 역할을 한다. 일반적으로 튜빙 헤드는 케이싱 헤드에 의해 지지된다.

● 크리스마스 트리 지지대

유정 위에 설치되는 크리스마스 트리라고 불리는 장비가 설치되는 웰헤드의 최상단 부분이다. 크리스마스 트리에 대한 내용은 완결 설계 부분에서 다루도록 한다.

케이싱 설계가 완료되면 웰헤드를 선정하게 된다. 웰헤드는 반드시 특정 정격 압력 (pressure rating)을 만족해야 하고 특정 기능을 수행할 수 있어야 한다. 또한 케이싱 설계 작업을 통해 결정된 모든 사이즈의 케이싱을 부착할 수 있도록 설계되어야 한다.

(5) BOP 요구 사양

BOP는 유정을 제어하고 모니터링하며 필요 시 밀폐하기 위한 특수 밸브들로 구성된 대형의 중량 장비이다. BOP는 특히, 킥(kick)이라고 부르는 시추 중에 발생할 수 있는 비정상적인 압력의, 제어가 불가능한 유체의 흐름을 막기 위한 목적으로 설치된다. 이 킥을 제대로 관리하지 못할 경우 고온고압의 지층 유체가 시추공을 타고 올라와 유정 밖으로 터져 나오는 유정 폭발과 같은 대형 사고로 이어질 수 있다. BOP는 시추 작업의 안전 및 환경 오염 예방 그리고 유정 완결성과 직결된 핵심적인 장비로서, 시추공 저의 압력을 감안하여 유정에 설치할 BOP의 요구 사양들을 검토하게 된다.

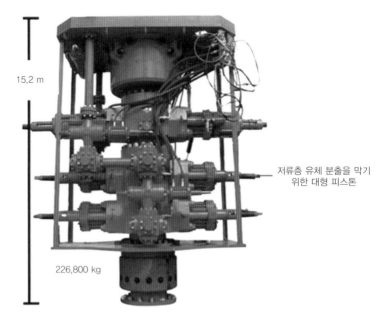

15.2 m

저류층 유체 분출을 막기
위한 대형 피스톤

226,800 kg

그림 2-35 BOP (Sentinel research 제공)

(6) 머드 프로그램

머드는 시추 시에 사용되는 물과 점토, 여러 화학 물질을 혼합한 유체로서 이수라고도
불리며 다음과 같은 역할을 한다.

- 머드의 밀도를 조정하여 유정의 압력을 제어
- 시추 시 생기는 암석 파편들을 시추공을 통해 유정 밖으로 배출
- 시추 시 시추 비트의 마찰열을 줄이고 마찰력을 줄이는 윤활 역할
- 시추 스트링(drilling string)의 마찰열을 감소
- 시추공의 붕괴 방지
- 지층 유체의 시추공 유입 방지

이러한 역할을 수행하기 위해서 지층 압력 체계, 지층 특성 등을 감안하여 시추 작
업 시 사용될 머드의 성분, 밀도, 점도, 산도, 온도 등에 대한 계획을 수립하게 된다.

(7) 시멘팅 프로그램

케이싱을 시추공 안에 위치시킨 뒤에 시멘트를 주입하여 케이싱을 고정시키는 작업을
시멘팅(cementing)이라고 한다. 시멘팅은 케이싱을 주위로부터 완전히 격리시켜 주변
환경을 보호하고 시추 활동 간 안정성을 높인다. 케이싱은 지층수의 염분 성분으로 인
해 케이싱이 부식되는 것을 막고 유체가 케이싱과 생산 튜빙 사이의 공간(annulus)에

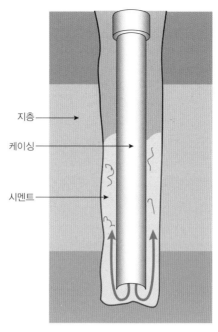

지층 →

케이싱 →

시멘트 →

그림 2-36 시멘팅

침투하는 것을 방지한다. 또한 저류층 위 또는 아래의 대수층이 케이싱을 따라 흘러 들어온 다른 지층의 유체로 인해 오염되는 것을 막는 역할도 한다.

(8) 방향성 시추 프로그램

수직정으로 도달이 불가능한 시추 목표 지점의 경우에는 경사진 각도로 시추를 하는 방향성 시추 기술을 적용하여 유정을 건설하게 된다. 방향성 시추 시 많이 쓰이는 방향 제어 도구로는 Steerable motor assembly와 Rotary steerable system 등이 있다.

(9) 서베이 요구 사항

서베이 작업은 방향성 시추 시 서베이 장비를 사용하여 시추공의 정확한 지하 위치를 파악하는 작업이다. 시추공의 정확한 위치 파악은 저류층 관리 측면에서 중요하기 때문에 일반적으로 국가 기관에서 최소 서베이 요구 사항들을 규정하고 있다.

(10) 시추 비트 프로그램

지층과 맞닿아 굴착 작업을 하는 시추 비트에는 다양한 종류가 있는데, 지층 특성, 지층의 시추 용이성, 머드 프로그램, 방향성 시추 프로그램 등을 감안하여 시추 경로의 각 지층별로 사용할 비트를 선정하게 된다.

그림 2-37 다양한 종류의 시추 비트 (Schlumberger Limited 제공)

(11) 평가 프로그램

시추 중 또는 시추 후에는 여러 평가 작업을 실시하여 다양한 유정 자료를 취득하게
된다. 크게 시추 작업에 대한 평가와 지층 특성에 대한 평가로 나눌 수 있다.

시추 작업 평가

대표적인 시추 작업 평가 방법에는 시추 기록(drilling log), 머드 기록(mud log),
MWD(Measurement While Drilling) 등이 있다.

- 시추 기록
  시추 작업 동안의 시추 깊이에 따른 시추 속도(penetration rate)의 변화를 기록한
  다. 각각의 지층을 통과할 때마다 시추 속도가 변하므로 지층의 변화를 파악할 수
  있다.

- 머드 기록
  시추 작업 동안의 시추 속도, 암질, 탄화수소 검출, 킥 탐지, 머드 밀도 등의 정보
  를 시추 기록과 동일한 방법으로 시추 깊이에 따라 기록한다. 이러한 정보의 대부
  분은 시추 시 회수되는 머드의 내용물을 분석하여 파악하기 때문에 머드 기록이
  라 하고 머드 로거(mud logger)가 담당한다.

- MWD

  MWD 장비를 이용하여 시추 중에 지층의 압력, 온도, 3차원 시추 경로 등의 물리적 정보 등을 측정한다. 이러한 정보들은 시추공 하부에서 측정되어 MWD 내 메모리에 저장되었다가 지상으로 전달되거나 MWD 장비를 시추공 밖으로 회수하여 확인한다. 시간을 절약할 수 있기 때문에 고비용의 해양에서의 방향성 시추 시에는 기본적으로 사용된다.

지층 특성 평가

대표적인 지층 특성 평가 방법에는 코어링(coring), LWD(Logging While Drilling), 전기 검층(electric logging), 유정 테스트(well testing) 등이 있다.

- 코어링

  시추 중 또는 시추 후에 원통형 모형으로 저류층 등 지층의 샘플을 채취하고 분석하여 정보를 취득하는 방법이다. 시추 중에 시추 비트와 비슷한 사이즈의 원통형의 큰 코어(core) 샘플을 채취하거나 시추 뒤에 약 1인치의 작은 코어 샘플을 얻는 방법을 사용한다. 이렇게 얻은 코어 샘플은 다양한 연구에 활용된다.

- LWD

  MWD과 유사한 방식으로, LWD 장비를 이용하여 시추 중에 전기저항성, 음파 속도, 감마선 등을 측정하여 지층 특성을 파악하는 방법이다. 급격한 경사의 방향성 시추 작업 시에도 적용할 수 있는 장점이 있다. MWD와 마찬가지로 측정 정보를 메모리에 저장하여 전자적으로 지상으로 전달한다.

그림 2-38 코어 샘플을 채취하는 모습 (Statoil ASA 제공)

● 전기 검층

전기가 통하는 와이어(wire)나 케이블 측정 장비를 사용하여 시추 직후, 생산 중, 또는 유지 보수 작업 중에 지층 특성 관련 자료를 취득하는 방법으로, 와이어라인 검층(wireline logging) 또는 넓은 의미의 지구물리 검층이라고도 불린다. 경사진 유정에서는 측정이 어렵거나 불가능할 수 있다. LWD로 정보를 충분히 획득했을 경우에는 전기 검층을 꼭 실시할 필요는 없다.

● 유정 테스트

시추 뒤 저류층에서 흐름 테스트(flow test), 생산성 테스트(productivity test), DST(Drill Stem Test) 등 다양한 유정 테스트를 실시한다. 이를 통해 저류층의 생산능력을 평가하고 저류층 유체의 샘플을 채취하여 유체 특성을 파악하며 LWD나 전기 검층으로 확보한 자료를 검토 확인할 수 있다.

(12) 완결 설계

유정이 시추되고 평가 프로그램이 시행된 뒤에는 원유나 가스의 생산 또는 물이나 가스의 주입을 위한 완결 작업을 하게 된다. 기본적인 완결 작업의 구성 내용은 다음과 같다.

● 웰헤드 마무리

시추 뒤 웰헤드의 튜빙 헤드와 크리스마스 트리 지지대를 설치한다.

● 크리스마스 트리 설치

웰헤드 상단에 설치되는 여러 개의 각종 밸브와 압력 게이지들이 조합된 장비로, 외형이 크리스마스 트리를 닮았다고 하여 이러한 이름이 붙여졌다. 생산정과 주입정, 그리고 다른 형태의 개발정에도 설치된다. 개발정이 완결된 뒤에 크리스마스 트리의 여러 밸브를 조절하여 개발정에서 나오거나(원유와 가스 생산) 들어가는(물 또는 가스 주입) 유체의 흐름을 제어하게 된다. 압력 게이지를 통해서 케이싱과 생산 튜빙 내 압력을 측정한다.

크리스마스 트리는 그 설치 위치에 따라 크게 서브씨 트리(subsea tree)와 서페이스 트리(surface tree) 두 종류로 나뉘는데, 각각 웻 트리(wet tree)와 드라이 트리(dry tree)라고 부르기도 한다. 서브씨 트리는 해저면의 웰헤드 위에 설치되고 서페이스 트리는 수면 위 해양 플랫폼에 웰헤드가 있어 그 위에 설치된다.

● 생산 튜빙 설치

저류층에서 생산되는 저류층 유체(원유와 가스 등의 혼합물)가 유입되어 지상으로 올라가는 철제 파이프로, 튜빙 헤드 내의 튜빙 행거에 연결되어 고정된다.

트리 캡
트리 어댑터
스왑 밸브
생산 윙 밸브
서페이스 초크
생산시설과 연결
상단 마스터 밸브
하단 마스터 밸브
튜빙 헤드 어댑터
생산 튜빙

그림 2-39 서페이스 크리스마스 트리 (Schlumberger 제공)

- 생산 팩커 설치

  케이싱과 생산 튜빙 사이의 공간을 막아 저류층 유체가 케이싱과 튜빙 사이 공간
  으로 들어가는 것을 막아준다.

- DHSV(Downhole Safety Valve) 설치

  비상 상황 시 시추공의 압력과 유체의 유입을 차단시키는 역할을 한다.

- 천공(perforation)

  생산 케이싱 또는 생산 튜빙을 통해 천공 건(gun)을 저류층 위치로 내리고 케이싱
  (또는 튜빙) 벽과 시멘트를 뚫어 저류층 유체가 시추공으로 들어오는 입구를 만드

그림 2-40 서브씨 크리스마스 트리 (Aker Solutions 제공)

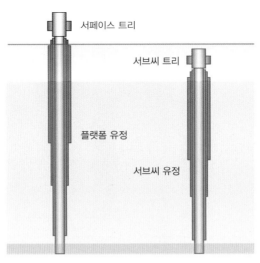

그림 2-41 완결 방식

는 작업이다.

완결 방식은 크리스마스 트리가 설치되는 위치에 따라 크게 서브씨 완결(subsea completion)과 서페이스 완결(surface completion) 방식으로 나뉠 수 있다. 웰헤드가 해저면에 위치하여 웻 트리가 설치되는 방식을 서브씨 완결이라 하며, 해당 유정을 서브씨 유정(subsea well)이라고 한다. 웰헤드가 수면 위(해양 플랫폼 등)에 있어 드라이 트리가 사용되는 서페이스 완결 방식으로 건설된 유정은 플랫폼 유정(platform well)이라고 부른다.

완결 방식은 유정의 생산능력, 유지 보수 방식, 해양 생산시설의 디자인과 직결되는 매우 중요한 요소이다. 두 완결 방식의 주요 특징을 비교하면 다음 표와 같다.

표 2-2 완결 방식 특징 비교

서페이스 완결	서브씨 완결
· 단일 시추 센터	· 여러 개의 시추 센터
· 높은 자본 비용, 낮은 운영 비용	· 낮은 자본 비용, 높은 운영 비용
· 낮은 시추 비용	· 높은 시추 비용
· 낮은 유정 유지 보수 비용	· 높은 유정 유지 보수 비용
· 높은 회수율	· 낮은 회수율
· 높은 안정성	· 상대적으로 낮은 안정성
· 짧은 생산 중단 기간	· 긴 생산 중단 기간
· 단순한 구조	· 높은 개발 유연성
· 적은 흐름 견실성 이슈	· 소규모 유전 적용 시에도 경제성 확보 가능
· 자켓, GBS 등 해저면 지지식 생산시설과 TLP, Spar 등의 부유식 생산시설에 적용	· 복잡한 흐름 견실성 이슈
	· 반잠수식, FPSO 등 부유식 생산시설에 적용

(13) 유정 폐쇄

국가 기관에서 정한 규정에 따라 유정을 시멘트 등으로 플러깅하는 계획을 수립한다. 플러깅 작업 후에 케이싱 하단부와 대수층 부근, 해저면 주위 부분에서 플러깅에 대한 테스트를 실시한다.

(14) 현장 계획

유정이 설치되는 지역 인근의 다른 유정들과 유정 설치에 방해가 되는 해저면의 장애물, 해저 파이프라인 등에 대한 정보를 파악한다.

2.2.4 유정 건설

유정 기획이 완료되면 준비된 시추 프로그램에 따라 유정의 시추 및 완결 작업을 실시한다.

일반적인 시추 및 완결 작업 사례를 들어 작업 순서를 정리하면 아래와 같다. 실제 작업 내용은 저류층 위치, 지층 특성, 주변 여건 등을 감안하여 결정하게 된다.

① 해저면 아래 120 m까지 직경 30~36″ 파일럿 시추공(pilot hole) 시추
② 직경 30″ 컨덕터 파이프 설치 및 시멘팅
③ 500 m까지 직경 26″ 표면 시추공(surface hole) 시추
④ 직경 20″ 표면 케이싱 설치 및 시멘팅
⑤ BOP 설치
⑥ 1800 m까지 직경 17 1/2″ 중간 시추공(intermediate hole) 시추
⑦ 직경 13 3/8″ 중간 케이싱 설치 및 시멘팅
⑧ 저류층 상단까지 직경 12 1/4″ 시추공 시추
⑨ 직경 9 5/8″ 생산 케이싱 설치 및 시멘팅
⑩ 목표 심도까지 직경 8 1/2″ 시추공 시추
⑪ 직경 7″ 생산 튜빙 설치
⑫ BOP 제거
⑬ 웰헤드 마무리 및 크리스마스 트리 설치
⑭ 천공
⑮ 생산 개시

여기서 작업 ⑩까지를 시추 작업, 그 이후를 완결 작업으로 구분할 수 있다. 시추 작업 이후에 평가 프로그램에 따라 다양한 유정 평가를 실시하여 유정 데이터를 수집한다. 탐사정의 경우 시추 뒤에 유정을 폐쇄하고, 개발정의 경우에는 완결 작업을 수행한다.

2.2.5 생산 및 유지 보수

생산 개시 이후 시간이 지나면서 생산정의 생산 능력이 떨어지게 되기 때문에 적절한 조치를 통하여 최적의 생산 상태를 유지하기 위한 유지 보수 작업을 실시하여야 한다.

서페이스 완결 방식의 경우 해양 생산설비에 시추시스템이 포함되어 이를 이용하여 유지 보수 작업을 하는 경우가 일반적이다. 서브씨 완결의 경우는 다양한 유지 보수 장비 또는 시추선을 사용하여 작업을 하게 된다.

이러한 유지 보수 작업을 통칭하여 인터벤션(intervention)이라고 한다.

(1) 인터벤션

개발정의 성능에 문제가 발생한 경우, 문제점의 원인을 진단하고 개발정의 상태나 구조를 바꾸는 등의 적절한 조치를 취하는 유지 보수 작업을 통틀어 인터벤션이라고 한다. 샘플링이나 코어링 등 유정 평가, 개발정에 화학 물질을 주입하는 펌핑(pumping), 웰헤드나 크리스마스 트리의 윤활 작업이나 압력 테스트 등의 비교적 단순한 작업이 포함된다. 와이어라인(wireline), 코일드 튜빙(coiled tubing), 또는 스누빙(snubbing) 등과 같은 기술들이 사용된다. 이보다 좀 더 복잡하고 어려운 인터벤션 작업들은 워크오버 작업으로 분류한다.

(2) 워크오버

개발정의 완결 상태가 의도된 유정 기능 수행에 부적합하다고 판단될 경우에, 이를 개선하기 위해 개발정 구조에 직접적인 변화를 주는 상대적으로 복잡하고 어렵고 비용이 많이 드는 인터벤션 작업들을 워크오버라고 한다. 예를 들어, 생산 케이싱이 부식으로 인해 손상되거나 DHSV가 파손된 경우 등과 같이 케이싱의 교체 또는 재완결(recompletion) 등에 준하는 작업들이 여기에 해당된다.

2.2.6 유정 폐쇄

더 이상 경제성 있는 생산 활동이 불가능하다고 판단되는 경우 개발정을 폐쇄하게 된다. 웰헤드와 크리스마스 트리 회수, 케이싱 절단, 시추공 세척, 시추공 플러깅 등의 작업을 실시하게 된다.

2.3 시설 기능

시설 기능은 지표, 즉 해양의 경우에는 해상과 해저에 설치된 탄화수소 자원의 생산과 관련된 모든 시설과 관련된 기능이다. 지표 위의 모든 시설과 관련되어 있다는 의미로 지표 시설 기능이라고도 부른다. 시설 기능과 관련된 분야에는 공정공학, 생산공학, 기계공학, 토목공학, 전기공학, 전자공학 등이 있다.

2.3.1 소개

(1) 생산 방식

저류층으로부터 유정을 통해 생산되는 유체, 즉 유정 유체(well fluid)는 액체와 가스 상태의 탄화수소 화합물과 물, 모래 그리고 이산화탄소와 황화수소 등의 불순물들이 뒤섞인 혼합물이다. 여기서 원유와 천연가스를 분리하여 다음 공정으로 보내기 위해 탑사이드의 해양 생산설비에서 일련의 처리 과정을 거치게 된다. 즉, 해양 생산설비에서의 주요 처리 공정은 탄화수소 화합물을 원유와 가스로 분리하고 불순물들을 제거하는 과정이다. 이러한 분리 및 여과 처리 과정이 상류 부문 시설 기능에서의 '생산'에 해당된다.

해양 유전의 탄화수소 자원 생산 방식에는 크게 3가지가 있다.

- 공정 처리 없이 이송

  서브씨 유정 또는 플랫폼 유정에서 생산된 유정 유체를 별도의 처리 과정 없이 다

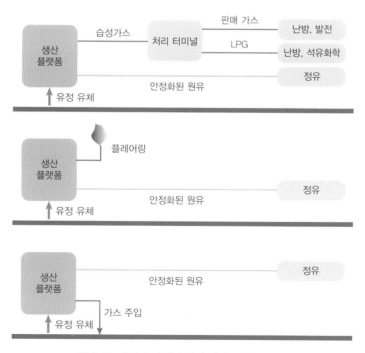

그림 2-42 해양 유전 생산 방식(최대 공정 처리 방식)

상유동(multiphase) 상태, 즉 원유와 가스와 이물질들이 뒤섞인 혼합물 상태로 이송하여 원거리의 해상 또는 육상 생산설비에서 처리한다.

- **최소 공정 처리**

  해양 플랫폼의 생산설비에서 일단계 분리 공정 과정만 처리하여 생산된 상태의 원유와 가스를 별도의 파이프라인을 통해 원거리의 해상 또는 육상 생산설비로 이송하여 추가 처리한다.

- **최대 공정 처리**

  해양 플랫폼의 생산설비에서 다단계 분리 및 여과 등 여러 공정을 거쳐 최대한 처리를 한 원유와 가스를 파이프라인이나 선박으로 육상 생산설비로 이송하여 추가 처리한다. 습성가스와 안정화된 원유 또는 건성가스와 불안정한 원유, 이 두 가지 조합 중 한가지 방식으로 생산하게 된다.

  경우에 따라 가스는 플레어링으로 태워버리거나 가스 플러딩을 통해 저류층으로 주입할 수 있다.

(2) 생산시설 구성

해양에서의 생산시설은 크게 다음 요소들로 구성되어 있다.

- **해수면 위의 해양 플랫폼(offshore platform)**

  상부 구조물, 하부 구조물, 기초 및 계류 시스템 등으로 구성

- **유정 시스템**

  서브씨 유정(웻 트리) 또는 플랫폼 유정(드라이 트리) 방식

- **해수면 아래의 서브씨 시스템(subsea system)**

  서브씨 유정 방식의 유정 시스템 적용 시에 해저면에 설치되는 생산설비

- **원유 및 가스 이송설비**

  해저 파이프라인이나 셔틀 탱커(shuttle tanker)

해양 플랫폼은 다시 상부 구조물(superstructure), 하부 구조물(substructure), 그리고 기초(foundation) 및 계류(mooring) 시스템으로 나뉜다. 상부 구조물은 생산과 관련된 다양한 설비로 구성되며 다른 말로 탑사이드라고도 한다. 하부 구조물은 해저면에 고정되거나(천해) 해수면상의 부유체 형태(심해)를 취하여 탑사이드를 지지하는 역할을 한다. 기초 및 계류 시스템은 하부 구조물을 해저면에 고정 또는 연결하여 플랫폼의 위치를 유지시켜주는 역할을 한다.

유정 시스템은 유정의 완결 방식에 따라 서브씨 유정(웻 트리를 적용한 서브씨 완결 방식)과 플랫폼 유정(드라이 트리를 적용한 서페이스 완결 방식)으로 나뉜다(각 완결

방식에 대한 설명은 2.2.3.(12)를 참조). 유정 시스템은 유정 기능으로 분류하는 것이 일반적이나 유정 상단의 완결 부분에 초점을 맞추어 넓은 의미에서 시설 기능으로 포함시키기도 한다.

서브씨 유정 방식의 유정 시스템을 적용할 경우에는 해저면에 설치되는 서브씨 시스템이 생산시설에 포함된다.

해양 플랫폼에서 생산된 원유와 가스 등 제품은 파이프라인 또는 유조선이나 LNG 선에 해당되는 셔틀 탱커를 이용하여 육상으로 이송한다.

2.3.2 해양 플랫폼

해양 플랫폼은 육상 시설물에서 발전되어온 개념으로 1950년대 이후 본격적으로 해양 석유 자원이 개발되면서 다양한 형태의 디자인이 고안 및 발전되었다.

해양 플랫폼은 다양한 방법으로 분류될 수 있다.

- 하중 지지 방식: 하부 구조물이 해저면에 고정되는 해저면 지지식 플랫폼과 부유식 플랫폼
- 이동성: 운영 기간 동안 한 위치에 계속 머무르는 플랫폼과 이동 가능한 플랫폼
- 동적 거동 특성: 강체 플랫폼과 유연체 플랫폼
- 재질: 철재 플랫폼과 콘크리트 플랫폼
- 주 기능: 프로세스 플랫폼, 시추 플랫폼, 거주 플랫폼, 웰헤드 플랫폼 등

여기서는 먼저 해양 플랫폼에 공통적으로 적용되는 탑사이드 기능 및 구성 위주로 간단히 살펴보도록 한다. 그 뒤에 2.3.3과 2.3.4에서 하중 지지 방식에 따른 분류 방식에 따라 각 해양 플랫폼의 특징을 설명하도록 한다.

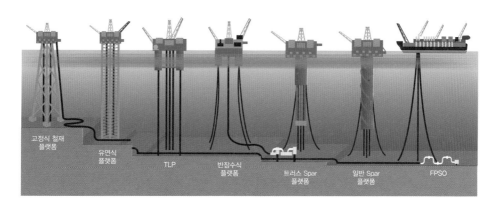

그림 2-43 다양한 종류의 해양 플랫폼들

(1) 디자인 일반

해양 플랫폼 구조물과 설비의 설계 시에 검토되는 사항들은 다음과 같이 외적/내적 요소들로 구분할 수 있다.

- 외적 요소

  주변 환경 및 날씨, 지리적 위치, 선박(OSV 등) 접근 루트 및 기자재 물품 취급, 헬리콥터 접근 루트, 비상시 탈출 루트, 파이프라인 또는 라이저(riser) 등의 연결 방식 등

- 내적 요소

  각 기능 구역 간의 원활한 통신 및 작업 흐름, 각 장비의 연료/원료 및 구동 방식, 안정성 측면에서의 구역 분리(거주 구역과 프로세스 구역 등), 탈출 경로, 운영 및 유지 보수에 필요한 공간, 기자재 및 보급품 인수/하역 공간, 내후성(weather protection), 환기 및 통풍 등

플랫폼 설계 시에는 서로 다른 설계 목표 간에 충돌이 일어나는 경우가 불가피하게 발생한다. 때문에 일정 부분 절충해 나가는 과정을 거치게 된다.

외적 요소들은 플랫폼의 위치와 레이아웃에 영향을 미치게 되는데, 주요 내용을 살펴보면 다음과 같다.

- 안전

  플랫폼 설계 전반에 걸쳐 안전 요소를 최우선적으로 감안하여야 한다.

  생산과 직간접적으로 관련된 여러 장비 및 설비들은 안전하고 효율적인 운영 및 유지 보수를 위해 다양한 요소들을 감안하여 설계되고 해양 구조물에 설치되어야 한다. 모든 장비들은 해당 설계 기준 및 규정에 따라 설계되어야 한다. 주요 장비들을 잇는 배관(piping)들은 탑사이드의 상당 부분을 차지하는 자재로서 굽힘 부분의 개수, 부식, 침식 등이 최소화되도록 계획되어야 한다. 또한 유지 보수를 위해 각 장비에 대한 작업 인원의 접근성이 설계 시 감안되어야 한다.

- 환경 및 날씨

  파고, 해류 등을 감안하여 플랫폼이 설치될 지역을 선정한다. 해수로 및 기상의 영향을 받는 플랫폼의 기능 구역들(헬리덱, 플레어 타워, 도킹 구역, 탈출 시스템 등)은 설계 시 이러한 요소들을 필수적으로 반영하여야 한다.

  온도, 강수량, 습도, 바람 등 날씨 조건은 플랫폼 구조물 및 생산 설비들의 배치에 큰 영향을 미친다. 탑사이드를 지지하는 데크는 어떠한 경우라도 파고점보다 높이 있도록 설계되어야 한다. 즉, 데크 하단과 파고점 사이의 간격인 에어 갭(air gap)은 항상 0보다 커야 한다.

해상 조건은 플랫폼의 물류 및 저장 요구 사항에 큰 영향을 미친다. 파고가 높고 바람이 센 열악한 해상 조건에서는 큰 저장 공간이 확보되어야 한다.

● 지리적 위치

육상의 제작 시설 및 보급기지에서부터 멀리 떨어진 원해에 설치되는 플랫폼의 경우는 많은 노력을 들여 상세하고 철저한 사전 작업 계획을 수립하는 것이 필수적이다. 해상에서의 작업을 최소화하기 위해서 선행제작(pre-fabrication) 또는 규격화된 장비의 사용을 적극 검토하여야 한다.

플랫폼과 육상 설비와의 거리는 이송 파이프라인, 원유 펌프, 가스 압축기, 저장 설비, 폐수 처리 설비 등의 설계 시에 핵심적인 검토 요소이다.

● 환경 오염

플랫폼의 설치, 운영, 폐쇄 중에 발생하는 모든 오염 물질에 대한 적절한 발생 억제 및 처리 계획이 수립되어야 한다. 오염 물질에는 외부에서 반입되거나 플랫폼에서 발생한 더 이상 사용처가 없는 탄화수소 화합물, 고농도의 부식성 화학 물질, 미처리 하수, 음식물 쓰레기 등이 포함된다.

(2) 탑사이드 기능

그림 2-44는 일반적인 자켓 형식 해양 플랫폼의 탑사이드 구성을 나타낸 것이다. 해양 플랫폼 탑사이드는 크게 5개의 기능 구역으로 나눌 수 있다.

● 거주 구역(living quarters)

운영 인력들이 거주하는 공간으로 인원 및 물자 수송을 위한 헬리콥터가 이착륙하는 헬리덱(helideck), 비상 탈출을 위한 라이프 보트(life boat) 등이 설치된다.

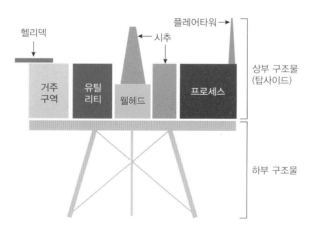

그림 2-44 해양 플랫폼 탑사이드 기능 구역(고정식 철재 플랫폼)

- 유틸리티 구역(utility area)

  생산을 위해 필요한 발전, 물 주입 등 각종 유틸리티 장비들이 설치되어 있다.

- 시추 구역(drilling area)

  각종 시추 장비들이 설치되어 있다.

- 웰헤드 구역(wellhead area)

  일반적으로 자켓 형식 해양 플랫폼은 서페이스 완결 방식으로 플랫폼에 웰헤드가 있어 그 위에 드라이 트리가 설치된다.

- 프로세스 구역(process area)

  유정 유체를 처리하여 원유와 천연가스를 생산하기 위한 분리기, 펌프, 압축기 등의 각종 공정 처리 장비들이 설치된다.

모든 해양 플랫폼의 탑사이드가 이들 5가지 기능 구역들을 모두 가지고 있지는 않으며, 경우에 따라서는 한 가지 기능만 하는 경우도 많다. 이러한 탑사이드를 구성하는 기능 구역에 따라 다음과 같이 해양 플랫폼의 타입을 분류할 수 있다.

표 2-3 기능 구역에 따른 해양 플랫폼 타입

플랫폼 타입	포함 기능 구역
PDQ (Production, Drilling, Quarters)	프로세스, 시추, 거주 구역
LQ (Living Quarters)	거주 구역
WHP (Wellhead Platform)	웰헤드 구역
PQ (Production, Quarters)	프로세스, 거주 구역
DQ (Drilling, Quarters)	시추, 거주 구역
P(d)Q	프로세스, 거주 구역이 있고 시추 시에는 잭업 시추선 등을 고용하여 시추 기능 추가 가능

(3) 주요 시스템 그룹

시스템이란 서로 영향을 주거나 서로 의존하는 일련의 구성 요소들이 형성하는 복합체를 의미한다. 노르웨이 석유 업계에서 발전시킨 NORSOK 표준에서는 탑사이드를 구성하는 시스템들을 다음과 같이 분류하고 있다.

- 시추 및 유정 관련 시스템
- 프로세스 시스템

탄화수소 자원 생산 과정에 직접적으로 관여하는 시스템들
· 프로세스 지원 시스템
프로세스 시스템과 물질/열 교환이 일어나는 생산 지원, 원료 공급, 저장 관련 시스템들
· 유틸리티 시스템
탄화수소 자원의 생산 과정의 일부는 아니지만 탑사이드의 생산 플랜트가 작동하기 위해 필요한 시스템들
· 안전 및 시설 시스템
· 전기, 통신, 계기 시스템
· 구조 시스템
· 개별 플랫폼의 고유 시스템

(4) 프로세스 시스템

프로세스 시스템을 구성하는 서브시스템(sub-system)들은 다음과 같다.

● 탑사이드 플로우라인(flowline)과 매니폴드(manifold)
자켓 형식 해양 플랫폼의 경우 플랫폼에 위치하는 웰헤드를 통해 올라오는 각 유정으로부터의 유정 유체를 생산 설비로 이송하는 역할을 한다. 각각의 생산정으로부터 올라오는 탄화수소 화합물과 물 등이 생산 공정을 거치도록 적절히 분배 및 이동시킨다.
웰헤드가 해저면에 위치하는 서브씨 완결 방식을 사용한 해양 플랫폼의 경우는 플로우라인과 매니폴드도 해저면에 위치하게 된다.

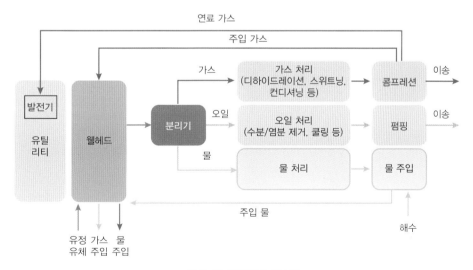

그림 2-45 프로세스 시스템

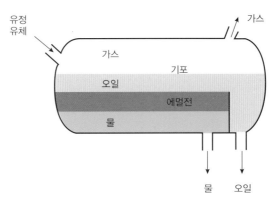

그림 2-46 분리기

- 분리 및 안정화(separation and stabilization)

  원유 등을 생산하여 파이프라인이나 원유선으로 이송하기에 적합한 품질로 만들기 위해서는 분리기(separator)를 활용한 여러 단계의 분리 과정을 통해 유정 유체를 원유, 가스, 물로 분리하고 안정화시키는 과정을 거치게 된다.

  그림 2-46과 같이 분리기를 사용한 분리 과정 중에서 가스층과 오일층 사이에서 기포가 형성되고 오일층과 워터층 사이에서 오일과 물이 결합한 에멀전층이 형성되는데, 이들을 효율적으로 관리 및 제거하는 것이 중요한 이슈 중 하나이다.

  분리 및 안정화 시스템은 유정 유체의 양과 특징에 대한 예상 데이터를 바탕으로 설계하게 된다. 또한 유전의 생산 시기 전반에 걸친 모든 운영 시나리오에 대해 시뮬레이션을 실시하여 그 결과를 구성 장비들의 용량 등의 결정에 반영한다.

  해양 플랫폼에서 원유 등을 안정화시키는 수준은 이송 방법과 시장의 판매 상품 사양(sales product specification)에 따라 결정된다. 원유의 경우 증기압, 레이드 증기압(reid vapor pressure), 메탄/에탄/프로판/부탄 함량, 수분 및 침전물 함량 등을 기준으로 일정 수준을 만족시킬 때까지 안정화시키게 된다.

- 수분 제거(water removal)

  분리 및 안정화 과정 이외에 추가적으로 오일과 가스에 남아있는 수분을 제거하는 작업을 하게 된다. 대부분의 수분은 간단한 분리 방식으로 제거되지만, 천연가스에 용해되어 있는 수증기의 경우는 디하이드레이션(dehydration)이라 불리는 복잡한 처리를 통해 제거하여야 한다.

- 원유 쿨링(crude cooling)

  생산된 원유를 냉각시켜 원유의 저장 또는 이송에 알맞은 온도가 되도록 한다.

- 원유 펌핑 및 미터링(crude pumping and metering)

생산된 원유의 양을 측정하고 파이프라인 또는 셔틀 탱커로 보내 이송한다. 원유를 파이프라인을 통하여 이송할 경우에는 펌프를 사용해 원유의 압력을 높여야 한다. 셔틀 탱커를 이용할 경우에는 오히려 압력을 낮추는 작업을 필요로 하는 경우도 있다. 여기서 측정된 원유 이송량은 유전 수익 배분의 기준이 되는 중요한 자료이다.

- 물 처리(water treatment)

분리 및 안정화 시스템에서 분리된 물을 모아 아직 남아있는 원유 성분 등을 추가로 분리시켜 생산 프로세스로 되돌려 보낸다. 남은 물은 바다로 배출시키거나 저류층에 주입시키기에 적합한 수질이 되도록 처리 공정을 거치게 된다.

- 가스 콤프레션(compression)

분리 및 안정화 시스템에서 분리된 가스를 모아 냉각시켜 응결된 액체(콘덴세이트)를 제거한 뒤 후행 처리 공정에 적합한 수준의 압력에 이르도록 압축한다. 가스는 냉각기와 스크러버(scrubber)를 통과하여 액체 성분이 제거된 후에 압축기(compressor)를 통해 압축된다.

이 시스템은 유전의 생산시기 전반에 걸친 운영 환경 및 이송 요구 조건 등이 변하는 경우 이에 맞게 가스 처리 용량 및 성분이 조절 가능하도록 설계되어야 한다.

- 가스 디하이드레이션

가스에 용해되어 있는 수증기 형태의 수분을 제거한다. 이를 통해 파이프라인 이송 시 문제가 되는 하이트레이트나 콘덴세이트 생성을 방지하고 부식을 억제한다. 이 단계를 거쳐 생산되는 가스가 습성가스 또는 리치가스이다.

- 가스 스위트닝(sweetening)

가스에 섞여 있는 황화수소(H_2S)와 이산화탄소(CO_2)를 제거한다. 이를 통해 파이프라인 이송 시 생산물 요구 사양(specification)과 판매 상품 사양에 맞도록 황화수소와 이산화탄소의 함량을 낮춘다. 또한 황화수소 함량이 낮은 가스를 플랫폼의 가스 터빈에 연료로 공급함으로써 황화수소로 인해 터빈에 문제가 생기는 것을 예방할 수 있다.

- 가스 컨디셔닝(conditioning)

습성가스에서 NGL을 추출하여 생산된 가스의 이슬점을 낮추는 처리 과정이다. 이를 통해 가스 판매 상품 사양을 만족시키도록 이슬점을 조절하고 생산 가스의 시장 가치를 높이게 된다. 추출된 NGL은 별도 상품으로 판매되거나 원유에 주입하여 팔리게 된다. 이 단계를 거쳐 생산되는 가스를 건성가스 또는 린가스라고 한다.

- **가스 미터링 및 콤프레션(metering and compression)**
생산 가스의 양을 측정하고 파이프라인으로 이송하기에 알맞은 압력과 온도가 되도록 압축하고 냉각시킨다. 여기서 측정된 가스 이송량은 유전 수익 배분의 기준이 되는 중요한 자료이다.

- **가스 주입**
2차 회수법의 가스 플러딩 방법을 적용할 경우, 생산된 가스를 냉각시켜 응결된 액체를 제거한 뒤 저류층에 주입하기에 적절한 수준의 압력이 되도록 압축시킨다. 저류층의 압력은 생산이 지속되면서 점차 감소하므로 이에 맞추어 저류층에 주입되는 가스의 압력도 또한 낮아진다.

- **물 주입**
2차 회수법의 워터 플러딩 방법을 적용할 경우, 해수 또는 생산 프로세스에서 분리되어 나온 물을 처리하여 저류층에 주입하기에 적절한 수준의 압력이 되도록 펌핑한다.
해수를 사용할 경우에는 여과, 소독, 산소 제거(deoxygenation), 황화물 제거(desulphation), 화학 성분 주입 등의 과정을 통해 해수를 처리하여 사용한다.
유정 유체의 생산 프로세스 과정에서 분리된 물을 사용할 수도 있지만, 이를 해수와 뒤섞어 사용하면 배관이나 장비에 스케일링(scaling) 문제를 일으킬 수도 있으므로 두 유체가 혼합되지 않도록 유의하여야 한다.

- **압력 경감 시스템**
압력 용기나 배관 시스템 등의 압력이 허용 압력을 초과할 경우 압력을 저감시키기 위해서 가스를 대기로 방출시키는 비상 시스템이다. 자동 압력 저감 밸브, 가스 포집 배관, 액체 성분 분리를 위한 스크러버, 가스 통풍구 등이 포함된다. 경우에 따라서는 비상 셧다운(emergency shutdown) 상황이 발생하였을 때 자동으로 압력 용기의 압력을 저감시키는 시스템을 포함하도록 설계되는 경우도 있다.

- **플레어(flare) 시스템**
해양 플랫폼의 안전과 직결되는 핵심적인 시스템으로서, 정상 운전 또는 비상 상황에서 생산 프로세스 과정에서 생성되는 유용하지 않은 가스 등을 가압 상태의 시스템으로부터 대기로 연소시켜 배출시킨다. 가스의 배출은 불규칙적으로 일어나기 때문에 지속적 또는 간헐적으로 나타날 수 있다.
플레어 시스템은 플레어 컨트롤 밸브, 포집 배관, 스크러버, 점화 장치, 역류 방지

그림 2-47 북해 Brage 유전 해양 플랫폼(PDQ 타입)의 플레어타워 (Wintershall Norge AS 제공)

장치, 가스 통풍구 등으로 구성된다. 배출되는 가연성 물질의 양, 풍향, 시추 장비를 포함한 주요 장비 위치, 거주 구역, 환기 시스템, 헬리콥터 접근 루트 등을 감안하여 시스템 위치를 선정하고 설계하여야 한다.

(5) 전력 공급 시스템

해양 플랫폼에 전기를 공급하는 방식은 크게 2가지로 나뉜다. 가스 터빈을 사용한 자가 발전 방식과 해저 케이블을 통해 육상 또는 다른 해양 플랫폼 등 외부로부터 전기를 공급받는 방식이 있다. 일반적으로 어느 정도 규모 이상이 되는 해양 플랫폼에는 자가 발전 방식을 많이 적용하지만, 최근에는 환경 오염에 대한 우려가 증가하면서 외부 전력 공급 방식에 대한 관심이 증가하고 있는 추세이다.

- 자가 발전 방식

  대부분의 해양 플랫폼은 생산 프로세스 과정에서 분리되어 나오는 가스를 원료로 하는 가스 터빈을 사용하여 전기를 공급한다. 다만 생산 개시(start-up) 시점 등 아직 가스가 가용하지 않은 경우에는 디젤을 사용하기도 하며, 이 경우에는 디젤과 가스 두 가지 연료를 사용하는 터빈을 적용한다.

- 외부 전력 공급 방식

  외부에서 해저 케이블 등을 이용하여 송전하는 방식은 크게 교류 송전과 직류 송전으로 나뉜다. 교류 케이블 송전은 이미 검증된 기술로 일반적으로 수십 km 내외의 거리에 있는 해양 플랫폼에 전력을 공급할 때 적용된다. 그보다 먼 거리에 교류 케이블 송전 방식을 사용할 경우에는 전력 손실 등 여러 문제점이 발생하기 때문에 직류 케이블 송전 방식을 적용하게 된다.

(6) 탑사이드 레이아웃

해양 플랫폼 탑사이드의 레이아웃 디자인 시 검토되는 주요 요소들은 다음과 같다.

- **안전, 운영 및 유지 보수**

  레이아웃을 통해 결정되는 탑사이드 설비들의 위치 및 기능들이 탑사이드 공간, 중량, 비용 등에 최소한의 영향을 끼치면서 모든 안전, 운영 및 유지 보수 요구 조건을 만족시켜야 한다.

- **공기 순환**

  장비, 배관, 구조물들의 위치 선정 및 적절 유지 간격 등을 결정할 때 환기적 측면을 고려하여 배출 가스 또는 증기가 축적되는 것을 방지하고 폭발 압력을 낮추어야 한다.

- **기자재 취급**

  보급품 및 폐기물 운반, 주요 장비 교체 등의 작업을 위해서 플랫폼의 데크 크레인(deck crane)이나 다른 리프팅 또는 운반 장비들의 충분한 작업 반경과 인수, 하역, 저장 공간이 확보되어야 한다. 또한, 플랫폼의 데크는 가능한 한 기자재 취급이 용이한 높이로 설치되어야 한다.

- **해상 작업 최소화**

  장비와 시스템의 조립 및 설치 작업을 가능한 한 최대한 육상에서 완료하도록 계획하여 해상에서의 작업을 최소화하도록 한다.

- **공정 과정 및 중력**

  모든 장비들의 위치를 선정할 때에는 가능한 최대한 공정 과정의 흐름 순서와 중력의 영향을 반영하여야 한다.

- **공간 배정**

  비상 탈출 경로, 접근로, 주요 배관/케이블랙/덕트 등에 대해서는 설계 초기 단계부터 공간이 배정되어야 한다. 또한 장비, 탱크, 용기, 파이프 헤더 등에 대해서도 유지 보수 작업을 위한 접근이 용이하도록 충분한 공간이 제공되어야 한다. 보급품과 장비 취급을 위해 크레인 작업 반경이나 리프팅 지점도 확보되어야 한다. 모든 작업 지점에는 적절한 조명, 환기, 통신 환경이 갖추어져야 한다.

  해양 플랫폼의 공간은 매우 제한적일 수밖에 없기 때문에 서로 다른 설계 목표 간의 충돌이 일어나는 경우가 많다. 해양 플랫폼의 공간 배정 이슈는 매우 중요한 비용 요소 중의 하나로서 제한된 공간을 최대한 효율적으로 활용하기 위해 적절한 수준에서의 절충 과정을 거치게 된다.

2.3.3 해저면 지지식 해양 플랫폼

해저면 지지식 해양 플랫폼은 해저면에 고정된 하부 구조물이 탑사이드를 지지하도록 설계되었으며, 서페이스 완결 방식을 적용하여 드라이 트리가 플랫폼 위의 웰헤드에 설치된다. 고정식 철재 플랫폼(fixed steel platform), 고정식 콘크리트 플랫폼(fixed concrete platform), 잭업 플랫폼(jack-up platform), 유연식 플랫폼(compliant tower) 등이 여기에 해당된다. 주로 수심 300 m 이하의 낮은 수심의 해역에 사용된다. 그러나 그보다 깊은 수심에서 적용된 사례도 있으며, 특히 유연식 플랫폼의 경우는 400~800 m의 수심에 적용하기 위해 개발된 플랫폼 개념이다. 여기서부터는 하부 구조물 위주로 특징만 간략히 언급하도록 한다.

(1) 고정식 철재 플랫폼

자켓(jacket) 플랫폼이라고도 불린다. 가장 널리 쓰이고 기술적으로 검증된 형태로서, 세계적으로 수천 기의 고정식 철재 플랫폼이 설치되어 운영 중이다. 대부분은 300 m 이하의 낮은 수심의 해역에 설치되었으나 412 m까지 적용된 사례도 있다.

고정식 철재 플랫폼의 일반적인 특징은 다음과 같다.

· 널리 쓰이는 검증된 기술
· 적용 수심: 500 m 이하까지 적용 가능
· 서페이스 완결 방식: 플랫폼 유정 형식으로 드라이 트리 설치

그림 2-48 북해 Gina Krog 해상 유전의 고정식 철재 플랫폼 (Statoil ASA 제공)

그림 2-49 북해 Grane 해상 유전의 고정식 철재 플랫폼 (Statoil ASA 제공)

· 강성 라이저(rigid riser): 고정된 강성 라이저 사용
· 광범위한 해상 설치 작업: 설치 위치 해상에서 자켓과 탑사이드 설치 및 후크업 (hook-up)
· 원유 저장 기능 없음

고정식 철재 플랫폼은 다음과 같은 4개 부분으로 구성된다.

● 탑사이드
일반적으로 해상에서 하부 구조물을 목표 위치에 설치한 뒤 그 위에 헤비 리프트 크레인 선박(heavy lift crane vessel)으로 탑사이드를 리프팅(lifting)하여 설치한다.

● 하부 구조물
자켓이라 불리는 원통형 강관으로 제작된 트러스 구조물이다. 탑사이드를 지지하고 중력과 주변 환경에서 작용하는 하중 등을 구조물 기초로 전달하게 된다.
육상에서 제작하여 바지선으로 해상으로 운반하고 목표 위치에 설치한다. 해저면에 자켓이 안착하면 강관 파일을 항타(파일링)하여 고정시키고 그 위에 탑사이드를 설치한다.

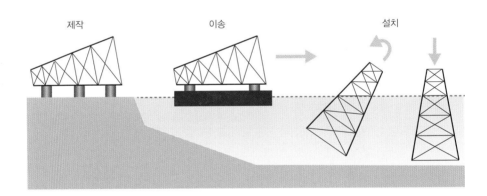

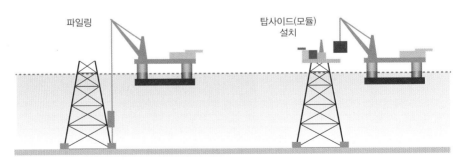

그림 2-50 고정식 철재 플랫폼 설치 과정

- 파일 또는 버켓(bucket) 기초

   해상으로 운반되어 해저면에 안착한 자켓은 파일링(piling) 또는 버켓 기초 방식으로 고정시킨다. 파일링은 말 그대로 해저면과 접한 자켓 레그 하단의 슬리브를 통해 강관 파일을 항타하는 방식이다. 버켓 기초 방식은 자켓의 레그 하단에 대형 양동이 모양의 버켓을 부착하여 흡인력을 이용하여 구조물을 고정시키게 된다.

- 컨덕터(conductor), 라이저, J 튜브(J-tube)

   고정식 철재 플랫폼의 탑사이드는 해저에서부터 올라오는 여러 개의 파이프와 연결이 되는데, 크게 컨덕터와 라이저, 그리고 J 튜브로 구분할 수 있다.

   고정식 철재 플랫폼에는 서페이스 완결 방식이 사용되므로 웰헤드가 탑사이드의 웰헤드 구역에 있고 그 위에 드라이 트리가 설치되어 있다. 따라서 개발정의 컨덕터도 웰헤드 구역에서부터 자켓 구조물을 통과하여 해저면까지 이어져 그 안에 케이싱이 설치되고 이를 통해 시추 작업을 하게 된다.

   라이저는 해저면에서 탑사이드로 이어지는 여러 종류의 관을 통칭하는 단어로서 다양한 기능을 수행한다. 고정식 철재 플랫폼의 경우에는 탑사이드에서 처리된 원유와 가스가 라이저를 통하여 해저면으로 내려가 해저 파이프라인을 통하여 이송된다.

   J 튜브는 플랫폼과 떨어진 곳의 서브씨 생산 시스템에서 생산되어 플로우라인을 통해 플랫폼의 해저면까지 이동한 유정 유체가 탑사이드로 올라가도록 해저면에

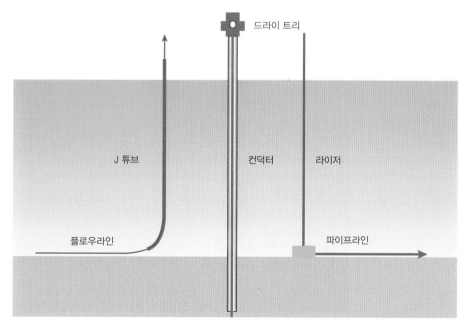

그림 2-51 컨덕터, 라이저, J 튜브

서 영문자 J 형태로 꺾여 탑사이드로 연결된 파이프라인을 뜻한다.

라이저의 여러 종류와 기능에 대해서는 2.3.4.(2)에서 추가로 설명하도록 한다.

(2) 고정식 콘크리트 플랫폼

GBS(Gravity Base Structure)라고도 불린다. 1970년도에 개발된 개념으로 북해에서 많이 사용되었으며 캐나다, 호주, 러시아, 필리핀 등지에도 설치되었다. 약 200 m 내외의 낮은 수심에서 적용되며 303 m까지 적용된 경우도 있다.

고정식 콘크리트 플랫폼의 일반적인 특징은 다음과 같다.

· 널리 쓰이는 검증된 기술
· 높은 내구성: 장기간 운영 가능
· 적용 수심: 300 m 이하까지 적용 가능
· 서페이스 완결 방식
· 강성 라이저
· 광범위한 해상 설치 작업: 근해에서 하부 구조물과 탑사이드 메이팅(mating) 후 설치 위치 해역으로 이동하여 설치
· 원유 저장 가능

그림 2-52 북해 Troll 해상 유전으로 예인 중인 고정식 콘크리트 구조물 (Odd Furenes 제공)

그림 2-53 북해 Troll 해상 유전에 설치된 고정식 콘크리트 구조물 (Statoil ASA 제공)

고정식 콘크리트 플랫폼은 다음과 같은 3개 부분으로 구성된다.

● 탑사이드

근해에서 하부 구조물을 가라앉힌 뒤 탑사이드와 메이팅시킨다. 예인선으로 예인하여 목표 위치에 설치한다.

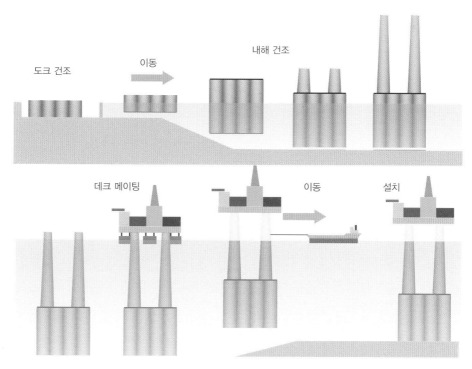

도크 건조   이동   내해 건조

데크 메이팅   이동   설치

그림 2-54 고정식 콘크리트 구조물 설치 과정

- 하부 구조물

  하단의 콘크리트 케이슨 구조물과 그 위의 1~4개의 콘크리트 기둥으로 구성되어 있다.

  육상에서 케이슨 건조를 시작하여 내해에서 케이슨 구조물을 마무리 짓고 기둥을 건조한다. 케이슨 구조물 내부 공간은 내해에서의 건조 작업 시에 부력을 제공한다. 건조가 완료되면 근해에서 탑사이드를 플랫 오버(flat-over) 방식으로 하부 구조물과 메이팅시키고 설치 지점까지 예인한다. 구조물 내에 각종 펌프, 밸브, 배관 등 외장기기들이 설치되어 해상 이동 시 플랫폼의 안정성을 제어하고 생산 중에는 케이슨 내에 석유를 저장할 수 있다.

- 컨덕터, 라이저, J 튜브

  일반적으로 콘크리트 기둥 내에 위치하도록 설계된다.

(3) 잭업 플랫폼

잭업 시추선과 동일한 하부 구조물을 가지고 있다. 갑판승강식 플랫폼이라고도 불린다. 설치 위치에서 선체에 부착된 승강식 철제 레그를 해저로 내려 해저면에 고정시키고 선체를 해수면 위로 띄운다. 주로 120 m 이내의 낮은 수심에 설치되지만 170 m까지 적용할 수 있는 디자인도 있다. 잭업 플랫폼에 시추 기능만 가진 탑사이드를 올리면 잭업 시추선이 된다.

잭업 플랫폼의 일반적인 특징은 다음과 같다.

- 널리 쓰이는 검증된 기술
- 적용 수심: 170 m 이하까지 적용 가능
- 서페이스 완결 방식
- 강성 라이저
- 비교적 간단한 해상 설치 작업
- 안벽에서 바지 구조물 위에 탑사이드 설치

잭업 플랫폼은 다음과 같은 5개 부분으로 구성된다.

- 탑사이드

  내해에서 바지 형태의 하부 구조물 위에 탑사이드를 설치한다. 탑사이드의 일부는 바지의 내부까지 들어가도록 설치된다.

- 바지(barge)

  가장 일반적인 잭업 플랫폼의 하부 구조물은 삼각형 모양의 바지로서, 각 모서리마다 한 개의 철제 레그와 레그의 상하 이동을 위한 장비들이 있는 잭킹 하우스

(jacking house)가 위치한다.

- 3~4개의 철제 레그
  바지의 각 모서리에 설치된 삼각 또는 사각형 단면의 트러스 구조물이다.

- 기초
  레그를 해저면에 내려 기초 지지력을 확보하기 위해서 레그 하단에 스퍼드캔 (spudcan)을 부착하거나 또는 레그를 대형 스틸매트(steel mat)에 연결한다. 다른 방법으로는 기초 역할을 할 수 있는 석유 저장 탱크를 해저면에 설치하고 그 위에 레그를 연결시킬 수 있다.

- 라이저, J 튜브
  라이저와 J 튜브는 레그에 고정되어 설치된다. 일반적인 잭업 플랫폼 바지는 완전한 유정 지지 구조물이 설치되기에 부적합하기 때문에 컨덕터를 사용할 수 없어 바지에서부터 해저면까지 케이싱이 외부로 드러나게 된다.

(4) 유연식 플랫폼

유연식 플랫폼은 여러 면에서 고정식 철재 플랫폼과 유사하지만 상이한 동적 거동 특

그림 2-55 유연식 플랫폼

성을 보여 다른 종류의 구조물로 분류되곤 한다. 고정식 철재 플랫폼과 같이 자켓 형태의 하부 구조물이 해저면에 파일링되어 탑사이드를 지지한다. 하지만 자켓의 단면은 고정식 철재 플랫폼보다 작고 자켓의 상단부에 부유 구역을 만들어 계류선(mooring line)을 해저면과 연결할 수도 있다. 또한 탑사이드 부분은 파도, 바람, 해류 등의 영향을 받아 부유식 플랫폼들과 비슷한 거동 양상을 나타낸다. 현재 약 500 m의 수심까지 적용되어 운용 중으로 기술적으로는 1,000 m까지 적용 가능한 것으로 알려져 있다.

유연식 플랫폼의 일반적인 특징은 다음과 같다.

· 고정식 철재 플랫폼이 확장된 기술
· 복잡한 동적 거동 특성
· 적용 수심: 1,000 m 이하의 심해까지 적용 가능
· 서페이스 완결 방식
· 강성 라이저
· 매우 광범위한 해상 설치 작업
· 원유 저장 기능 없음

유연식 플랫폼은 다음과 같은 4개 부분으로 구성된다.

● 탑사이드

고정식 철재 플랫폼과 같은 방식으로, 해상에서 하부 구조물을 목표 위치에 설치한 뒤 탑사이드를 리프팅하여 설치한다.

● 하부 구조물

고정식 철재 플랫폼과 같은 방식으로 바지선으로 운반하여 목표 위치에 설치한다. 유연식 플랫폼의 하부 구조물은 매우 높고 단면이 좁다. 심해에서는 하부 구조물을 일체형으로 하여 설치가 어렵기 때문에 2~3개의 구역으로 나누어 설치하기도 한다.

● 파일 기초

고정식 철재 플랫폼과 같은 방식으로, 해저면에 안착한 하부 구조물을 파일링 방식으로 고정시킨다.

● 컨덕터, 라이저, J 튜브

고정식 철재 플랫폼과 유사한 방식으로 컨덕터와 라이저, J튜브 등을 설치할 수 있는데, 이는 부유식 플랫폼과 비교하였을 때 큰 장점 중 하나이다.

2.3.4 부유식 해양 플랫폼

부유식 해양 플랫폼은 해수면 위에 뜨는 헐(hull)이라고도 불리는 하부 구조물에 탑사

이드가 설치되도록 설계되며, 깊은 수심의 해역에서 사용된다.

유정 완결 방식에 따른 구분

부유식 해양 플랫폼은 개발정 완결 방식에 따라 크게 2가지로 구분된다.

- 서페이스 완결 방식

    TLP, 스파(Spar) 등

- 서브씨 완결 방식

    반잠수식 플랫폼, FPSO(Floating Production Storage Offloading), TLP, 스파 등

TLP와 스파는 서페이스 완결과 서브씨 완결 두 가지 방식 모두 적용할 수 있지만, 주로 서페이스 완결 방식에 사용된다.

부유식 해양 플랫폼은 업계에서 일반적으로 서브씨 완결 방식을 적용한 플랫폼으로 받아들여지지만, 여기서는 '부유식'이라는 정의를 엄격하게 적용하여 하부 구조물의 부력에 의해 탑사이드가 지지되는 모든 플랫폼을 부유식으로 분류하였다.

부유식 플랫폼은 6자유도(Roll, Pitch, Yaw, Surge, Sway, Heave)의 거동 특성을 나타내는데, 이들이 생산시설에 미치는 영향을 최소화하는 것은 부유식 플랫폼 적용 시 핵심 검토 사항 중 하나이다. 부유식 플랫폼의 위치를 유지시켜주는 위치 유지(station keeping) 시스템과 탑사이드와 해저면을 연결하는 라이저 시스템은 이러한 거동 특성과 직접적으로 관련된 생산설비를 구성하는 중요한 하위 시스템들이다.

여기서는 부유식 플랫폼에 적용되는 위치 유지 시스템과 라이저 시스템을 먼저 살펴본 뒤에 각 부유식 해양 플랫폼의 특징을 간략히 설명하도록 한다.

(1) 위치 유지 시스템

위치 유지 시스템은 선박이나 부유식 플랫폼 등이 해상에서의 위치를 유지시키기 위한 시스템으로, 크게 계류 시스템과 추진기(thruster)를 사용한 시스템으로 나눌 수 있다.

계류 시스템

계류 시스템은 앵커(anchor)로 해저면에 한쪽이 고정된 계류선을 플랫폼과 연결하여 위치를 유지시키는 방식으로, 계류 방식에 따라 다점계류식과 일점계류식으로 나눌 수 있다.

- 다점계류식(spread moored)

    다점계류식은 여러 개의 계류선들을 대칭되는 형태로 부유체의 각 모서리나 선박 형태 구조물의 선수와 선미에 연결하여 위치를 고정시킨다. 주로 장기간 한 위치

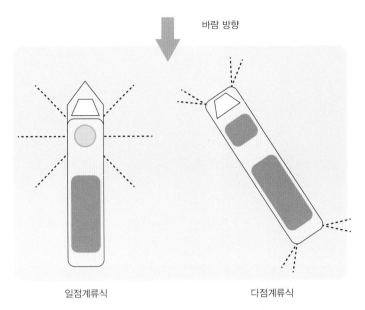

바람 방향

일점계류식   다점계류식

그림 2-56 다점계류식과 일점계류식

에 머무르며 운영되는 구조물에 사용되며 수심이나 구조물의 크기와 관계없이 적용이 가능하다.

● 일점계류식(single point moored)

일점계류식은 계류선들을 부유체의 한 위치에 연결하는 방식으로 주로 FPSO 등의 선박 형태 구조물에 적용된다. 일점계류식을 사용하는 FPSO의 경우 헐의 360° 선회를 가능하게 하여 바람, 조류 등 주변 환경의 영향을 최소화할 수 있다. 일반적으로 동적 위치 제어(dynamic positioning) 시스템도 같이 적용하게 된다.

계류 시스템은 계류선의 설치 형태에 따라서 현수선식, 인장각식, 하이브리드식으로 나뉠 수 있다.

● 현수선(catenary)식

낮은 수심에서 많이 쓰이는 방식으로, 계류선을 중력의 영향으로 그대로 늘어뜨리는 형태이다. 현수선식을 적용한 부유체가 움직이게 되면 계류선이 상향 이동하고 동시에 중력에 의해 원위치로 돌아가려는 복원력이 발생하게 된다. 계류선은 해저면에 수평하게 설치되어 계류선의 앵커는 오직 수평 방향의 하중만 받도록 설계되는데, 이를 위해서는 계류선 길이가 수심에 비하여 상대적으로 길어져야 한다. 따라서 수심이 깊어지면 계류선의 길이와 중량이 급격히 증가하기 때문에 합성 섬유 등 가벼운 재질의 계류선을 사용해야 한다. 심해에서 시추선의 계류 방식으로 선호되는 방식이다.

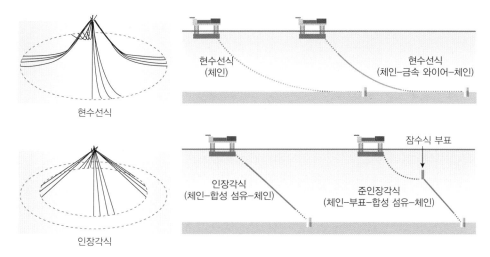

그림 2-57 현수선식, 인장각식, 준인장각식

- 인장각(taut leg)식

  미리 인장력을 가한(pre-tensioned) 계류선을 부유체에 연결하여 위치를 고정시키는 방식이다. 현수선식과 다르게 계류선은 해저면과 일정한 각도(30~45°)로 설치되어 앵커가 수평수직 하중을 받는다. 부유체가 움직이려 하면 계류선의 탄성 복원력이 작용하여 위치를 유지시키게 된다. 심해에서 현수선식보다 비용 대비 효율이 높고 적은 해저 면적을 차지한다.

- 준인장각(semi-taut leg)식

  잠수식 부표(submersible buoy)를 이용하여 현수선식과 인장각식을 모두 적용한 방식으로 부유체와 잠수식 부표 사이에는 현수선식을, 그리고 부표와 앵커 사이에 인장각식을 사용하는 식이다. 현수선식보다 계류선의 길이가 짧고 해저면과의 접촉면이 적어 심해에서 유리하다.

  계류선은 체인, 금속 와이어, 합성 섬유 등의 소재를 복합적으로 사용하여 만들 수 있는데 계류 방식, 수심, 요구 강도 등을 감안하여 결정된다. 일반적으로 많이 쓰이는 계류선 소재 구성 방식으로는 체인, 체인–금속와이어, 체인–합성 섬유, 체인–금속 와이어–합성 섬유 등이 있다.

추진기 시스템

선박이나 시추선, 부유식 플랫폼의 하단에 복수의 추진기를 설치하여 이를 작동시켜 위치를 유지시키는 방식으로, 가장 대표적인 예로 동적 위치 제어 시스템을 들 수 있다. 동적 위치 제어 시스템에서는 GPS를 사용하여 구조물의 위치를 실시간으로 확인하고 위치가 변동되었을 경우에는 360° 회전이 가능한 추진기(azimuth thruster)를 작

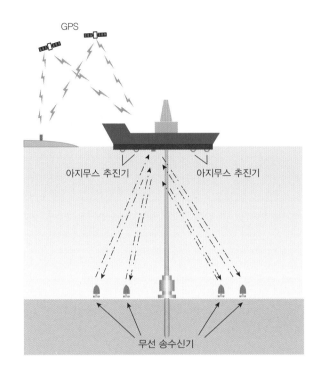

GPS

아지무스 추진기   아지무스 추진기

무선 송수신기

그림 2-58 동적 위치 제어 시스템

동시켜 원위치로 구조물을 이동시키게 된다. 일점계류식을 적용한 구조물의 경우에는 바람과 파도의 방향을 고려하여 이들의 영향을 최소화하는 방향으로 구조물의 방향을 설정해주고 하역 작업 등을 수행하는 동안 수평 방향 움직임을 저감해주는 역할을 하게 된다.

(2) 라이저 시스템

라이저는 해양 구조물과 해저면의 장비 사이의 연결 통로 역할을 하는 파이프를 통칭하는 개념으로, 수행하는 기능에 따라 크게 다음과 같이 3가지 타입으로 분류할 수 있다.

- 생산 라이저
  생산 플랫폼 탑사이드와 해저면의 장비 사이에서 생산정으로부터 나온 유정 유체 또는 주입정에 주입하기 위한 유체(물 또는 가스)를 전달하는 역할을 한다.

- 석유 익스포트/임포트(export/import)
  생산 플랫폼의 프로세스 시스템과 이송을 위한 해저 파이프라인 또는 선박 사이에서 원유나 천연가스 등을 전달한다.

● 시추 및 워크오버 라이저

시추 또는 워크오버 작업 시에 사용되는 라이저로서 시추 기능이 있는 해양 플랫폼 또는 시추선의 경우에만 사용된다. 서브씨 완결 방식이 적용되는 경우에는 해당 사항이 없다.

라이저는 다음과 같이 3가지 방식으로 부유식 플랫폼에 적용될 수 있다.

● TTR(Top Tensioned Riser)

여러 개의 강성 파이프들을 조립한 라이저의 상단에 인장력을 가하여 라이저의 뒤틀림이나 휘어짐을 막고 횡방향으로 가해지는 하중에 저항하도록 한다. 플랫폼에 설치된 텐셔닝 장비나 부표 등을 사용하여 인장력을 가하게 된다. 드라이 트리가 설치된 서페이스 완결 방식이 적용된 플랫폼에서 사용된다.

● Non-TTR

플랫폼과 해저면 장비 간의 거리보다 긴 라이저가 늘어뜨려진 형태로 설치되어 두 지점의 상대적인 거동을 조절하게 된다. 횡방향 하중은 라이저 라인의 탄성력으로 흡수된다. 현수선식 계류선과 유사한 형태로 설치되어서 비슷한 동적 특성을 나타낸다. 윗 트리가 설치된 서브씨 완결 방식이 적용된 부유식 플랫폼(FPSO, 반잠수식)에 사용된다.

일반적으로 Non-TTR에는 잘 휘어지는 특성을 가진 플렉서블(flexible) 파이프를 사용하는데 이러한 라이저를 플렉서블 라이저(flexible riser)라 한다. 깊은 수심에서는 강성 파이프를 조립한 라이저를 사용하기도 하는데, 그 길이가 상당히 길기 때문에 충분한 탄성력을 나타낸다. 강성 파이프를 조립한 라이저는 SCR(Steel

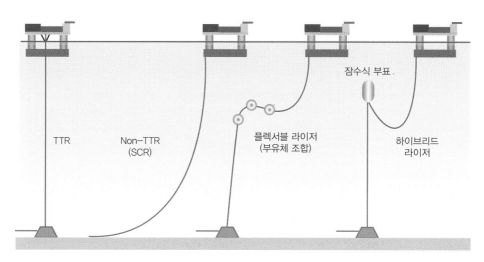

그림 2-59 라이저 방식

Catenary Riser)이라고 한다.

- 하이브리드(hybrid) 라이저

  TTR과 Non-TTR을 동시에 적용한 방식이다. 일반적으로 SCR 또는 수직 형태 강성 파이프가 해저면 장비와 잠수식 부표를 연결하고 부표와 부유식 플랫폼은 플렉서블 라이저가 연결하는 방식으로 구성된다.

(3) TLP

TLP는 헐의 부력에 의해 인장력이 가해지는 강선을 이용하여 위치가 고정되는 부유식 플랫폼으로 심해에 적합하다. 현재 약 1,500 m의 수심까지 TLP가 적용되어 운용 중으로 TLP 기술은 2,500 m까지 적용 가능한 것으로 알려져 있다.

헐은 철 또는 콘크리트로 만들어져 해저면에 수직 방향으로 설치된 강관(tendon)과 연결된다. 이 강선이 플랫폼의 수직 거동을 제한하여 서페이스 완결 방식을 적용한 플랫폼 유정을 사용할 수 있다.

TLP의 일반적인 특징은 다음과 같다.

- 기술적으로 잘 알려져 있으나 헐/계류 시스템이 세밀히 구성되어야 함
- 복잡한 동적 거동
- 적용 수심: 2,500 m 이하의 심해까지 적용 가능
- 서페이스 완결 방식: 플랫폼 유정 형식으로 드라이 트리 설치
- TTR 적용
- 광범위한 해상 설치 작업: 내해에서 헐과 탑사이드 메이팅 후 설치 위치 해역으로 이동하여 설치
- 원유 저장 기능 없음

그림 2-60 북해 Heidrun 해상 유전의 TLP (Statoil ASA 제공)

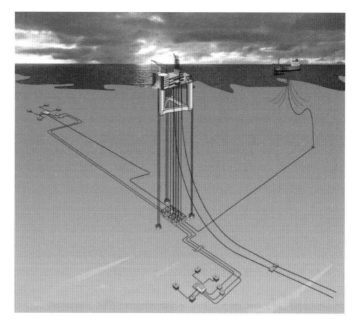

그림 2-61 TLP 모식도 (Statoil ASA 제공)

TLP는 다음과 같은 4개 부분으로 구성된다.

- 탑사이드

    탑사이드는 헐의 컬럼(column)들 위에 걸쳐지는 박스 형태 구조물로 디자인된다. 웰

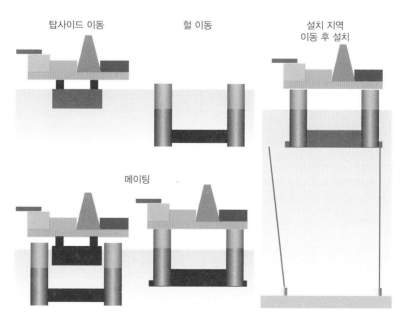

그림 2-62 TLP 설치 과정

헤드 구역은 일반적으로 중간에 위치한다. 탑사이드는 일체형으로 건조되어 바지로 내해로 예인한 뒤에 헐과 플랫오버 방식으로 메이팅된다.

● 헐

플랫폼의 하부 구조물에 해당되며 1~6개의 수직 기둥 형태인 컬럼과 그 아래에 위치한 발라스트 기능이 있는 폰툰(pontoon) 구조물로 구성된다. 대부분의 TLP는 4개의 컬럼을 가지고 있고, 컬럼이 한 개인 TLP는 미니 TLP라고 부른다.

헐은 육상에서 건조하여 내해로 예인한다. 탑사이드와 메이팅시키고 설치 지역으로 예인한 뒤 해저면에 기고정시킨 강선과 연결하여 설치 및 후크업 작업을 수행한다.

● 계류 시스템

외경이 0.5~1.0 m인 강관의 한쪽 끝을 해저면에 파일링 등으로 설치된 기초에 연결하고 반대쪽 끝을 탑사이드와 메이팅한 헐과 연결한다. 이 연결 순서는 경우에 따라 바뀔 수 있다. 컬럼이 4개인 TLP의 경우 강선이 16개까지 사용될 수 있다.

● 라이저

생산, 시추, 익스포트/임포트 라이저가 적용될 수 있다. 생산 라이저와 시추 라이저는 플랫폼에 설치된 텐셔닝 장비로 인장력이 가해지게 된다. 익스포트/임포트 라이저는 주로 SCR이나 플렉서블 라이저 방식을 사용한다.

그림 2-63 북해 Aasta Hansteen 해상 유전의 스파 플랫폼 모식도 (Statoil ASA 제공)

그림 2-64 북해 Aasta Hansteen 해상 유전의 스파 플랫폼 모식도 (Statoil ASA 제공)

(4) 스파 플랫폼

내부가 비어있는 원통형 구조물로 대형 부표와 유사한 개념의 플랫폼이다. 일반적으로 다점계류 방식을 적용하여 위치를 유지시킨다.

헐 구조물의 90%가 해수면 아래에 있어 흘수(draft)가 깊고 다른 부유식 플랫폼과 비교하여 안정적인 거동 특성을 나타낸다. 또한 플랫폼 중심에 위치한 개발정을 구조물이 감싸 보호하고 있어 심해에 적합하다. 현재 약 2,400 m의 수심까지 적용되어 운용 중으로 스파 기술은 3,000 m까지 적용 가능한 것으로 알려져 있다.

스파 플랫폼의 일반적인 특징은 다음과 같다.

· 검증된 기술
· 보편적인 계류 시스템 적용
· 데크 넓이 제한
· 적용 수심: 3,000 m 이하의 심해까지 적용 가능
· 복잡한 동적 거동 특성(와류에 의해 진동 발생)
· 서페이스 완결 방식
· TTR 적용
· 개발정과 라이저가 헐에 둘러싸여 파도 등으로부터 보호
· 광범위한 해상 설치 작업
· 원유 저장 기능 추가 가능하나 아직 시도되지 않았음

스파 플랫폼은 다음과 같은 4개 부분으로 구성된다.

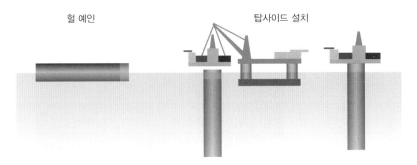

헐 예인   탑사이드 설치

그림 2-65 스파 플랫폼 설치 과정

- 탑사이드

  해상에서 헐의 설치 및 계류 작업이 마무리된 후 헤비 리프트 크레인 선박으로 탑사이드를 리프팅하여 설치한다.

- 헐

  개발정의 개수, 서페이스 웰헤드 간의 간격, 탑사이드의 중량 등을 감안하여 하부 구조물에 해당하는 헐의 지름과 중앙에 위치하는 유정 구역의 크기를 결정한다.

  헐의 형태에는 클래식, 트러스, 셀(cell) 3가지가 있다. 클래식 형태는 내부가 비어 있는 원통형 구조물로 중앙 부분에 유정/시추 슬롯(slot)과 라이저가 들어오는 유정 구역(moon pool)이 있다. 트러스 형태에서는 클래식 형태의 하단 부분을 트러스 구조물로 대체하고, 셀 형태에서는 한 개의 큰 원통 대신 여러 개의 작은 원통 구조물을 사용한다.

  스파 플랫폼의 헐에는 강한 해류에 의한 와류로 인해 발생하는 진동을 최소화하기 위해 스트레이크(strakes)라 불리는 나선형 철판 구조물이 설치된다.

  헐 구조물은 육상에서 건조 후 수평으로 눕힌 상태로 설치 지역으로 예인한다. 수직으로 세우고 탑사이드를 설치하고 후크업 작업을 실시한다.

- 계류 시스템

  일반적으로 현수선식 계류 방식을 적용한다. 플랫폼의 크기, 수심, 환경 조건 등을 감안하여 계류선의 개수와 재질을 결정하는데, 보통 금속 와이어와 체인으로 구성된 6~20개의 계류선을 사용한다.

- 라이저

  생산, 시추, 익스포트/임포트 라이저가 적용될 수 있다. 생산 라이저와 시추 라이저는 플랫폼에 설치된 부력 장비 등의 텐셔닝 장비로 인장력이 가해지게 된다. 익스포트/임포트 라이저는 주로 SCR이나 플렉서블 라이저 방식을 사용한다.

(5) 반잠수식 플랫폼

반잠수식 플랫폼은 원래 시추 기능만 갖춘 시추선(반잠수식 시추선)으로 사용되기 위해 고안되었으나 그 뒤에 생산 등 다른 기능들이 추가되는 형태로 발전되었다. 현재약 2,400 m의 수심까지 적용되어 운용 중으로 반잠수식 플랫폼 기술은 3,000 m까지적용 가능한 것으로 알려져 있다.

반잠수식 플랫폼의 일반적인 특징은 다음과 같다.

· 검증된 기술
· 시추 기능만 탑재할 경우 시추선으로 활용 가능
· 보편적인 계류 시스템 적용

그림 2-66 북해 Njord 해상 유전의 반잠수식 플랫폼 (Statoil ASA 제공)

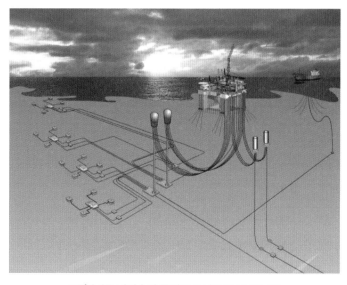

그림 2-67 반잠수식 플랫폼 모식도 (Statoil ASA 제공)

- 적용 수심: 3,000 m 이하의 심해까지 적용 가능
- 상대적으로 분석이 용이한 동적 거동 특성
- 서브씨 완결 방식: 서브씨 유정 형식으로 웻 트리 설치
- Non-TTR 적용: 플렉서블 라이저 또는 SCR
- 단순한 해상 설치 작업: 내해에서 탑사이드를 헐 위에 설치하고 설치 위치로 예인
- 원유 저장 기능 추가 불가

반잠수식 플랫폼은 다음과 같은 4개 부분으로 구성된다.

● 탑사이드

TLP의 탑사이드와 유사하게 헐의 컬럼들 위에 걸쳐지는 박스 형태 구조물로 디자인된다. 웰헤드 구역은 일반적으로 중간에 위치한다. 탑사이드는 일체형으로 건조되어 내해에서 헐과 메이팅된다.

● 헐

일반적으로 4개의 수직 기둥 형태인 컬럼과 그 아래에 위치한 발라스트 기능이 있는 폰툰 구조물로 구성된다. 시추 기능만 탑재된 플랫폼, 즉 반잠수식 시추선으로 사용할 경우에는 두 개의 독립적인 폰툰이 적용되어 이동성을 좋게 한다. 생산 플랫폼으로 사용될 경우에는 이동성이 중요하지 않으므로 복원성을 감안하여 고리 형태의 링폰툰(ring pontoon)을 적용한다.

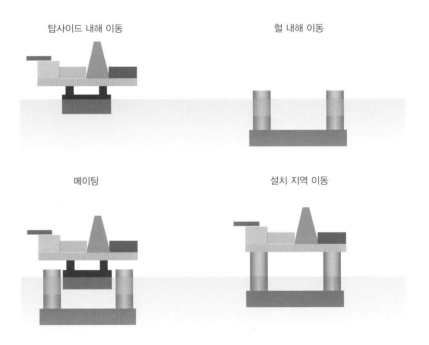

그림 2-68 반잠수식 플랫폼 설치 과정

헐 구조물이 육상에서 건조가 완료되면 내해로 예인한다. 탑사이드와 메이팅시키고 설치 지역으로 다시 예인한 뒤 설치 및 후크업 작업을 실시한다.

● 계류 시스템

일반적인 다점계류식 시스템이 사용된다. 수심과 환경 조건 등을 감안하여 앵커링 방식, 계류선 재질 구성 등을 결정하게 된다.

● 라이저

생산, 익스포트/임포트 라이저가 적용될 수 있다. Non-TTR, 즉 플렉서블 라이저나 하이브리드 라이저 등이 주로 사용되지만, 경우에 따라서는 SCR도 적용할 수 있다.

(6) FPSO

FPSO는 탄화수소 자원의 생산, 저장 및 하역 기능을 갖춘 부유식 구조물로 신조를 하거나 유조선을 개조하여 건조할 수 있다. 하부 구조물인 헐은 선박 형태가 일반적이나 원통형 등 다른 형태의 디자인도 사용된다. 날씨가 온화하거나 규모가 작은 유전 지역에서는 유조선을 개조하는 경우가 많다. 날씨가 거칠거나 규모가 크거나 복잡한 저류층 구조를 가진 유전의 경우에는 주로 신조를 하게 된다. 현재 약 2,650 m의 수심까지 적용되어 운용 중으로, FPSO 기술은 3,000 m까지 적용 가능한 것으로 알려져 있다.

FPSO는 적용되는 위치 유지 시스템에 따라 다음과 같이 분류할 수 있다.

● 웨더베이닝(weathervaning) FPSO

일점계류 방식으로 계류되며, 계류 지점을 중심으로 헐이 바람, 조류, 파랑의 작용 방향으로 선회(360° 가능)하여 날씨와 주변 환경 변화에 따른 위치 변화를 최소화시키는 웨더베이닝 방식이 적용

그림 2-69 일점계류식(외부 터렛) FPSO (APL Norway 제공)

그림 2-70 일점계류식(내부 터렛) FPSO (APL Norway 제공)

그림 2-71 다점계류식 FPSO (Statoil ASA 제공)

· 외부 터렛(external turret)

웨더베이닝을 구현하기 위한 터렛 구조물이 헐 외부에 설치

· 내부 터렛(internal turret)

터렛 구조물이 헐 내부에 설치

· 동적 위치 제어

동적 위치 제어 시스템이 적용

● 다점계류 FPSO

다점계류식 계류 시스템이 적용되어 헐이 선회하지 못하는 FPSO

대부분의 FPSO는 주위 환경의 영향을 최소화하기 위한 일점계류식의 웨더베이닝 방식을 적용하고 있다. 다점계류식 계류 시스템을 사용하는 FPSO는 주로 날씨가 온

그림 2-72 터렛계류 시스템이 적용된 FPSO (APL Norway 제공)

화한 지역에 설치되어 주된 바람 또는 파도 방향으로 헐의 위치를 고정한다. 이 경우에는 웨더베이닝 기능을 위한 터렛(turret)과 스와이벨(swivel) 구조물을 설치할 필요가 없어 투자 비용을 절감할 수 있다.

FPSO의 일반적인 특징은 다음과 같다.

· 검증된 기술
· 넓은 데크 구역
· 보편적인 계류 시스템 적용
· 적용 수심: 3,000 m 이하의 심해까지 적용 가능
· 상대적으로 분석이 용이한 동적 거동 특성
· 웨더베이닝 기능
· 서브씨 완결 방식
· 플렉서블 라이저 사용
· 단순한 해상 설치 작업: 안벽에서 탑사이드를 헐 위에 설치
· 원유 저장 기능

FPSO의 주된 장점은 대량의 원유 저장이 가능하고 헐의 하중 지지능력이 크기 때문에 큰 사이즈의 탑사이드를 설치할 수 있어 운용상 상당한 유연성을 제공해 준다는 점이다. 이러한 장점 때문에 FPSO는 육지에서 멀리 떨어진 심해 또는 원유나 가스 이송에 해저 파이프라인을 사용하기 어려울 경우에 많이 사용된다. 소규모 유전은 생산 기간이 상대적으로 짧기 때문에 대규모 투자가 요구되는 해저면 지지식 플랫폼은 적절하지 않은

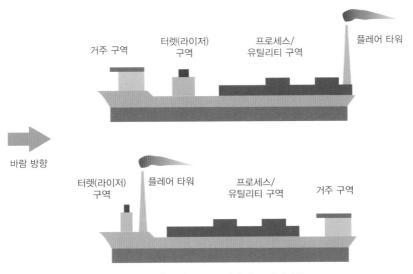

거주 구역 터렛(라이저) 구역 프로세스/유틸리티 구역 플레어 타워

바람 방향

터렛(라이저) 구역 플레어 타워 프로세스/유틸리티 구역 거주 구역

그림 2-73 FPSO 탑사이드 레이아웃

경우가 많다. 이 경우에도 FPSO를 사용하면 한 유전에서의 생산을 마친 뒤 다른 소규모 유전으로 이동하여 생산 작업을 계속할 수 있어 경제적이다. 태풍이 발생하거나 빙산이 떠내려오는 등의 비상시에는 계류/터렛 시스템을 분리시키고 이동한 뒤 상황이 해제된 이후에 원위치로 돌아와 계류/터렛 시스템을 다시 연결할 수 있다.

FPSO는 다음과 같은 4개 부분으로 구성된다.

● 탑사이드

FPSO에 설치되는 탑사이드의 규모는 저장 설비의 규모에 따라 결정된다. 일반적으로 다른 부유식 플랫폼보다 규모가 크기 때문에 여러 개의 모듈 또는 선제작된 유닛(pre-assembled unit) 등으로 구성하여 여러 번에 나누어 리프팅 작업을 하게 된다.

탑사이드 레이아웃 방식은 터렛 또는 라이저 구역의 위치에 따라 크게 두 가지로 나뉜다. 터렛 또는 라이저 구역이 선체 중간에 설치된 경우에는 거주 구역과 헬리덱을 선수 쪽에 두고 터렛(또는 라이저 구역) 등을 중간에, 그리고 프로세스, 플레어 구역을 선미 부분에 배치한다. 터렛 또는 라이저 구역이 선체 외부나 선수 부분에 설치된 경우에는 이와 반대로 터렛(라이저), 플레어, 프로세스, 거주 구역 순으로 배치하게 된다.

● 헐

FPSO의 헐은 일반적인 유조선의 선체와 유사하며, 실제로 현재 운용 중인 FPSO의 상당수가 유조선을 개조한 것이다. 내부 가로 및 세로 격벽이 헐을 여러 개의 탱크 공간으로 나누어 원유와 발라스트 워터를 저장하게 된다.

그림 2-74 분리 가능 터렛이 설치된 FPSO (APL Norway 제공)

선박 형태 FPSO의 거동은 파도의 방향에 민감하기 때문에 웨더베이닝 기능을 적
용하기 위해 터렛을 설치하는 경우가 대부분이다. 계류선과 라이저는 이 터렛에
연결된다. 신조 FPSO의 경우에는 선수와 중간 지점 사이에 내부 터렛이 설치하는
경우가 많으며, 개조 FPSO의 경우에는 선수와 연결된 외부 구조물에 외부 터렛을
설치하는 것이 일반적이다.

다점계류식 계류 시스템을 적용할 경우에는 반잠수식 플랫폼과 같은 방식으로 헐
의 각 모서리 부분에 계류선을 연결하고 라이저는 헐의 양 외판에 설치된다.

헐은 도크에서 건조한 뒤 탑사이드와 통합시킨다. 예인하여 설치 지역으로 이동시
킨 뒤 설치 및 후크업 작업을 수행한다.

● 터렛

웨더베이닝 기능을 구현하기 위한 원통형 구조물로서 바람과 파도, 해류의 영향을
최소화하는 방향으로 헐을 회전시키는 역할을 한다. 터렛의 크기는 연결된 라이저
와 계류선의 개수에 의해 결정된다.

터렛은 헐의 내부 또는 외부에 설치될 수 있고 또한 헐에 고정시키거나 분리 가능
하게 할 수도 있다. 분리 가능한 터렛을 사용할 경우에는 FPSO를 계류선과 라이
저와 분리시켜 이동이 가능하게 된다.

분리 가능 터렛은 주로 열대 해역에서 폭풍우를 피하기 위해 적용되는 경우가 많
다. 분리된 터렛을 다시 연결하기 위해서는 파고가 어느 수준 이하여야 하는데, 파
고가 높은 지역에서는 터렛을 다시 연결하는 작업이 어렵고 시간이 많이 소요되
어 분리 가능 터렛 방식을 적용하기 어렵다.

● 스와이벨

스와이벨은 터렛 위에 설치되는 장치로서 터렛의 웨더베이닝 기능에 따라 회전하

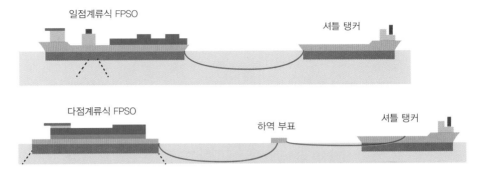

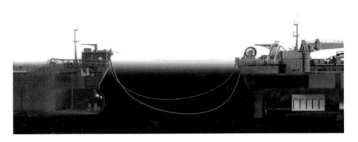

그림 2-75 FPSO 하역 시스템

그림 2-76 텐덤 연결 하역 방식 (APL Norway 제공)

그림 2-77 부표 연결 하역 방식 (APL Norway 제공)

는 헐과 회전하지 않는 라이저 시스템 사이에서 유체가 지속적으로 흐르게 하는 기능을 수행한다.

• 계류 시스템

앞서 언급했듯이 일반적으로 선박 형태의 FPSO는 웨더베이닝 기능을 갖추어 일 점계류식 계류 시스템을 적용하고 있다. 그러나 날씨가 온화하고 바람과 파도가 주로 일정 방향으로 발생하는 지역에서는 다점계류식 시스템을 적용할 수 있다.

날씨가 좋지 않은 지역에 설치되는 웨더베이닝 기능을 갖춘 FPSO의 경우에는 동적 위치 제어 시스템을 추가로 적용하기도 한다.

- 하역 시스템

FPSO와 육상 시설을 오가는 셔틀 탱커 방식을 주로 사용한다.

웨더베이닝 기능을 갖춘 일점계류식으로 계류된 FPSO에서는 셔틀 탱커를 FPSO에 접근시켜 텐덤(tandem) 방식으로 FPSO의 선미에 계류시킨 뒤 수면 위로 호스를 연결하여 하역 작업을 하게 된다. 이러한 직접 하역 방식은 두 부유체가 근접하게 되므로 파고가 중요한 변수가 되는데 대략 4~5 m의 파도에서도 적용이 가능하다고 알려져 있다. 이러한 하역 작업 가능 파도 높이는 FPSO와 셔틀 탱커 간의 거리와 FPSO와 셔틀 탱크의 크기, 옆바람과 해류 상황, FPSO 계류 시스템 종류, 셔틀 탱커의 위치 유지 시스템 등 여러 가지 변수를 감안하여 결정된다. 셔틀 탱커가 동적 위치 제어 시스템을 갖추었을 경우에는 그렇지 않은 경우보다 작업 가능 파고나 바람 세기 한도가 높다.

다점계류식으로 계류된 FPSO의 경우에는 바람과 파도의 영향으로 이러한 직접 하역 방식을 적용하기에 리스크가 크다. 이 경우에는 일반적으로 FPSO로부터 일정 거리를 두고 설치된 별도의 부표에 셔틀 탱커를 연결하여 하역 작업을 하게 된다.

- 라이저

선박 형태 FPSO는 상대적으로 큰 거동 특성을 나타내기 때문에 Non-TTR, 즉 플렉서블 라이저나 하이브리드 라이저 등이 주로 사용된다.

2.3.5 서브씨 시스템

서브씨 시스템은 웻 트리가 설치되는 서브씨 완결 방식이 적용된 서브씨 유정(개발정)이 사용되는 경우에 해저면에 설치되는 설비들을 통칭하는 개념이다.

서브씨 시스템은 수심에 관계없이 적용이 가능한데, 서브씨 유정은 라이저와 플로우라인 등을 통해 낮은 수심에서는 해저면 지지식 플랫폼과, 깊은 수심에서는 부유식 플랫폼과 연결된다. 경우에 따라서는 해양 플랫폼이 아닌 육상 시설과 서브씨 유정이 파이프라인으로 바로 연결되기도 한다.

서브씨 시스템은 크게 서브씨 생산 시스템, 서브씨 제어 시스템(subsea control system), 서브씨 프로세싱 시스템(subsea processing system)으로 구분한다.

서브씨 생산 시스템

서브씨 생산 시스템은 생산정에서부터 플랫폼 또는 육상의 처리 시설까지 유정 유체를 전달하는 역할을 하며 다음과 같은 하부 시스템들로 구성된다.

그림 2-78 북해 Aasta Hansteen 해상 유전의 스파 플랫폼과 서브씨 시스템 모식도 (Statoil ASA 제공)

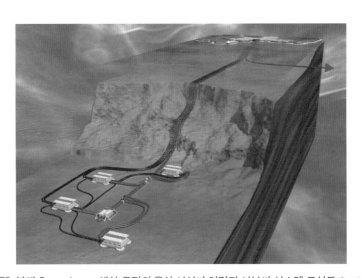

그림 2-79 북해 Ormen Lange 해상 유전의 육상 시설과 연결된 서브씨 시스템 모식도 (Statoil ASA 재공)

● 웰헤드 관련 시스템

　웰헤드와 연결되는 크리스마스 트리, 가이드 베이스, 튜빙 행거 등

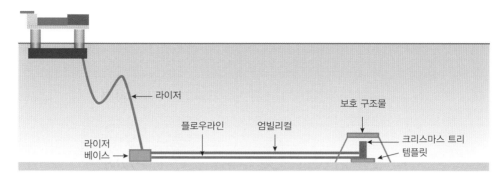

그림 2-80 단일 생산정 서브씨 생산 시스템의 주요 구성 요소

- 인터벤션 시스템

  서브씨 생산 장비 들의 설치 및 유지 보수와 관련된 파이프라인/엄빌리컬 (umbilical) 풀인(pull-in) 및 연결 장비, 컨트롤 팟(control pod), 엄빌리컬 윈치 (umbilical winch) 등

- 서브씨 구조물 및 배관 시스템

  해저면에 설치되는 템플릿(template), 매니폴드, 라이저 베이스(riser base), PLET(Pipeline End Termination), 보호 구조물, 배관 모듈 등

- 서브씨 플로우라인과 라이저

  유정 유체를 이송하는 파이프라인과 라이저

그림 2-80은 단일 서브씨 생산정으로 구성된 서브씨 생산 시스템에서 주요 하부 시스템들을 나타낸다.

서브씨 제어 시스템

서브씨 생산 시스템을 제어하는 역할을 한다. 전기와 유압 방식의 서브씨 제어 모듈, 서브씨 전기/유압/화학 물질 배분 시스템, 트리 계기 장치, 해수면 위의 발전 장비, 그리고 서브씨 생산 시스템에 전력, 유압, 화학 물질들을 전달하는 엄빌리컬 등이 포함된다.

서브씨 프로세싱 시스템

일반적인 탑사이드 처리 공정을 해양 생산 플랫폼이 아닌 해저에서 수행하기 위한 시스템이다. 해저면에 설치되어 분리, 압축, 펌핑, 미터링(metering), 물 주입 등의 기능을 수행하는 장비들이 포함된다.

여기서는 대표적인 서브씨 시스템들만 간략히 소개하도록 한다.

(1) 서브씨 개발정 구성 방식

서브씨 개발정들을 구성하는 방식은 크게 다음과 같은 4가지로 나뉜다.

- 단일 위성

  서브씨 개발정들을 각각 별도의 플로우라인으로 플랫폼과 연결(tie-back)시키는 방식이다.

- 클러스터(cluster)

  인근에 있는 단일 위성 개발정들을 매니폴드라는 장비와 점퍼(jumper)라 불리는 파이프로 연결하고 매니폴드를 플로우라인으로 플랫폼과 연결한다. 개발정들과 매니폴드는 별도의 구조물로 따로 떨어져 설치된다.

- 템플릿

  템플릿이라는 구조물 안에 각 개발정들과 매니폴드를 모아 통합된 형태로 설치하고, 템플릿을 플로우라인으로 플랫폼과 연결한다.

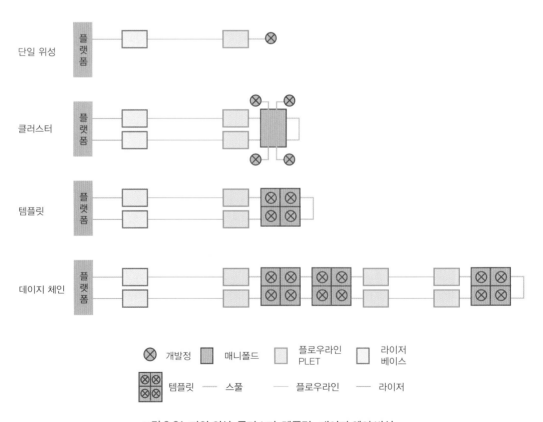

그림 2-81 단일 위성, 클러스터, 템플릿, 데이지 체인 방식

그림 2-82 보호 구조물이 일체형인 템플릿 구조물 (Wintershall Norge AS 제공)

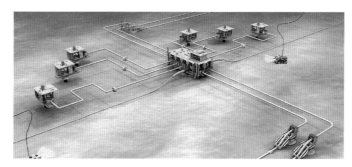

그림 2-83 여러 기의 서브씨 크리스마스 트리와 연결된 매니폴드 (Aker Solutions ASA 제공)

• 데이지 체인(daisy chain)
  복수의 단일 개발정/매니폴드/템플릿들을 체인 형식으로 연결하는 방식이다.

(2) 템플릿과 매니폴드

템플릿

템플릿은 대형 철제 구조물로서 서브씨 유정, 서브씨 크리스마스 트리, 매니폴드 등 다양한 서브씨 장비들이 설치되는 베이스 역할을 한다. 템플릿의 크기는 그 안에 들어가는 개발정 및 주요 장비의 개수에 의해 결정된다. 북해에서 사용하는 템플릿의 경우 설치된 장비들을 둘러싼 보호 구조물이 있어 어업 활동 중 어망 등으로 인한 장비 손상을 예방하는 역할을 한다.

매니폴드

매니폴드는 여러 개의 파이프와 배관으로 만들어진 장비로서 웰헤드에서부터 나온 유정 유체를 모아 플로우라인으로 전달해주는 역할을 한다. 매니폴드는 별도의 독립된 장비로 해저면에 설치하거나 또는 템플릿에 통합된 형태로 설치할 수 있다. 매니폴드는 처리하는 유량과 유체 특성 등에 따라 다양한 크기와 형태로 디자인된다.

(3) 플로우라인과 라이저

플로우라인

플로우라인은 서브씨 생산정에서 나오는 유정 유체를 라이저가 연결된 라이저 베이스까지 이송하는 해저 파이프라인을 뜻한다.

- 흐름 견실성(flow assurance) 이슈

  해저, 특히 심해저는 수온이 4℃ 정도로 플로우라인을 통해 이동 중인 유정 유체의 온도가 내려가면서 가스 하이드레이트와 왁스 등 고형물이 형성되어 유체 흐름을 방해하거나 완전히 막을 수도 있다. 플로우라인 등 원유와 가스를 이송하는 해저 파이프라인류를 설계할 때에는 이러한 흐름 견실성 문제를 감안하여야 한다. 피그(pig)는 이러한 문제 해결을 위해 사용되는 대표적인 장비로서 파이프라인 내부를 통과할 수 있게 설계되었으며 수압 시험, 불순물 제거, 내부 코팅, 검사 등의 작업을 수행한다.

라이저

서브씨 생산 시스템에서 라이저는 생산 라이저를 뜻하며 해저면의 라이저 베이스 구조물과 플랫폼을 연결하여 유정 유체를 플랫폼까지 이송하는 플로우라인의 연장 개념이다. 라이저 설계 시에는 해양 플랫폼의 형태, 거동 특성 등을 감안하여야 한다. 해저면 지지식 플랫폼의 경우는 일반적인 강성 라이저를 사용하고 부유식 플랫폼의 경우 TTR, Non-TTR, 하이브리드식 등의 방법으로 설치할 수 있다(라이저에 대한 자세한 내용은 2.3.4.(2) 참조)

(4) 스풀, PLET, 라이저 베이스

스풀, PLET, 라이저 베이스는 개발정과 플로우라인과 라이저를 이어주는 파이프 및 구조물로 여러 방식으로 배치할 수 있다.

스풀(spool)

스풀은 짧은 파이프로서 플로우라인 등의 파이프라인류와 서브씨 구조물 또는 두 개의 서브씨 구조물을 연결하고 온도 상승에 따른 파이프 팽창 현상을 제어하는 역할을 한다.

　해저면에 플로우라인 등의 파이프라인류를 설치할 경우에는 여러 현장 상황에 의해 목표 구조물까지 정확히 파이프라인을 설치하여 연결하는 것은 불가능하다. 대부분의 경우 연결되는 지점과 파이프라인이 5 m 이상 떨어져 있게 되는데, 이 경우 PLET를 설치하고, 스풀을 추가하여 연결하게 된다.

　서브씨 생산정에서 올라온 유정 유체가 고온의 상태로 생산정에서 곧바로 플로우라인으로 전달되면 금속 재질의 플로우라인이 팽창하여 뒤틀림이 발생하게 된다. 이를 방지하기 위해 서브씨 생산정 웰헤드의 크리스마스 트리와 플로우라인이 연결된 PLET 사이에 'ㄷ'자 모양의 스풀을 설치하여 팽창에 의해 발생하는 압축 응력을 감소시킨다.

그림 2-84 스풀로 서브씨 구조물들을 연결하는 작업 (Aker Solutions ASA 제공)

PLET

스풀과 연결하기 위하여 플로우라인 등 파이프라인류의 끝부분의 위치를 고정시켜주는 구조물이다. 해저면과 접하는 PLET의 머드매트(mudmat) 기초는 파이프라인의 팽창을 허용하도록 설계된다.

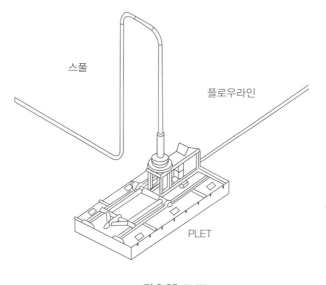

스풀

플로우라인

PLET

그림 2-85 PLET

라이저 베이스

플로우라인 등 파이프라인류와 라이저 사이의 인터페이스 기능을 하는 구조물로서 해양 플랫폼, 플로우라인, 라이저의 종류와 수심 등을 감안하여 설계된다. 경우에 따라서는 라이저 베이스가 필요 없는 경우도 있다.

(5) 서브씨 제어 시스템

서브씨 생산 시스템의 신경망에 해당하며, 서브씨 개발정(웰헤드와 크리스마스 트리), 템플릿, 매니폴드 등의 밸브를 조작하여 서브씨 생산 시스템의 생산 상황을 제어한다. 서브씨 장비가 오작동하거나 탑사이드에서 전송되는 유압/전기적 제어 신호가 전달되지 않는 등의 비상 상황이 발생할 경우에 안전하게 생산 시스템을 정지시키는 셧다운(shutdown) 기능이 설계에 반영되어야 한다.

해저면에 설치된 서브씨 생산 시스템은 해상의 탑사이드에서 제어된다. 탑사이드에서 발송되는 제어 신호에 대한 서브씨 생산 시스템의 응답 시간은 시스템의 운용 신뢰성과 안정성 측면에서 매우 중요한 검토 요소이다.

초기 서브씨 생산 시스템은 주로 직접적인 유압 제어 방식으로 서브씨 장비들의 밸브를 조절하였다. 그러나 갈수록 유전의 수심이 깊어지고 서브씨 개발정의 개수가 늘어나면서 유압을 전달하기 위해 사용되는 엄빌리컬 파이프의 사이즈가 커지고 비용도 크게 증가하였다. 전자 유압 제어 방식은 이러한 직접 유압 제어 방식의 적용 한계를 해결하기 위해 개발되어 심해 유전의 서브씨 생산 시스템에 많이 쓰이고 있다. 이러한 제어 방식은 탑사이드와 서브씨 개발정 간의 거리, 수심, 요구 응답 속도, 서브씨 웰헤드 타입 등을 감안하여 결정하게 된다.

탑사이드 제어 장비

탑사이드에 설치되는 제어 시스템에는 유압 동력 장치(HPU; Hydraulic Power Unit)와 전자 동력 장치(EPU; Electronic Power Unit) 등이 있다. 유압 동력 장치는 전기 모터를 사용하여 저압 또는 고압의 유압을 발생시키는 장치이다. 유압 동력 장치에는 탱크, 펌프, 유압 제어 밸브 등이 포함된다. 비상 셧다운 설비는 유압 유체를 배출하여 서브씨 비상 안전(fail-safe) 밸브를 닫는 기능을 하도록 설계된다.

엄빌리컬

탑사이드와 서브씨 생산 시스템을 연결하여 유압 유체, 전력, 전기 제어 신호, 화학 물질 등을 전달하는 다양한 재질의 관들의 집합체를 말한다. 유압 라인은 철제 또는 열가소성 수지 재질의 관 형태로 엄빌리컬 안에 들어간다. 전력과 제어 신호를 전달하는 전자 제어 케이블은 유압 라인과 묶거나 따로 설치할 수도 있다. 엄빌리컬은 시스템 장애 위험을 최소화하기 위해 여러 부분으로 나누어 제작되지 않고 일체형으로 제작

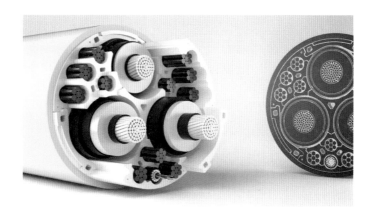

그림 2-86 엄빌리컬 단면도 (Aker Solutions ASA 제공)

되어야 한다.

(6) 서브씨 프로세싱 시스템

서브씨 프로세싱 시스템은 탄화수소 자원의 생산 처리 작업을 해저에서 수행하는 시스템을 의미한다. 즉, 일반적으로 플랫폼의 탑사이드에서 수행하는 생산 공정 중 일부 또는 전부를 해저면에 설치한 생산 장비에서 처리하는 것을 말한다.

서브씨 프로세싱 시스템에 포함되는 생산 공정들에는 분리, 펌핑, 콤프레션, 혼합, 냉각, 가열, 여과, 전력 공급, 디하이드레이션, 해수 주입, 가스 주입, 화학 물질 주입 등이 있다.

서브씨 프로세싱은 아직 검증 단계에 있으며 일반적으로 널리 쓰이는 기술은 아니다. 현재 실제로 적용 가능한 서브씨 프로세싱 기술은 다상유체의 펌핑과 분리 공정 정도이다.

현재 다양한 기술 개발 연구가 진행 중이므로 멀지 않은 미래에는 모든 생산 공정들을 해저면에서 수행하기 위한 서브씨 팩토리를 해저면에 건설할 수 있을 것으로 전망

그림 2-87 서브씨 팩토리 (Statoil ASA 제공)

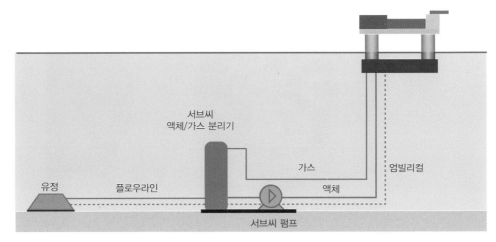

서브씨
액체/가스 분리기

가스

엄빌리컬

유정   플로우라인   액체

서브씨 펌프

그림 2-88 서브씨 분리기와 펌프

된다.

서브씨 프로세싱 기술을 발전시켜 모든 생산 공정을 서브씨 프로세싱으로 구현할 경우의 장점은 다음과 같다.

- 탑사이드와 파이프라인 관련 비용 절감: 궁극적으로는 탑사이드가 필요 없어진다.
- 회수율과 생산 효율 증가
- 작은 매장량의 심해 한계 유전 개발 가능: 타이백 솔루션 적용 가능 거리가 증가한다.
- 생산 유전의 생산 기간 연장
- 흐름 견실성 개선
- 환경 오염 위험 감소

서브씨 분리(subsea separation) 공정

유정 유체 분리 공정의 일부를 해저면에서 수행하는 기술로서 생산 효율을 증가시키고 탑사이드 공정 용량을 감소시키는 장점이 있다.

이미 신규 유전 개발 프로젝트에 적용된 사례들이 있으며, 서브씨 분리 공정 적용을 통해 환경 오염 관련 위험을 낮추고 매출을 증가시키는 효과를 본 것으로 알려져 있다. 일반적으로 1차 분리 공정을 해저면에 실시하도록 생산 시스템을 설계하여 탑사이드의 분리 장비 규모를 줄이게 된다.

생산 중인 유전의 개보수 프로젝트에 적용한 경우에는 기존 생산 설비의 운용 효율 및 운용 가능 기간을 늘려서 투입 비용 대비 높은 효과를 나타내었다. 해저면에서 유정 유체를 분리하여 배출된 물을 저류층에 주입하면 플로우라인과 라이저의 사이즈를 줄이고 탑사이드 장비의 개보수 수요를 감소시킬 수 있게 된다.

서브찌 펌핑(subsea pumping)

다상유체 펌핑 공정을 해저면에서 수행하는 기술은 상대적으로 잘 알려져 있으나 이송 거리 증가와 수심의 증가 추세로 인해 추가적인 개선이 필요하다. 여기에는 부스팅 압력 및 용량 증가, 높은 점도 원유 처리 능력 등이 포함된다.

03

탐사

이번 장에서는 E&P 회사로서 해양 유전 개발 프로젝트의 프로젝트 관리자 역할을 하는 광구 운영권자,

즉, 오퍼레이터의 입장에서 탐사 단계에서 어떠한 활동이 이루어지는지를 살펴보도록 한다.

탐사 단계의 목적은 상업적으로 개발 가능한 탄화수소 자원을 발견하는 것이다. 탐사 단계는 탐사 준비 단계와 탐사 수행 단계로 나뉘어진다

3.1 탐사 준비

탄화수소 자원의 부존 가능성이 큰 지역을 파악하고 해당 지역에서 탐사 작업을 수행하기 위해 라이선스를 취득한다.

3.1.1 자료 수집 및 평가

탄화수소 자원의 부존 가능성이 높은 지역을 선정하기 위해 다양한 자료를 수집하고 평가하여 광범위한 퇴적 분지에서 점차적으로 물리적 범위를 좁혀 들어가 플레이와 잠재구조/유망구조를 차례로 파악해 나가는 과정을 거치게 된다(2.1.2 참조).

(1) 데이터 룸 수립

탄화수소 자원이 축적되어 있을 것으로 생각되는 관심 지역에 대한 가용한 모든 자료를 수집한다. 기존에 관심 지역 또는 그 인근 지역에 대해서 실시된 다양한 지질학/지구물리학적 조사 자료가 수집 대상이 된다. 일반적으로 수집되는 자료들은 다음과 같다.

- 인공위성 관측 자료
- 지표 지질 조사 자료
- 항공 탐사 자료: 중력 탐사, 자력 탐사, 전자기력 탐사, 해저지형 탐사
- 탄성파 탐사 자료
- 유정 자료: 기존에 해당 지역 또는 그 인근 지역에서 시추를 실시한 경우

수집된 자료를 정리하여 관심 지역에 대한 데이터 룸(data room)을 구축한다. 관심 지역에 대한 모든 자료가 이 데이터 룸으로 집중되며, 데이터 룸 내의 자료는 유전 개발 프로젝트 전 과정에 걸쳐 수시로 업데이트되고 관리되어야 한다.

업데이트된 데이터 룸 자료를 바탕으로 지질 구조 파악, 저류층 특성화, 시뮬레이션, 저류층 관리 등 유전의 생애주기에 따라 요구되는 다양한 작업을 수행하고 그 결과물을 기반으로 분지/플레이/유망구조에 대한 평가를 진행하게 된다.

관심 지역이 기존에 개발된 적이 없거나 그 인근에 개발된 지역들이 없다면 가용한 자료가 충분치 않을 수 있다. 이러한 경우에는 해당 국가의 규정에 따라서 본격적인 탐사 활동 이전에 해당 지역에 대한 준탐사 라이선스를 발급받아 광역 분지 탄성파 탐사 등을 실시할 수 있다.

그림 3-1 유망구조 선정 프로세스

(2) 분지 평가

분지 평가 작업은 수집된 자료를 검토하여 퇴적 분지의 지질학적 변수들을 비교 분석하고 분지 모형(basin model)을 구축하여 퇴적 분지의 발달사를 파악하는 작업이다. 이를 통해서 퇴적 분지 내에서 탄화수소 자원의 부존 가능성과 트랩 구조의 존재 여부 및 공간적 분포에 대한 정보를 획득할 수 있다.

기존에 개발된 적이 없는 지역의 경우에는 가용한 자료가 충분치 않으므로 탐사 과정에서 많은 부분을 추정에 의존해야 한다. 분지 평가는 가용한 자료를 최대한 활용하여 이러한 추정 작업의 기초 자료를 제공한다는 측면에서 매우 중요한 작업이라고 할 수 있다.

그림 3-2와 3-3은 남아프리카 동쪽 해역의 Durban 분지에 대해 해양 탄성파 탐사 컨트렉터인 CGG가 실시한 분지 평가와 관련된 그림이다. Durban 분지는 기존에 탐사가 거의 이루어지지 않은 지역으로 CGG는 약 7,000 km^{2}의 지역에 대해 2D 탄성파 탐사를 실시하여 탄성파 자료를 취득하고 해석하였다. 기존에 시추된 4개의 탐사정에서 취득한 유정 자료 및 기타 가용한 자료를 탄성파 자료와 통합하고 분석하여 해당 분지 특성을 파악하였다.

(3) 플레이 평가

분지 평가 자료를 바탕으로 해당 분지 내에서 플레이가 존재할 확률을 계산하고 잠재적인 유전의 개수와 규모를 파악하여 플레이의 탄화수소 자원 매장 잠재력을 평가하는 작업이다. 이를 통해 해당 분지 내에서 탐사 대상 지역과 작업 시기 등 탐사 활동에 대한 큰 밑그림을 그리게 된다.

일반적인 플레이 평가 작업 내용은 다음과 같다.

· 퇴적 분지 내에 석유 시스템이 존재하는 지역 파악
· 상기 작업에서 파악된 지역 내에서 유망구조를 파악

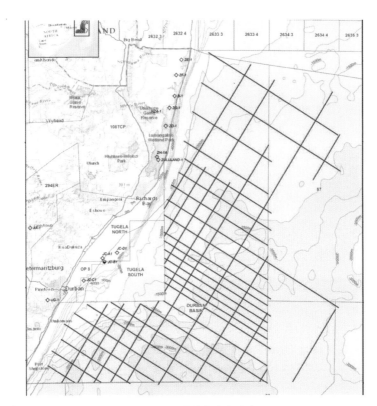

그림 3-2 남아프리카 Durban 분지에 대한 탄성파 탐사 라인 (CGG Multi-Client & New Ventures 제공)

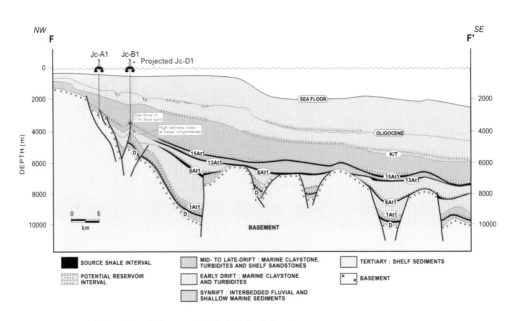

그림 3-3 남아프리카 Durban 분지의 지질 단면 모식도 (CGG Multi-Client & New Ventures 제공)

· 유망구조를 관련 리스크 순으로 순위 부여
· 우선 순위가 높은 유망구조를 시추

여기서 말하는 리스크는 플레이의 존재 여부와 관련된 위험도를 말하며, 관련된 리스크 요소들에는 근원암이 존재할 확률, 저류층이 존재할 확률, 덮개암이 존재할 확률 등이 있다.

· P(source): 플레이 내 탄화수소 자원의 축적을 발생시킬 수 있는 근원암이 존재할 확률
· P(reservoir): 지역적으로 저류층이 존재할 확률
· P(seal): 지역적으로 탄화수소 자원의 이동을 막을 수 있는 덮개암이 존재할 확률

이들을 모두 곱하여 플레이의 존재 확률을 계산하게 된다.

$$P(play) = P(source) \times P(reservoir) \times P(seal)$$

플레이의 존재 확률을 지도로 표시하여 플레이 맵(play map)을 작성한다. 그림 3-4는 해당 지역을 플레이 존재 확률에 따라 각각 다른 색상으로 표시한 플레이 맵의 사례이다.

(4) 유망구조 평가
분지 특성화와 플레이 평가 결과를 바탕으로 어느 유망구조를 시추할지를 결정하게

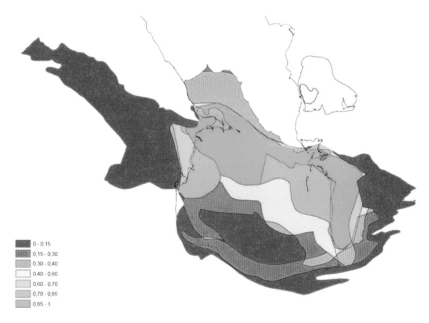

그림 3-4 플레이 맵

된다. 이를 위해 유망구조의 기대가치(expected value)를 산출하여 시추 작업 실시 여부, 자산의 매입/매도 여부 등의 의사 결정 시 주요 근거로 활용하게 된다. 유망구조의 기대가치는 발견 확률과 유망구조의 NPV(순현재가치)를 곱하여 산출한다.

$$E(NPV) = P(discovery) \times 유망구조의\ NPV$$

발견 확률

발견 확률은 플레이의 존재 확률과 유망구조의 존재 확률을 곱하여 구한다.

$$P(discovery) = P(play) \times P(prospect)$$

유망구조의 존재 확률은 플레이의 존재 확률 계산과 유사한 방식으로 다음과 같은 유망구조 존재 여부와 관련된 리스크 요소들을 좀 더 구체적인 기준으로 검토하여 계산한다.

- P(reservoir)
  유망구조 내에서 양호한 공극률과 유체 투과도를 보이고 일정 규모 이상의 탄화수소 자원을 함유할 수 있는 저류층이 존재할 확률. 공극률과 유체 투과도 등을 검토하여 반영한다.

- P(trap)
  이동하는 탄화수소 자원을 막고 모을 수 있는 트랩 구조를 형성하는 구조/층서가 존재할 확률. 트랩 구조의 부피, 트랩의 효율성 및 트랩 생성 시기 등을 검토하여 반영한다.

- P(charge/migration)
  유망구조 내에서 양호하고 성숙한 근원암이 존재하여 트랩 구조로 충분한 탄화수소 자원이 이동하고 저류층 내 생물학적 분해가 발생할 확률. 근원암의 질, 근원암의 성숙도, 이동 경로 등을 검토하여 반영한다.

이들을 모두 곱하여 유망구조의 존재 확률을 계산하게 된다.

$$P(prospect) = P(reservoir) \times P(trap) \times P(charge/migration)$$

유망구조의 NPV

유망구조의 NPV 계산을 위해서 저류층 특성화 작업을 통해 지질 모형을 구축하고 체적법(2.1.6.(2) 참조)으로 매장량을 추정한다. 매장량에서 창출되는 매출에서 자본 비용(CAPEX; Capital Expenditure)과 운영 비용(OPEX; Operational Expenditure), 폐쇄 비용(ABEX; Abandonment Expenditure) 등 각종 비용을 제하여 현금흐름(CF; Cash Flow)을

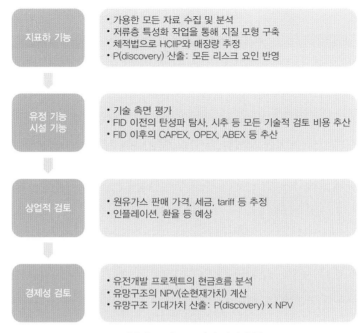

지표하 기능	• 가용한 모든 자료 수집 및 분석 • 저류층 특성화 작업을 통해 지질 모형 구축 • 체적법으로 HCIIP와 매장량 추정 • P(discovery) 산출: 모든 리스크 요인 반영
유정 기능 시설 기능	• 기술 측면 평가 • FID 이전의 탄성파 탐사, 시추 등 모든 기술적 검토 비용 추산 • FID 이후의 CAPEX, OPEX, ABEX 등 추산
상업적 검토	• 원유가스 판매 가격, 세금, tariff 등 추정 • 인플레이션, 환율 등 예상
경제성 검토	• 유전개발 프로젝트의 현금흐름 분석 • 유망구조의 NPV(순현재가치) 계산 • 유망구조 기대가치 산출: P(discovery) x NPV

그림 3-5 유망구조 평가 작업 흐름

구한 뒤 이를 현재가격으로 할인하여 합한 것을 말한다. NPV는 프로젝트 경제성 평가 방법 중 하나로서 이에 대한 보다 자세한 내용은 4.4에서 설명하기로 한다.

기대가치를 계산하는 유망구조 평가 과정은 E&P 산업의 모든 분야가 관여하여 수행하는 매우 복잡한 다제학적 작업이다. 그 작업 흐름을 간단히 기능별로 표시하면 그림 3-5와 같다.

3.1.2 라이선스 취득

플레이/유망구조 평가 결과를 바탕으로 E&P 회사는 해당 플레이/유망구조가 포함된 광구에 대해 진행되는 라이선스 입찰에 참여할지 여부를 결정한다. 입찰에 참여하기로 결정한 E&P 회사는 위험 분산 차원에서 다른 E&P 회사와 합작회사를 설립하여 입찰에 참여하게 된다. 이때 대부분의 경우 가장 투자 지분이 높은 E&P 회사가 오퍼레이터 역할을 하게 된다.

일반적으로 입찰은 일정 기한 내에 이루어져야 하고 일정 금액을 선급금으로 지불해야 한다. 이외에도 라이선스 취득에는 일정 구역에 대해서 탄성파 탐사 작업을 수행하거나 어느 기한까지 일정 개수의 시추를 실시해야 하는 등의 의무 작업 이행 조건들이 붙는 경우가 많다.

라이선스를 낙찰받은 경우 산유국과 합작회사 사이에 자원 개발 계약을 체결하여 라이선스 상세 조건을 확정하게 된다. 라이선스에 주어지는 해당 광구에 대한 탐사 및 개발 기간은 국가별로 상이하나, 해당 기간이 만료되더라도 추가 금액 지불 또는 추가 작업 이행을 조건으로 연장될 수 있는 경우가 많다.

여기서는 노르웨이의 예를 들어 라이선스 시스템을 설명하도록 한다.

(1) 노르웨이의 라이선스 시스템

노르웨이에서는 '정해진 지역(광구) 내에서 각종 탐사와 시추, 그리고 석유의 생산 활동을 수행할 수 있는 배타적 권리'를 생산 라이선스(production license)로 규정하고 있다. 노르웨이 정부는 E&P 회사들을 초청하여 미리 선정된 광구에 대한 라이선스 입찰을 진행하게 된다.

광구

노르웨이에서 라이선스 입찰의 대상이 되는 광구는 모두 해양에 위치하고 있다. 크게 북해(North Sea), 노르웨이해(Norwegian Sea)와 바렌츠해(Barents Sea)의 3개 해역으로 구분된다. 각 해역은 위도 1도, 경도 1도의 구역으로 구성되며, 각 구역은 다시 12

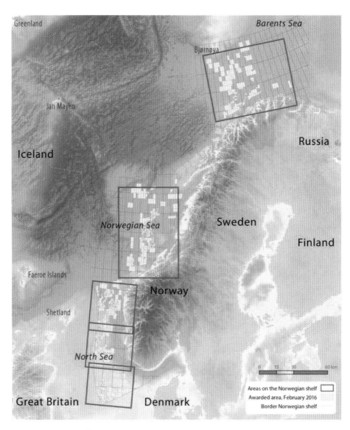

그림 3-6 노르웨이의 해양 광구 (노르웨이 석유국 제공)

개의 광구로 나뉜다.

라이선스 입찰 프로세스

① 입찰 참가 자격 사전 심사

노르웨이 라이선스 입찰에 처음 참여하는 E&P 회사들은 오퍼레이터 또는 라이선스 파트너로서 입찰에 참여할 만한 기술력과 자본력, 그리고 경험을 갖추었는지를 노르웨이 정부로부터 평가받고 입찰 자격을 인정받아야만 입찰에 참여할 수 있다.

② 입찰 대상 광구 선정

노르웨이 정부는 E&P 회사들의 의견을 반영하여 입찰 대상 광구를 선정한다. E&P 회사들은 자체적으로 취득/처리/해석한 자료를 근거로 선호하는 광구의 입찰 진행을 요청할 수 있다.

③ 입찰 공고

노르웨이 정부는 입찰 참가 자격을 인정받은 E&P 회사들을 대상으로 라이선스 입찰에 관한 구체적인 사항들을 발표한다. 공고 내용에는 입찰 참가 자격, 대상 광구, 입찰 조건, 추가 협상 사안, 평가 기준, 제출 서류, 입찰 수수료, 입찰 기한, 낙찰 공표 일정 등이 포함된다.

④ 입찰 준비 및 입찰

동일 광구에 관심이 있는 E&P 회사들은 합작투자 형태로 공동으로 입찰을 준비하고 입찰에 참여한다. 일반적으로 입찰 시 제출되는 내용은 다음과 같다.

· 합작 투자 지분 비율
· 공동 입찰한 E&P 회사 중 오퍼레이터로서 광구 운영권(operatorship)을 갖는 회사
· 의무 작업 사항
· 라이선스 기간: 라이선스 초기 기간과 연장 기간
· 지질학적 평가 내용
· 기술적, 경제적 평가 내용
· E&P 회사 정보: 지배 구조, 기술력, HSE 관련 사항

⑤ 우선협상대상자 발표

⑥ 라이선스 협상

라이선스의 세부 내용에 대해 노르웨이 정부와 우선협상대상자 간 협상

⑦ 낙찰자 발표

라이선스 협상 이슈

노르웨이 정부는 입찰 자료 평가를 통해 선정된 우선협상대상자와 협상을 통해 라이선스의 세부 내용을 확정하게 된다. 일반적인 협상 내용은 다음과 같다.

- 의무 작업 사항의 내용과 범위
  탄성파 탐사 범위, 시추하는 탐사정 수 등
- 라이선스 초기 기간
  일반적으로 6~10년
- 초기 기간 이후 라이선스 연장 기간
  일반적으로 초기 기간 이후 30년까지 가능
- 라이선스 반납 가능 시기
  일반적으로 라이선스 초기 기간의 50% 경과 이후
- 라이선스의 지리적 범위
  한 개 광구, 여러 개 광구, 광구의 일부분 등

평가 기준

일반적인 입찰 자료 평가 기준에는 기술력, 재무건전성, 지질학적 전문 지식, 노르웨이 또는 다른 지역에서의 개발 경험 등이 포함된다. 공동 입찰의 경우 구성 회사, 오퍼레이터 회사 자격 등도 평가 내용에 포함된다.

라이선스 기간 연장

라이선스 초기 기간이 만료되고 의무 작업 사항이 완료되면 라이선스는 30년까지 추가로 연장될 수 있다.

라이선스 반납

탐사 시추 결과 유전을 발견하지 못하거나 발견된 매장량이 상업적 개발이 불가능한 수준일 경우에는 라이선스를 반납할 수 있다. 라이선스 반납은 라이선스 초기 기간의 50%가 경과한 이후 또는 라이선스 연장 기간 중에 가능하다.

3.2 탐사 수행

일반적으로 라이선스를 공동으로 취득한 E&P 회사 중 투자 지분율이 가장 높은 E&P 회사가 광구 운영권자, 즉 오퍼레이터로서 해양 유전 개발 과정을 주도하게 된다.

탐사 수행 단계에서 오퍼레이터는 산유국과의 협의 내용에 따라 의무 작업 사항을

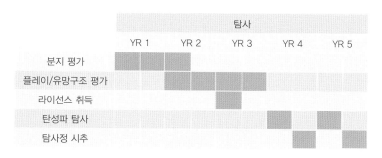

그림 3-7 탐사 일정(예시)

포함한 탄성파 탐사와 탐사정 평가 등을 실시하게 된다.

3.2.1 탄성파 탐사

탐사정 시추 위치를 결정하기 위해서 시추 작업 이전에 관심 지역에서 지구 물리 탐사를 실시하여 자료를 취득하고 데이터 룸에 통합하여 이를 바탕으로 유망구조 평가 결과를 업데이트한다.

탄성파 탐사

해양 광구의 경우에는 일반적으로 탄성파 탐사 컨트렉터를 고용하여 탄성파 탐사를 실시한다. 탄성파 탐사 컨트렉터는 탄성파 탐사선을 이용하여 자료 취득/처리의 과정을 거쳐 지층 구조 및 층서 자료를 생산한다(탄성파 탐사에 대한 보다 자세한 사항은 2.1.3 참조).

데이터 통합 및 평가

탄성파 탐사 컨트렉터가 생산한 자료로 데이터 룸을 업데이트시키고 이를 바탕으로 유망구조 평가를 다시 실시하여 발견 확률과 기대가치를 계산하고 탐사 시추 위치를 확정한다.

3.2.2 탐사정 시추

탐사 시추 위치가 정해지면 탐사정 기획 과정을 통해 시추 프로그램을 준비한다. 시추 프로그램에 따라 해양 시추 컨트렉터를 고용하여 해당 위치에서 탐사정을 시추한다.

탐사 시추의 주 목적은 파악한 유망구조 내에 실제로 탄화수소 자원이 존재하는지를 확인하기 위한 것이다. 또한 시추 평가 프로그램에 따라 탐사정 시추 중에 다양한 유정 자료를 취득하게 된다.

3.2.3 발견 또는 드라이 홀

다음과 같이 탐사정 시추 결과에 따라 추가 작업을 진행한다.

발견

탐사정 시추 결과 탄화수소 자원을 발견하면 탐사 시추 시 취득한 유정 자료로 데이터 룸을 업데이트시키고 발견된 탄화수소 자원의 경제적 잠재성 평가를 진행한다. 이와 함께 원시 부존량의 불확실성과 인근 지역의 추가적인 유망구조 존재 가능성 등에 대한 검토를 진행한다.

경제적 잠재성 평가 결과, 발견된 저류층이 추가적인 스터디를 통해 개발이 가능성이 높은 것으로 판단될 경우 기획 단계로 넘어가 개발 활동을 개시한다.

탄화수소 자원을 발견하였더라도 저류층의 규모가 작거나 특성이 좋지 못하여 상업적 개발 가능성이 낮은 것으로 판단될 경우에는 드라이 홀에 준하여 추가 작업을 진행한다.

드라이 홀(dry hole)

탄화수소 자원을 발견하지 못한 드라이 홀의 경우에는 플레이와 유망구조에 대한 재평가 작업을 진행하여 새로운 탐사 시추 위치를 물색한다. 해당 광구에서 추가적인 탐사 작업 수요를 확인하지 못하면 라이선스 반납을 검토한다.

04

개발-기획

이번 장에서는 오퍼레이터의 입장에서 기획 단계에서 수행되는 활동들을 살펴보도록 한다.

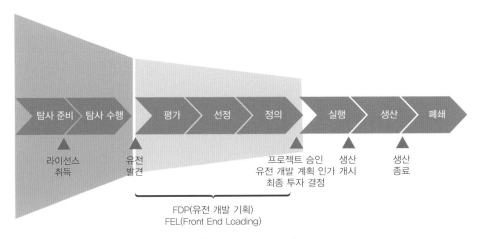

그림 4-1 유전 개발 기획

탐사 단계에서 상업성이 있는 유전을 발견하면 해양 유전 개발 프로젝트의 개발 단계로 넘어오게 된다.

개발 단계는 기획 단계와 실행 단계로 구성되고 기획 단계는 다시 평가, 선정, 정의의 세 하위 단계들로 나뉜다.

기획 단계의 주요 목적은 오퍼레이터로서 유전 개발 계획을 수립하여 산유국 정부로부터 인가받는 것이다. 이런 측면에서 기획 단계를 FDP(Field Development Planning, 광구 개발 기획) 단계라고 부르기도 한다. 산유국에 해양유전 개발 계획을 제출하면, 오퍼레이터는 프로젝트 승인과 함께 최종 투자 결정(FID; Final Investment Decision)을 내리고 실행 단계로 넘어가게 된다.

이번 장에서는 기획 단계에서 이루어지는 활동들을 살펴보도록 한다. 기획 단계에서의 프로젝트 관리 모델에 대한 내용들은 6장에서 별도로 다루도록 한다.

4.1 FEL

그림 4-2는 기획 단계와 실행 단계에서 시간의 흐름에 따라 각 단계가 프로젝트 전체에 미치는 영향력과 각 단계에서 집행되는 자본 지출 성격의 비용을 나타내고 있다. 여기서 보여지듯이 전체 프로젝트에 미치는 영향력은 평가/선정 단계가 가장 높고 정의 단계에서부터 급격히 감소한다. 이어서 프로젝트가 승인된 이후 실행 단계의 영향력은 낮은 수준에 머무르게 된다.

반면에 집행되는 비용은 평가/선정 단계에서는 매우 미미한 수준으로 정의 단계에서는 조금씩 비용이 늘어나긴 하지만 여전히 전체 비용 대비 낮은 수준이다. 하지

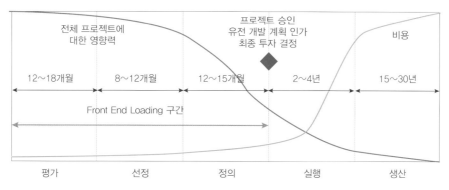

그림 4-2 프로젝트에 대한 영향력과 비용 곡선

만 프로젝트 승인 이후에는 비용 집행 규모가 급격히 상승하여 전체 프로젝트 비용의 80~90% 이상이 실행 단계에서 집행된다(이 그림에서는 운영 비용을 제외한 자본 지출적 성격의 비용만 나타내고 있다는 점에 유의).

그림 4-3에서 보듯이 선정 및 정의 단계에서 수행되는 컨셉 스터디와 FEED 스터디에 소요되는 비용은 전체 프로젝트의 3% 남짓이지만 전체 프로젝트에 미치는 영향력은 절대적이다. 즉 기획 단계(평가/선정/정의 단계)에서 투입되는 비용은 상대적으로 작지만 이 단계에서 이루어지는 의사 결정 사항은 전체 프로젝트의 성공에 매우 큰 영향을 미친다는 점을 알 수 있다. 반대로 실행 단계에서 수행되는 상세 설계, 조달, 건조/제작, 설치/완료 작업에 전체 프로젝트 비용의 97%가 소요되지만 실제 프로젝트에 미치는 영향력은 상대적으로 작다.

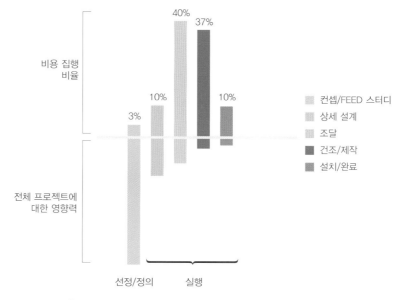

그림 4-3 일반적인 프로젝트 비용 비율 및 프로젝트에 대한 영향력

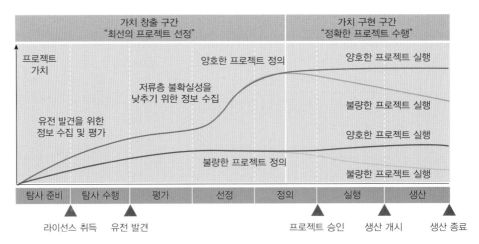

그림 4-4 가치 창출 과정

이러한 현상이 나타나는 이유는 각 단계에서 창출되는 가치의 크기와 연관이 있다. 그림 4-4는 유전 개발 프로젝트의 각 단계에서 창출되는 가치를 타나낸다. 탐사 단계에서는 탄화수소 자원을 발견하여 비즈니스 기회를 만듦으로써 가치를 창출한다. 기획 단계에서는 저류층의 불확실성을 낮추고 프로젝트를 구체적으로 정의하여 발견 유전의 경제적 가치를 평가 및 확정시킴으로써 프로젝트의 가치를 높인다.

특히 기획 단계 중에서도 평가/선정 단계에서 가장 큰 가치가 창출되는데, 여기서 수행되는 주요 활동들에는 저류층 특성화/시뮬레이션 및 생산 계획 수립, 시추 프로그램 최적화, 생산정 생산능력 불확실성 최소화, 생산시설 컨셉 선정 등이 포함된다.

이렇게 탐사 단계와 기획 단계에서는 유전 개발 프로젝트의 큰 불확실성을 제거하면서 프로젝트 가치를 크게 증가시키게 된다.

이와 비교해서 실행 단계에서는 기획 단계에서 수립된 프로젝트 실행 프레임워크에 따라 프로젝트를 정확히 효율적으로 수행하여 기획 단계에서 확정한 가치를 실제로 구현하는 데 초점이 맞춰져 있다. 즉, 프로젝트 실행의 목적은 가치를 추가로 창출하기보다는 목표한 가치를 최대한 실현하는 데 있다.

따라서 프로젝트의 성공을 위해서는 기획 단계, 더 자세히는 평가>선정>정의 단계의 순으로 역량과 노력을 집중하여 프로젝트의 가치를 최대한으로 높이는 것이 우선되어야 한다. 그 다음으로 정확한 실행 작업을 통하여 창출된 가치를 최대한 구현하려는 노력이 뒤따라야 한다.

즉, 기획 단계는 프로젝트의 성패를 좌우하는 핵심 부분으로 프로젝트의 선단(front-end) 부분에 해당하며 많은 노력을 집중해야 하는 단계이다. 이를 영어로 표현하여 FEL(Front End Loading) 단계라고 부른다.

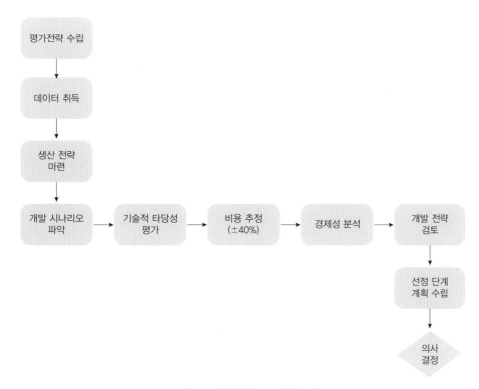

그림 4-5 평가 단계 주요 작업 흐름

4.1.1 평가 단계

타당성 평가(feasibility study) 단계라고도 한다. 이 단계에서는 탐사를 통하여 발견된 유전이 기술적으로 개발 가능하고 경제적 잠재성이 충분한지를 검토하고 증명하게 된다.

우선 해당 유전에 적용 가능한 적어도 하나 이상의 유전 개발 시나리오를 도출한다. 적절한 가정 사항을 바탕으로 하여 유전 개발 프로젝트에 대한 기술적/경제적 타당성 및 프로젝트 이해관계자들의 기대치/이해 분석을 실시한다. 이러한 작업은 보수적인 가정을 바탕으로 진행해야 하며 관련 위험이 관리 가능한 수준으로 검토되어야 한다. 특히 기술적 실현 가능성은 명확히 규명하여야 한다.

이 단계에서 수행되는 주요 기술적 작업은 다음과 같다.

· 발견 평가 결과를 바탕으로 불확실성을 줄이기 위한 추가 자료 취득 수요를 파악하고 비용/효익 분석을 통해 평가 전략을 마련한다.
· 평가 전략에 따라 평가정을 시추하고 탄성파 탐사를 실시하여 추가 자료를 취득한다. 취득한 유정 자료와 탄성파 탐사 자료로 데이터 룸을 업데이트하고 저류층 평가 및 생산 전략을 마련한다.
· 해당 유전에 적용 가능한 개발 시나리오들을 파악한다.

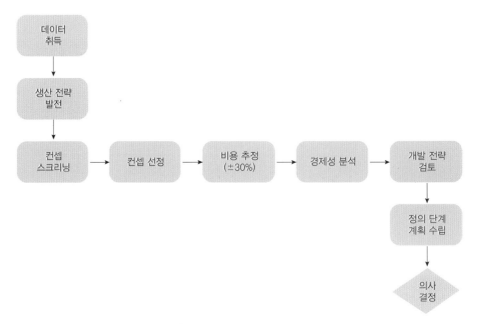

그림 4-6 선정 단계 주요 작업 흐름

- 디자인 베이시스(design basis, 설계 기초 자료) 초안을 마련한다.
- 유정 기능과 시설 기능 검토를 통해 베이스 케이스 개발 컨셉에 대해 ±40% 오차 범위로 비용을 추정하고 경제성 분석을 실시한다.

4.1.2 선정 단계

컨셉 선정 단계라고도 한다. 컨셉 스터디를 실시하여 평가 단계에서 파악한 개발 시나리오들을 포함, 적용 가능한 모든 유전 개발 솔루션, 즉 개발 컨셉들을 파악/평가하고 기술적/상업적으로 최선호되는 컨셉을 최종 선정한다. 선정되는 컨셉은 상업적 측면(법규, 라이선스, 세금, 금융, 조달, 마케팅 등), 저류층 관리 측면(생산 전략, 흐름 견실성 이슈 등), 기술적 측면(개발정/생산시설 건설 등), 운영적 측면(개발정/생산시설 운영 및 유지 보수 등)을 감안하여 경제성 분석을 통해 결정된다.

이 단계에서 수행되는 주요 기술적 작업은 다음과 같다.

- 추가 자료 취득 수요를 파악하고 추가 평가정 시추 및 탄성파 탐사를 진행한다. 데이터 룸 자료를 업데이트하고 저류층 평가와 생산 전략을 발전시킨다.
- 컨셉 스터디를 진행하여 컨셉 스크리닝(concept screening)과 컨셉 선정(concept selection) 과정을 통해 하나의 개발 컨셉을 선정한다.
- 유정 기능과 시설 기능 검토를 통해 선정된 개발 컨셉에 대해 ±30% 오차 범위로 비용을 추정하고 경제성 분석을 실시한다.

4.1.3 정의 단계

엔지니어링 디자인(engineering design) 단계라고도 한다. 선정 단계에서 결정된 개발 컨셉을 FEED 스터디를 통해 추가적으로 발전시키고 이를 바탕으로 유전 개발 계획을 완성하여 산유국 유관 기관에 제출하게 된다. 프로젝트 실행을 위한 주요 계약(상세 설계, 조달, 제작, 설치 등) 입찰 기준이 마련되고, 일부 주요 계약에 대해서는 입찰이 진행되기도 한다. 최종 검토를 거쳐 프로젝트가 승인되고 최종 투자 결정(FID)이 내려지게 된다.

이 단계에서 최종 확정되는 디자인 베이시스는 프로젝트 주요 산출물 중 하나로서 프로젝트 실행을 위한 모든 기본 요구 사항들과 조건 및 제약 사항 등을 종합하여 정리한 자료이다. 디자인 베이시스에서 기술적 사안들을 최대한 구체적으로 규정해야만 후행하는 실행 단계에서 발생할 수 있는 프로젝트 변경 요인을 최소화할 수 있고 따라서 프로젝트의 성공 가능성도 높아지게 된다.

이 단계에서 수행되는 주요 기술적 작업은 다음과 같다.

- 개발정 시추 및 완결 프로그램을 수립한다.
- 저류층 모형을 최종 검토하고 생산 전략을 확정한다.
- FEED 스터디를 진행하여 선정된 개발 컨셉의 기술 사양을 프로젝트 승인 요건을 만족시키는 수준까지 발전시킨다.
- 디자인 베이시스를 최종 확정(frozen)한다.

그림 4-7 정의 단계 주요 작업 흐름

· 유정 기능과 시설 기능 검토를 통해 선정된 개발 컨셉에 대해 ±20% 오차 범위로 비용을 추정하고 경제성 분석을 실시한다.
· 유전 개발 계획을 확정하여 산유국 정부에 제출한다.

4.1.4 주요 작업

FEL 각 단계의 주요 작업들을 살펴보면 세부적으로는 조금씩 차이가 나지만 큰 흐름 측면에서는 기술적 검토 및 업데이트에서부터 비용 추정과 경제성 분석을 거쳐 의사 결정에 이르는 비슷한 과정이 반복됨을 알 수 있다. 또한 맨 마지막으로 유전 개발 계획이 수립되어 산유국 정부에 제출되는 것을 확인할 수 있다.

이번 장에서는 기획 단계의 주요 작업 및 결과물을 살펴보도록 한다. 우선 기획 단계 주 산출물인 유전 개발 계획에 대해서 설명한다. 이어서 평가/선정/정의 단계에서 반복 수행되는 비용 추정과 경제성 분석 과정에 대해 알아본다. 뒤이어 기획 단계를 통틀어 가장 큰 가치가 창출되는 핵심인 개발 컨셉 선정 작업 흐름을 파악하도록 한다.

그림 4-8은 기획 단계에서 각 기술적 기능별로 수행하는 주요 활동들의 예시를 간략히 정리한 것이다.

	기획		
	평가	선정	정의
지표하	• 지구물리 자료 분석 　: 지진파 탐사 수요, 단층 맵핑 • 지진파 탐사 수행 • 지질 모형 검토 　: 저류층 맵핑, HCIIP 추정, OWC • 저류층 시뮬레이션 검토 　: 시뮬레이션 모형, 생산 프로파일	• 유전 전체 저류층 모형 검토 　: 모든 자료 통합, 개발 옵션 • 생산 프로파일 검토 　: 개발 컨셉 리스크 분석 • 추가 취득 자료 검토 　: 부족 자료 평가 요구 조건	• 저류층 모델 최종 검토 　: 선정 컨셉, 개발정 기획 반영 • 유전 관련 검토 　: 저류층 목표, 자료 취득 계획
유정	• 평가정 시추 • 유정 자료 분석 　: 코어, 머드 기록, PVT, DST • 개발정 기획 초안 　: 평가정 활용, 유정 타입	• 개발정 기획 　: 개발정 설계 옵션, 시추선 옵션 • 유정 기술 검토 　: 시추선, 유정 서비스 계약 관련	• 개발정 프로그램 검토 　: 시추/완결 프로그램, 일정
시설	• 적용 가능 개발 컨셉 파악 　: 이송 방법, 프로세싱, 회수증진법 • 디자인 베이시스 초안 　: 지층 특성, 유체 특성, 환경 조건	• 개발 컨셉 선정 • 시설 관련 개발 계획 초안 　: 실행 및 폐쇄 계획 • 유전 레이아웃	• 디자인 베이시스 최종 확정 　: 기능적 요구 사항 포함 • 시설 관련 개발 계획 확정 　: 건조/설치/시운전 방법
프로젝트 관리	• 타당성 평가 • 비용 추정(±40% 정확도)	• 컨셉 평가 • 비용 추정(±30% 정확도)	• 유전 개발 계획 • 비용 추정(±20% 정확도)

그림 4-8 기획 단계 기능별 기술 관련 수행 업무(예시)

4.2 유전 개발 계획

유전 개발 계획은 기획 단계에서 생산되는 최종 산출물 중 하나로서 다음 단계인 실행 단계로 넘어가기 위해 산유국 정부에 제출되어 승인을 받아야 하는 주요 문건이다. 유전 개발 계획에는 유전을 최적화된 방법으로 개발하기 위한 모든 활동과 과정이 기술되어 있으며, 기획 단계에서 수행한 모든 기술적/경제성 분석 내용이 포함되어야 한다.

유전 개발 계획에 포함되는 주요 구성 요소는 다음과 같다.

· 저류층 관리 계획
· 개발정 디자인
· 생산/이송 시설 디자인
· 개발정 시추 및 완결, 시설 건조 및 설치 스케줄

4.2.1 유전 개발 계획 구성

유전 개발 계획에 포함되는 내용은 다음과 같다.

- **광구 이력**
  라이선스를 확보한 광구의 탐사 및 생산 이력과 현 상황

- **라이선스 통합**
  복수의 저류층이 여러 개의 광구에 걸쳐 존재하고 그중 하나 또는 그 이상의 저류층의 개발을 검토할 경우에는 해당 광구의 라이선스 보유자들이 라이선스를 통합하고 원유와 가스의 생산, 이송, 기존 인프라 활용 등의 개발 활동을 공동으로 진행하는 것을 검토하여야 한다.
  매장량과 통합 광구의 기존 개발 사업 진행 상황, 기존 인프라 여부 등을 감안하여 최선의 라이선스 통합 방안을 선정한다.

- **기존 인프라 활용**
  유전 개발 계획이 해양 또는 육상에 존재하는 제3자가 보유한 시설을 이용하는 것을 포함하고 있다면, 해당 시설에 대한 소개와 유전에 연결(tie-in)하기 위해 필요한 개조 작업 내용이 기술되어야 한다. 해당 시설의 소유자에게 지불하여야 하는 이용료(tariff)도 포함된다.
  해당 광구의 다른 저류층을 연결할 가능성이 있는지를 평가한다. 또한 다른 라이선스 보유자들이 해당 시설을 추가로 이용할 경우에 발생할 수 있는 경제적 또는 HSE 관련 이슈도 검토되어야 한다.

- 저류층 검토 요소

  지질 모형, 원시 부존량(HCIIP) 등 지질학/지구물리학적 평가 내용과 저류층 드라이브 메커니즘, 저류층 시뮬레이션, 회수율, 생산 프로파일 등 저류공학 관련 검토 내용을 기술한다.

- 생산 전략

  장/단기 생산 계획과 그 계획이 생산 속도와 총 회수율에 미치는 영향을 검토한다.

- 개발 컨셉

  선정된 개발 컨셉 개요와 해당 컨셉의 선정 이유를 기술한다.

- 시설 개요

  하부 구조물, 탑사이드 레이아웃, 서브씨 시스템, 시추 시스템, 프로세스 및 유틸리티 시스템, 수용 가능 인원, 수송 및 이동 방안, 미터링 시스템 등에 대한 개략적인 사항을 기술한다.

- 개발 비용

  추정 개발 비용과 경제적 변수에 대한 민감도 분석 내용을 포함한다.

- 실행 및 조직

  실행 일정과 작업 계획 그리고 조직 구성을 설명한다.

- 운영 및 유지 보수
  - 생산 및 저류층 모니터링

    유전의 플라토 상태 생산량과 각 생산정의 최고 생산량 등
  - 생산 전략

    추가 개발정 수요와 그에 따른 추가 유정 슬롯, 시추 계획, 시추 위치 등
  - 저류층 유체 특성

    저류층 유체 조성 및 성질(부식성, 스케일링, 왁스/아스팔텐 침전도, 하이드레이트 형성 등)

- 시설 폐쇄

  생산 종료 이후 시설의 폐쇄 방안 및 폐쇄 비용이 기술된다.

- 경제성 분석
  - 분석 시 가정 사항
  - 분석 결과: 세전 및 세후 기준 NPV, BEP(Break Even Price), IRR, CAPEX, OPEX 등

· 금융 리스크 분석

4.2.2 유전 개발 계획 주요 요소

유전 개발 계획에 영향을 미치는 주요 요소에는 E&P의 주요 3가지 기능인 지표하, 유정, 시설 기능과 운영 기능, 환경 조건, 지역적 고려 사항, 상업적 전략, 리스크 관리 등이 포함된다. 이 외에 각 오퍼레이터의 고유한 특징이 반영된 개발 전략 등도 유전 개발 계획과 연관성이 큰 주요 요소로 고려되기도 한다.

(1) 지표하 기능

유전 개발 계획에 가장 큰 영향을 미치는 요소이다. 탄화수소 자원의 생산 극대화를 위해 저류층 모형을 구축하고 생산 전략을 수립하여 최적의 저류층 관리 솔루션을 마련한다. 지표하 기능의 주요 결과물에는 원시 부존량과 매장량, 생산 프로파일, 개발정 개수, 시추 목표, 유정 완결 타입 등이 포함된다(자세한 지표하 기능 관련 내용은 2.1 참조).

유전 개발 과정에서 주요 변수의 불확실성 등을 감안하여 최소의 개발정으로 최대 회수율을 달성하기 위해서는 오퍼레이터 내부에 역량 있는 지표하 기능 팀의 존재가 필수적이다. 특히 구조가 복잡하거나 지질 특성이 잘 파악되지 않은 저류층에 대해서는 연관된 불확실성을 저감시킬 수 있는 조치들이 이루어져야 한다.

(2) 유정 기능

개발정(생산정과 주입정 등)의 최적 시추 위치 선정과 설계 등 개발정의 시추 및 완결 (drilling & completion), 유지 보수(인터벤션, 워크오버)를 담당하는 유전 개발 계획 요소이다. 시추 프로그램, 완결 디자인을 반영하여 개발정을 기획하고 실행 계획을 수립한다(자세한 유정 기능 관련 내용은 2.2 참조).

(3) 시설 기능

탄화수소 자원을 생산하고 이송하기 위한 최적의 시설 컨셉 선정과 디자인의 구체화와 관련된 유전 개발 계획 요소이다. 시설 기능에서는 유전 개발 계획의 다른 주요 요소(지표하, 유정 등)들이 주 입력 변수로 작용하는데 그중 주요한 것들을 꼽아보면 다음과 같다.

· 생산 프로파일
· 저류층 유체 특성
· 생산 전략
· 개발정 종류, 개수, 위치, 완결 타입

- 인터벤션, 워크오버
- 수심
- 풍향, 해류, 파고 등

이러한 변수들을 반영하여 다음과 같은 생산시설에 대한 요구 조건을 결정하게 된다.

- 프로세싱 능력: 데크 공간, 탑재 중량 민감도 등과 관련
- 저장 및 이송: 헐, 구조물 형태 등과 관련
- 개발정 접근성
- 시추: 구조물 거동, 데크 공간 등과 관련
- 회수 증진

(4) 운영 기능

지표하, 유정, 시설 기능들과 통합되어 유전 개발 계획에서 다음과 같은 운영 측면 정보의 검토와 관련된 유전 개발 계획 요소이다.

- 시설 점검 및 보수
- 물류
- 자원 관리
- 운영적 유연성

(5) 지역적 고려 사항

산유국 정부의 정책적인 측면이 반영되는 지역적 고려 사항에는 다음과 같이 다양한 사항들이 포함된다.

- 기존 인프라
  기존에 설치된 해당 지역의 파이프라인, 해양 플랫폼 등 생산시설의 활용을 적극 검토하여야 한다.

- 회수율 극대화
  산유국 정부는 국가 차원에서의 경제적 이익이 최대화되고 환경에 미치는 영향이 최소화되는 개발 컨셉을 선호한다. 이러한 산유국의 입장은 오퍼레이터의 입장과 일치하지 않는 경우가 자주 발생한다.

- 현지 규정
  유전 개발과 관련된 현지 규정들을 준수하여야 한다. 대표적인 예로 가스 플레어링 등 HSE와 관련된 규정들을 들 수 있다.

- 로컬 켄텐츠(local contents) 규정

  유전 개발 프로젝트에 투입되는 노동력과 장비 등 서비스 중 일정 수준 이상을 현지에서 조달하도록 하여 현지 경제 및 산업 발전에 기여하도록 하는 현지 규정에 대한 검토가 이루어져야 한다.

- 오일 서비스 시장

  오퍼레이터의 유전 개발 활동을 지원할 수 있는 충분한 규모의 오일 서비스 시장이 현지에 형성되어 있는지를 확인하여야 한다.

(6) 환경 조건

해양 시설이 설치되는 위치의 환경적 조건들은 필드 아키텍처(field architecture)와 플랫폼 디자인에 큰 영향을 미치는 유전 개발 계획 요소이다. 주요 환경 조건들과 연관된 검토 사항 들은 다음과 같다.

- 수심

  개발정 시추 및 완결, 라이저/계류 시스템과 파이프라인의 설계 및 설치, 흐름 건실성 이슈 등

- 해양 환경

  해상 작업이 가능한 온화한 날씨가 유지되는 기간인 웨더 윈도우(weather window), 플랫폼 타입 등

- 육상과의 거리

  육상과 거리가 멀어질수록 설치 비용과 위험이 증가하므로 해상 작업이 최소화되고 단일 허브(hub) 플랫폼을 적용한 개발 컨셉이 선호된다.

(7) 상업적 전략

유전 개발 프로젝트와 관련된 상업적/금융적 측면과 관련된 유전 개발 계획 요소로서 다음과 같은 사항들에 대한 검토가 이루어 진다.

- 자원 개발 계약

  산유국 정부와 체결하는 자원 개발 계약에 의해 오퍼레이터에게 이전되는 리스크, 투입 자본 회수 방법, 산유국 정부에 지불해야 하는 세금과 로열티 등이 결정된다. 자원 개발 계약에는 크게 조광계약(Concession), 생산물 분배계약(Production Sharing Agreement), 청부작업계약(Service Contract)의 3가지 유형이 있다.

- 오프테이크(offtake) 계약

  생산한 원유와 가스 판매와 관련된 계약

- 개발 단계 오일 서비스 계약

  개발 프로젝트를 수행하기 위해 오일 서비스 회사(주 컨트렉터)과 체결하는 계약으로, 탄성파 탐사 계약, 시추 계약, 유정 서비스 계약, 엔지니어링 계약, 제작 계약, 설치 계약, EPC 계약 등이 포함된다.

- 생산 단계 이송 관련 계약

  생산한 원유와 가스의 이송과 관련된 해저 파이프라인, 셔틀 탱커, FSU(Floating Storage Unit) 등의 사용과 관련된 계약

- 금융 계약

  유전 개발 프로젝트에 투입되는 자금의 조달과 관련된 기업 금융 또는 프로젝트 금융 계약

(8) 오퍼레이터 고유 개발 전략

위에 설명한 7가지 요소 이외에 오퍼레이터 고유의 개발 전략도 유전 개발 계획에 큰 영향을 미치게 된다. 오퍼레이터의 개발 전략은 각 회사의 사업 범위, 지배 구조 등과 깊은 관련이 있다. 개발 전략의 특징들을 E&P 회사 유형에 따라 표시하면 그림 4-9와 같다.

NOC	IOC	독립계
• 광구 단위 개발보다 분지 단위 광역 개발에 초점 • 단계별 개발 방식 • 높은 리스크 마진 • 다른 오퍼레이터에 대한 탐사 지원 활동	• 중대형 광구 개발에 초점 • 프로세스 기반 개발 방식 • 긴 개발 주기 • 큰 시설 기능 조직 • 검증된 기술 선호 • 심해 광구 적극 진출	• 소형 광구 개발에 초점 • 짧은 개발 주기 • 지표하 기능에 집중 • 작은 시설 기능 조직 • 적극적 신기술 적용

그림 4-9 오퍼레이터 개발 전략 특징

4.2.3 유전 개발 계획 수립

유전 개발 계획은 E&P의 주요 3가지 기능인 지표하, 유정, 시설 기능 간의 지속적인 상호 작용을 통해 수립된다. 운영 기능, 환경 조건, 지역적 고려 사항, 상업적 전략 등은 주요 3가지 기능의 역할 수행에 필요한 입력 자료 또는 제한 조건 등과 관련된 정보를 제공하는 역할을 한다.

(1) 유전 개발 계획 주요 요소 간 상호 작용

그림 4-10은 유전 개발 계획의 주요 요소들의 상호 작용을 간단히 표현한 것으로 유전 개발 계획은 이러한 다양한 요소들을 반영하여 오퍼레이터의 기술적, 상업적, 위험 관리 관련 요구 사항들을 만족시켜야 한다.

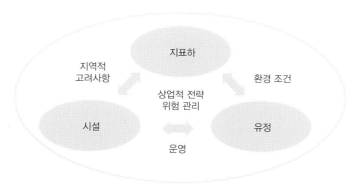

그림 4-10 유전 개발 계획 주요 요소 상호 작용

유전 개발 계획의 주요 요소들이 큰 영향을 미치는 유전 개발 계획의 주요 내용들을 정리하면 다음과 같다.

- 지표하 기능

매장량, 회수율, 개발정 개수 및 생산 능력, 2차 회수법, 프로세스 시스템의 설계/운영/유지 보수 등

- 유정 기능

개발정 기획/건설/유지 보수, 시추 시스템 컨셉 등

- 지역적 고려 사항

기존 인프라 활용 개발 방식, 인근 자산 통합 개발 방식, HSE 관리, 조달 관리 등

- 환경 조건

필드 레이아웃, 플랫폼 타입, 계류/라이저 시스템 및 파이프라인 설계/설치, 해상 작업 등

(2) 유전 개발 계획 수립 과정

유전 개발 계획을 수립하는 과정은 유망구조 평가 작업과 대체적인 흐름은 유사하지만 수집/분석되는 자료의 양과 조사/검토되는 관련 분야의 범위가 훨씬 방대하고 구체적이다.

유전 개발 계획 수립 과정은 크게 보면 E&P 산업의 전반적인 정보의 흐름과 깊은 연관성을 가지고 있어 E&P 산업 가치사슬로도 설명이 가능하다.

우선 수집 가능한 모든 기존 자료, 특히 지표하 기능 위주로 관련 데이터를 수집하여 분석한다. 탄성파 탐사와 탐사정/평가정 시추를 실시하여 정적 데이터와 동적 데이터를 취득하고 분석하여 회수율을 추정한다. 그리고 이들을 바탕으로 매장량을 추정하는 것이 유전 개발 계획 수립 과정에서 가장 기본적이고 중요한 부분을 해당된다.

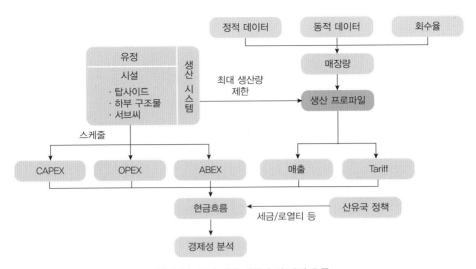

그림 4-11 유전 개발 계획 수립 작업 흐름

유전 개발 계획 주요 요소들과 관련된 자료를 취득/분석하고 이를 반영하여 유정과 시설 기능 검토를 실시한다. 그 결과물로 산출되는 생산 시스템의 주요 디자인 데이터는 해당 유전의 일일 최대 생산량, 즉 플라토 상태에서의 일일 생산량을 제한하는 조건으로 작용하게 된다. 이로서 매장량 정보로부터 생산 프로파일을 작성할 수 있다.

이어 유정, 시설, 운영 기능 관련 기술적 검토를 통해 각종 비용(CAPEX, OPEX, ABEX) 및 스케줄 정보를 추정하고, 생산 프로파일로부터 매출과 기존 인프라 이용료 정보를 산출한다. 이 과정에서 오퍼레이터 고유의 상업적 전략이 반영되고 위험성 평가가 실시된다.

이렇게 산출된 데이터를 모두 취합하여 현금흐름을 파악한 뒤 자원 개발 계약에 따른 세금 등을 반영하여 경제성 분석을 실시한다. 수집된 자료와 검토 내용 및 산출물을 정리하여 유전 개발 계획을 작성한다.

이렇듯 유전 개발 계획 수립 과정에서는 방대한 양의 데이터를 수집/분석하여 다양한 정보를 생산하게 되는데, 그중 주요 기능별로 대표적인 것들만 정리하면 그림 4-12와 같다.

이러한 유전 개발 계획 수립 과정은 기획 단계 전반에 걸쳐서 진행되는데, 기획 단계의 하위 단계인 평가, 선정, 정의 각 단계에서 수집하여 업데이트된 자료를 바탕으로 주요 기능 검토를 거쳐 유전 개발 계획을 수립하게 된다. 시간이 경과함에 따라 취득/분석이 가능한 자료의 양이 늘어나고 불확실성이 줄어들기 때문에 평가＜선정＜정의 단계 순으로 기능적 검토 대상 분야도 급격히 증가한다. 이러한 작업의 결과물인 비용 추정 및 경제성 분석 내용은 각 단계 주요 보고서에 중요 산출물로 포함된다. 또한 각 단계에서 이루어지는 주요 의사 결정의 기초 자료로서의 활용된다.

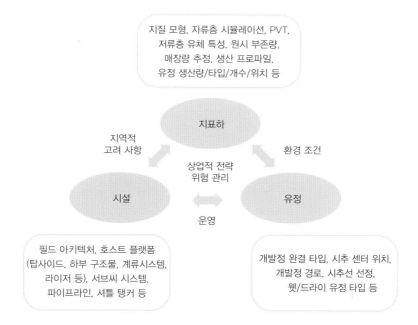

그림 4-12 주요 기능별 산출 정보

4.3 비용 추정

해양 유전 개발 프로젝트에 투입되는 비용은 다음과 같이 크게 5가지로 구분할 수 있다.

- **취득 비용**
  라이선스 취득 이전에 발생하는 비용으로, 라이선스 취득 비용, 지질학/지구물리학 자료의 검토 및 분석 비용 등이 포함된다.

- **탐사 및 기획 비용**
  라이선스 취득 이후부터 기획 단계에서 프로젝트 승인이 이루어질 때까지 발생하는 비용으로, 탄성파 탐사, 탐사정과 평가정 시추, 유전 개발과 관련된 여러 기술적 검토 및 평가, 기타 기획 및 관리 비용이 포함된다.

- **자본 비용(CAPEX)**
  주로 실행 단계에서 발생하는 비용으로, 생산시설의 설계, 조달, 제작, 설치 및 완료와 관련된 비용(시설 자본 비용)과 개발정의 시추 및 완결과 관련된 비용(Drillex; Drilling Expense)으로 크게 나뉜다. Drillex의 경우 실행 단계 이후에 생

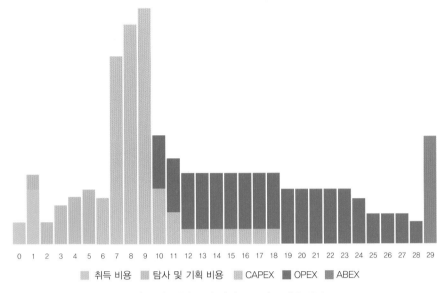

| | 취득 비용 | | 탐사 및 기획 비용 | | CAPEX | | OPEX | | ABEX |

그림 4-13 해양 유전 개발 프로젝트 비용 예시

산 단계에서 발생하기도 한다.

- **운영 비용(OPEX)**

  생산 단계에서 탄화수소 자원의 생산과 관련되어 발생하는 비용으로, 생산시설과
  개발정의 운영과 유지 보수, 보급, 인원 수송, 탄화수소 자원의 이송, 육상 지원 및
  관리 관련 비용이 포함된다.

- **폐쇄 비용(ABEX)**

  폐쇄 단계에서 발생하는 비용으로 생산시설의 해체, 개발정 플러깅, 주변 환경 복
  원 관련 비용 등이 포함된다.

이 중에서 유전 개발 계획에는 자본 비용, 운영 비용, 폐쇄 비용이 포함된다. 여기서
는 자본 비용을 중심으로 비용 추정 방법을 설명하도록 한다.

4.3.1 추정 기법

비용 추정은 이전의 경험 데이터, 체계화된 추정 방법, 작업 범위와 내용에 대한 이해를
바탕으로 각 기획 단계별로 정해진 정확도 오차 범위를 만족하도록 이루어져야 한다.

비용 추정 방법은 크게 탑다운(top-down), 바텀업(bottom-up), 하이브리드 방식 3가
지로 구분된다.

- **탑다운**

  경험에 근거한 규칙, 즉 매개 변수 모델, 유추법, CER(Cost Estimating Relationship, 비용 추정 관계식) 등을 사용하여 비용을 추정한다. 따라서 경험 데이터의 정확도와 신뢰도가 매우 중요하다. 신속한 추정이 가능하고 상대적으로 양질의 비용 정보를 제공하지만 불확실성 범위가 넓고 리스크도 크다. 주로 엔지니어링 성숙도가 낮은 탐사 단계나 기획 단계 초반에 많이 사용된다.

- 바텀업

구체적인 CBS(Cost Breakdown Structure, 비용 분류 체계)를 사용하여 프로젝트를 구성하는 각각의 작업 패키지의 비용을 계산하는 방식이다. 주로 엔지니어링 컨트렉터를 고용하여 산출한 상세한 추정치들을 보정 및 통합하여 구한다. 이들은 주요 의사 결정 및 프로젝트 컨트롤의 기초 자료로 활용된다. 설계 작업의 상당 부분이 마무리된 경우, 즉 엔지니어링 성숙도가 높을 경우에는 정확도가 매우 높을 수 있다. 하지만 그런 경우는 대부분의 주요한 의사 결정이 이미 내려진 상황이 일반적이다. 주로 기획 단계 후반부와 실행 단계에서 사용된다.

- 하이브리드

탑다운 방식과 바텀업 방식을 혼합하여 적용하는 방식으로, 용이하고 산출 속도와 정확도가 상대적으로 양호하다. 기획 단계와 실행 단계 전반에 걸쳐서 많이 사용된다.

비용 추정 방법은 프로젝트 진행 단계, 개발 컨셉의 기술적 발전 수준, 경험 데이터의 신뢰도, 가용 시간 등을 감안하여 선택한다.

경험 데이터

대부분의 오퍼레이터들은 정량적인 경험 정보를 저장하여 관련 데이터를 축적하고 있다. 일반적으로 이러한 데이터베이스는 프로세스 시스템, 탑사이드 웨이트(weight, 중량), 그리고 지역별 비용 정보로 구성된다.

경험 데이터는 다음과 같은 경우에 주로 활용된다.

- 기획 단계에서의 비용 추정
- 상세 추정 내역 분석
- 실행 단계에서 프로젝트 간 비교 분석
- 다른 오퍼레이터들의 프로젝트와 비교 분석

4.3.2 자본 비용

자본 비용(CAPEX)은 대규모 투자를 요하는 장기간 보유 및 운용하는 자산의 취득과 관련된 비용을 뜻하며, 해양 유전 개발 프로젝트의 경우에는 실행 단계에서 건설되는 해양 플랫폼(탑사이드, 하부 구조물), 유정 시스템, 서브씨 시스템, 이송시설과 관련된 비용이 여기에 해당된다.

이들 생산시설의 설계, 조달, 제작, 설치, 완료 작업에 대한 비용 추정은 각 작업의 복잡성과 표준화 정도에 따라 난이도에서 큰 차이가 난다. 예를 들어, 이송시설인 해저 파이프라인이나 셔틀 탱커의 경우 상대적으로 복잡성이 낮고 표준화 정도가 높아 기획 단계 초기부터 상당히 높은 정확도의 비용 추정이 가능하다. 그러나 탑사이드의 경우에는 높은 목적 적합성의 특징으로 인해 비용 추정이 용이하지 않다.

여기서는 자본 비용 중에서도 핵심이 되는 탑사이드 비용과 시추 및 완결 비용을 중점적으로 설명하도록 한다.

(1) 탑사이드 자본 비용 추정

비용 추정은 매우 복잡한 다제학적 작업으로 그 개략적인 작업 흐름은 그림 4-14와 같다.

① 비용 추정은 디자인 베이시스(설계 기초 자료)를 마련하는 데서부터 시작한다.
② 디자인 베이시스를 기반으로 시스템을 설계하여 각 시스템에 들어가는 장비들을 파악한다.

여러 시스템 중에서도 가장 기본이 되는 프로세스 시스템을 설계하기 위해서는 관련 디자인 베이시스(저류층 유체 특성, 생산 프로파일, 제품 명세 등)를 바탕으로 공정 시뮬레이션(process simulation)을 수행하고 PFD(Process Flow Diagram)를 생산하게 된다. PFD는 프로세스 시스템에서의 공정 흐름을 나타내는 도면으로, 주요 장비, 주요 프로세스 스트림(Process Stream), 계장 등의 정보가 표시된

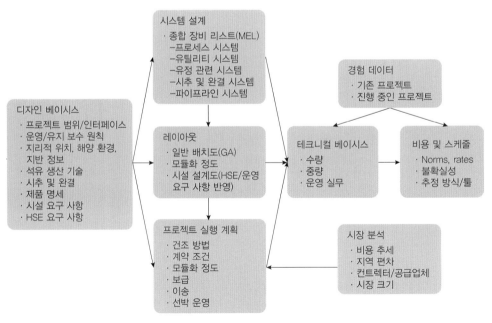

그림 4-14 자본 비용 추정 흐름

다. 또한 각 프로세스 스트림의 온도, 압력, 물성치 및 유량을 표시한 열 및 물질 수지(Heat and Mass Balance)와 공정 시스템의 운전 조건 등의 정보도 포함된다. 이를 바탕으로 장비, 배관 및 계장 정보를 나타내는 P&ID(Piping and Instrumentation Diagram)와 각 장비의 운전 조건, 설계 조건, 재질 등의 정보를 나타내는 공정 데이터 시트(Process Data Sheet)를 생산하여 프로세스 시스템에 필요한 장비에 대한 구체적인 데이터를 확보하게 된다.

③ 개발 컨셉을 선정하여 레이아웃 및 프로젝트 실행 계획을 마련한다.

④ 비용 추정의 바탕이 되는 테크니컬 베이시스를 마련한다. 여기에는 수량, 웨이트(중량), 운영 실무 등이 포함된다.

⑤ 테크니컬 베이시스와 시장 분석 자료, 프로젝트 경험 데이터를 통합하여 비용과 스케줄을 계산한다.

(2) 디자인 베이시스

디자인 베이시스는 유전 개발 프로젝트의 기본 요구 사항들과 조건 및 제약 사항 등을 종합하여 정리한 문서로서, 저류층에서부터 원유/천연가스 시장에까지 걸쳐 유전의 전 생애주기에 필요한 모든 데이터 요소를 포함하고 있다. 디자인 베이시스는 유전의 운영 원칙과 전략, 그리고 기능적 요구 사항들에 대한 오퍼레이터의 시각을 담고 있다. 또한, 유전 개발 프로젝트 프로세스 상에서 이루어지는 의사 결정들과 기술적 검토 결과들의 이력을 관리하여 개발 단계에서의 불확실성을 낮추는 역할을 한다(디자인 베이시스와 관련된 보다 자세한 내용은 6.3.6과 6.3.7.(3) 참조).

디자인 베이시스에 포함되는 일반적인 내용은 다음과 같다.

- 프로젝트 범위/인터페이스
- 운영/유지 보수 원칙
- 지리적 위치, 해양 환경, 지반 정보
- 생산 기술
- 시추 및 완결
- 판매 상품 사양
- 시설 요구 사항
- HSE 요구 사항

디자인 베이시스에 포함되어야 하는 최소한의 내용을 각 기능별로 살펴보면 다음과 같다.

- **지표하 기능 측면**
  개발정 개수, 저류층 유체 특성, 생산 프로파일, 적용 회수 기법, 저류층 관리 등

- 유정 기능 측면

  시추 센터 위치, 시추선 요구 사양, 시추 및 완결 작업 기간, 인터벤션 방식 및 빈도 등

- 지역적 고려 사항 및 환경 조건

  수심, 해양 환경, 해저 지형, 지질학적 위험, 기존 인프라 및 물류 조건, 로컬 컨텐츠 규정 등

(3) 웨이트 추정

테크니컬 베이시스에는 해양 플랫폼(탑사이드와 하부 구조물)의 웨이트(중량) 추정 내역이 포함된다. 이러한 웨이트 추정 값은 다음과 같은 작업들을 수행할 때 필수적으로 사용되는 매우 중요한 자료이다.

- 비용 추정(주요 입력 변수로 활용)
- 구조물의 해상 운송 및 리프팅 분석
- 하부 구조물 용량 분석
- 구조물의 안정성 및 하중 조건 분석

탑사이드 드라이 웨이트(topside dry weight)

웨이트는 하중 조건에 따라서 드라이 웨이트(dry weight, 건조 중량), 리프트 웨이트(lift weight), 테스트 웨이트(test weight), 오퍼레이팅 웨이트(operating weight, 운영 중량) 등으로 나뉜다. 이 중에서도 탑사이드의 드라이 웨이트는 비용 추정과 리프트 웨이트, 오퍼레이팅 웨이트 등의 산정의 기초가 되는 중요한 자료이다.

탑사이드 드라이 웨이트는 시운전 이전의 건조 설치 상태에서의 탑사이드의 총 중량으로서 기어박스 윤활유, 유압작동유(hydraulic oil), 여과용 모래(filter sand) 등의 컨텐트 웨이트(content weight)는 제외한 것이다.

탑사이드 드라이 웨이트의 구성 요소들은 3가지 주요 그룹으로 구분될 수 있다.

- 장비

  MEL(Master Equipment List; 종합 장비 리스트)에 포함된 프로세스, 유틸리티, 시추, 거주 등 주요 기능 관련 장비 들

- 벌크재

  전기 부품/케이블, 배관/밸브, 계장/통신, 안전/누출 방지, HVAC(Heating, Ventilation, Air Conditioning, 공조시스템), 표면 보호, 건축 등의 벌크 자재

- 구조용 강재

  탑사이드의 구조용 또는 외장용 주/부강재

따라서 탑사이드의 총 드라이 웨이트는 장비, 벌크재, 구조용 강재의 중량을 합한 것과 같다. 즉,

$$탑사이드\ 드라이\ 웨이트 = 장비\ 중량 + 벌크재\ 중량 + 구조용\ 강재\ 중량$$

여기서 MEL은 웨이트 추정 시 기초 자료로 활용되는 중요한 역할을 한다. 완성된 MEL은 모든 시스템을 포함하여야 하며 모든 관련 장비 리스트를 포함하고 있어야 한다.

탑다운 방식

경험 데이터를 활용한 탑다운 방식의 탑사이드 드라이 웨이트 추정에는 다음과 같은 방법들이 사용된다.

① 기존의 유사한 플랫폼/모듈 데이터를 활용한 단순 비교/스케일링
  매우 신속하게 추정이 가능한 방법으로 신규 플랫폼과 디자인 파라미터들이 매우 유사한 케이스의 경험 데이터가 있을 경우에 국한해서 최초 웨이트 추정 자료 산출용으로만 사용된다.

② 웨이트−처리 용량 관계식 활용
  신규 플랫폼과 유사한 타입의 플랫폼 탑사이드의 경험 데이터와 신규 플랫폼의 처리 용량을 이용한 중량추정관계식을 사용한 방법이다.

$$W_1 = W_0 \times \left(\frac{Q_1}{Q_0}\right)^N$$

여기서, W_1과 W_0는 신규 플랫폼과 기존 플랫폼의 웨이트이고 Q_1과 Q_0는 신규 플랫폼과 기존 플랫폼의 처리 용량, N은 위치/건조연도/품질 등을 감안한 경험 데이터이다.

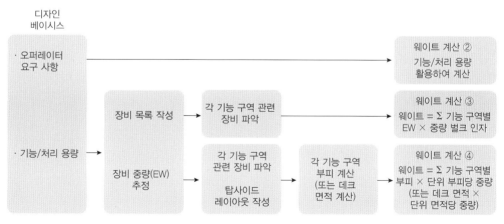

그림 4-15 **탑다운 방식 드라이 웨이트 추정**

단순 비교/스케일링 방법과 마찬가지로 불확실성이 높으므로 기획 단계 초기에
주의하여 사용하여야 한다.

③ 장비 중량과 벌크재/강재 중량 간 경험 관계식 활용

디자인 베이시스를 바탕으로 작성된 해당 탑사이드의 장비 목록을 사용하는 방
법으로 벌크재/강재 중량과 장비 중량 간의 경험적 비율인 중량 벌크 인자(bulk
factor)를 이용하는 매개 변수 모델 방식이다. 기능 구역별로 장비 중량을 구하고
여기에 중량 벌크 인자(벌크재와 강재)를 곱한 뒤 합하여 각 기능 구역별 웨이트
를 계산한다. 각 기능 구역별 웨이트를 합하여 총 웨이트를 계산한다.

$$W = \sum_i (EW_i + EW_i \times TWFB_i + EW_i \times WFS_i)$$

여기서, W는 총 웨이트이고 EW_i는 기능 구역 i의 장비 중량, $TWFB_i$는 기능 구
역 i의 중량 벌크 인자(벌크재)의 계, WFS_i는 기능 구역 i의 중량 벌크 인자(강
재)이다.

표 4-1 중량 벌크 인자 예시

	장비	전기	계장	배관	안전	HVAC	표면 보호	건축	벌크재	구조용 강재	계
거주 구역	1,000	3,000	0,526	0,684	0,842	4,632	0,438	24,895	35,017	43,352	79,369
유틸리티	1,000	0,323	0,152	0,386	0,110	0,185	0,030	24,895	26,081	2,947	30,028
물 주입	1,000	0,107	0,038	0,415	0,028	0,056	0,017	0,089	0,750	1,727	3,477
발전	1,000	0,308	0,015	0,074	0,029	0,044	0,012	0,146	0,628	1,216	2,844
웰헤드	1,000	0,348	0,478	6,070	0,478	0,000	0,228	0,072	7,676	22,540	31,216
시추	1,000	0,435	0,011	0,248	0,017	0,159	0,027	0,062	0,959	2,626	4,585
분리	1,000	0,099	0,140	0,778	0,053	0,074	0,022	0,091	1,257	2,131	4,388
가스 처리	1,000	0,182	0,071	0,777	0,080	0,080	0,034	0,140	1,364	3,412	5,776
가스 콤프레션	1,000	0,080	0,069	0,498	0,063	0,045	0,016	0,098	0,869	1,624	3,493

④ 기능 구역/모듈 중량과 전용 부피 또는 데크 면적 간 경험 관계식 활용

디자인 베이시스를 바탕으로 작성된 해당 탑사이드의 장비 목록과 레이아웃을
사용하는 방법이다. 기능 구역/모듈의 장비/벌크재/강재의 중량과 해당 기능 구
역/모듈의 부피 또는 데크 면적 간의 경험 데이터인 단위 부피당 중량 또는 단위
면적당 중량 자료를 이용한다.

탑사이드 레이아웃을 바탕으로 각 기능 구역/모듈의 부피를 구하고 경험 데이터로
장비/벌크재/강재가 차지하는 부피를 계산한 뒤 장비, 벌크재, 강재의 단위 부피당
중량을 곱해 그 합을 구한다. 또는 부피와 단위 부피당 중량 대신에 데크 면적과 단
위 면적당 중량을 사용하여 계산할 수 있다.

$$W = \sum_i \{EV_i \times UWE_i + \sum_j (BV_{ij} \times UWB_{ij}) + SV_i \times UWS_i\}$$

여기서, W는 총 웨이트이고 EV_i는 기능 구역 i의 장비의 부피, UWE_i는 기능 구역

i의 장비의 단위 부피당 중량, BV_{ij}는 기능 구역 i의 벌크재 j의 부피, UWB_{ij}는 기능 구역 i의 벌크재 j의 단위 부피당 중량, SV_i는 기능 구역 i의 강재 부피, UWS_i는 기능 구역 i의 강재의 단위 부피당 중량이다.

표 4-2 단위 부피당 중량 자료 예시

(단위: kg/m³)

	장비	전기	계장	배관	안전	HVAC	표면 보호	건축	벌크재	구조용 강재	계
거주 구역	0.9	5.7	1.0	1.3	1.6	8.8	0.8	47.3	66.5	82.4	150.8
유틸리티	42.7	13.8	6.5	16.5	4.7	7.9	1.3	11.1	61.8	125.8	230.3
물 주입	68.2	7.3	2.6	28.3	1.9	3.8	1.2	6.1	51.2	117.8	237.2
발전	93.0	28.6	1.4	6.9	2.7	4.1	1.1	13.6	58.4	113.1	264.5
웰헤드	6.9	2.4	3.3	41.9	3.3	0.0	1.6	0.5	53.0	155.5	215.4
시추	53.3	23.2	0.6	13.2	0.9	8.5	1.4	3.3	51.1	140.0	244.4
분리	48.6	4.8	6.8	37.8	2.6	3.6	1.0	4.4	61.0	103.6	213.2
가스 처리	33.6	6.1	2.4	26.1	2.7	2.7	1.2	4.7	45.9	114.6	194.1
가스 콤프레션	88.4	7.1	6.1	44.0	5.6	4.0	1.5	8.7	77.0	143.6	309.0

웨이트 추정 방법에서 사용되는 중량 벌크 인자, 단위 부피당 중량, 단위 면적당 중량, 상대 중량 등 경험 자료 또는 관계식들은 오퍼레이터에 따라 수십, 수백번의 이전 프로젝트 경험에서 축적한 자료를 바탕으로 개발된 것이다. 이들은 실행 단계에서의 AFC(Approved For Construction) 또는 그보다 성숙도가 높은 더 정확한 설계 자료를 기반으로 유전개발계획의 주요 요소들을 감안하여 도출된다. 즉, 각 과거 프로젝트 경험들에 대해서 지표하 기능, 유정 기능, 시설 기능, 운영 기능, 지역적 고려 사항, 환경 조건, 상업적 전략 등의 특징을 검토하고 분석하여 이를 경험 자료 또는 관계식에 반영하게 된다.

경험 자료 또는 관계식들은 기본적으로 우선 유틸리티, 물 주입, 가스 처리, 분리, 웰헤드 구역, 발전, 가스 콤프레션, 시추, 모듈 지지 프레임, 거주 구역 등 기능 구역의 장비를 기준으로 분류한다. 그 뒤에 각 기능 구역별 장비에 대해 전기(electrical), 계장(instrument), 배관, 안전(safety), HVAC, 표면 보호(surface protection), 건축(architectural), 기계(mechanical) 등 각 벌크재와 구조용 강재(structural)의 상대적 경험 자료 또는 관계식을 정리한다(표 4-1과 4-2).

경험식 중에서도 중량 벌크 인자의 경우 전기, 계장, 배관 등 벌크재와 장비 중량 간에 높은 상관관계가 나타난다. 웨이트 추정에 부피와 단위 부피당 중량 자료를 사용하는 경우에는 패킹(packing) 단위 중량이 일반적인 지침에 따른 것인지를 확인해야만 한다.

이러한 경험 관계식들은 어디까지나 여러 과거 프로젝트 경험에서 추정된 것으로서 상당한 수준의 변동성을 내포하고 있다. 때문에 웨이트 추정을 위한 기초 자료로서 웨이트 엔지니어의 판단과 엔지니어링 디자인의 성숙도에 따라 적절한 보정/수정을 통하여 활용하여야 한다.

장비 중량과 벌크재/강재 중량 간 경험 관계식(중량 벌크 인자) 활용 방식의 예를 들어 웨이트 추정 작업 순서를 설명하면 다음과 같다.

· 다음 자료를 기반으로 탑사이드 각 기능 구역별 장비 중량을 추정한다.
  디자인 베이시스, 탑사이드의 기능적 요구 사항, 장비 목록, P&ID, 레이아웃, 벤더 정보 등
· 각 시스템/기능 구역별 장비 중량과 중량 벌크 인자(벌크재와 강재)를 사용하여 웨이트 추정치를 계산한다.
· 해당 개발 컨셉의 요구 사항에 따라 웨이트 추정치를 보정한다.

바텀업 방식

보다 정확한 웨이트 계산을 위해서는 장비의 벤더 정보(vendor information)를 수집하고 구체적인 설계 도면을 확보하여 이를 바탕으로 한 실제 치수 자료를 계산하여 벌크재 중량과 구조용 강재 중량 계산 등의 작업을 수행하여야 한다. 이러한 작업을 수행하고 테이블로 작성하여 웨이트 추정치를 정리하는 작업을 MTO(Material Take-Off)라고 한다. 바텀업 방식으로 웨이트를 추정하는 경우에는 MTO가 기초 자료로 사용된다.

궁극적으로는 MTO를 사용한 바텀업 방식이 가장 정확한 웨이트 계산 방식이다. 그러나 프로젝트 초기에는 복잡한 탑사이드 설비의 장비 및 자재의 대부분이 아직 명확히 파악되지 못한 상황이어서 MTO를 사용하기에 적절하지 않다.

(4) 탑사이드 자본 비용

탑사이드에 투입되는 자본 비용은 크게 설계, 조달, 제작/건조, 해상 작업, 후크업 및 시운전, 관리, 보험 등 7개 작업 요소로 구성된다. 이들 각 자본 비용 요소들은 탑사이드 드라이 웨이트, 해당 요소 관련 업계의 시장 단가 및 요율, 경험적 데이터 등을 사용하여 계산한다.

탑사이드 자본 비용 요소들을 계산하는 방법은 아래와 같다.

● 설계 비용 = $p \times r \times W$
  여기서, p는 설계 생산성, 즉 드라이 웨이트 톤당 설계 작업 공수(MHR/tonne)를, r은 임율로서 설계 작업 공수당 단가(USD/MHR)를, W는 총 드라이 웨이트(tonnes)를 각각 의미한다.
  생산성은 설계 작업 지역의 특성과 탑사이드의 기술적 복잡성에 영향을 받고 임율은 설계 컨트렉터의 작업 지역 현지 조건에 영향을 받는다.

● 조달 비용 = $\Sigma(c_i \times W_i)$
  여기서, i는 드라이 웨이트 구성 요소, 즉 장비/벌크재(전기, 배관 등)/구조용 강재를, c_i는 드라이 웨이트 구성 요소별 톤당 조달 작업 단가(USD/tonne)를, W_i는 구성 요소별 드라이 웨이트(tonnes)를 각각 의미한다.

- 제작 비용 = $\Sigma(p_i \times r_i \times W_i)$

  여기서, p_i는 드라이 웨이트 구성 요소별 톤당 제작 작업 공수(MHR/tonne)을, r_i는 드라이 웨이트 구성 요소별 제작 작업 임율(USD/MHR)을 각각 의미한다.

- 해상 작업 비용 = $\Sigma(d_i \times T_i)$

  여기서, i는 해상 작업 구성 요소를, d_i는 해상 작업 구성 요소별 일당 작업 단가(USD/day)를, T_i는 해상 작업 구성 요소별 작업 소요 일수(days)를 의미한다. 일당 작업 단가에는 해상 작업에 필요한 선박의 용선료 등이 포함된다.

- 후크업 및 시운전 비용 = $p \times r \times W$

  여기서, p는 드라이 웨이트 톤당 후크업 및 시운전 작업 공수(MHR/tonne)를, r은 후크업 및 시운전 작업 공수당 단가(USD/MHR)를 의미한다.

- 관리 비용 = $p \times r \times W$

  여기서, p는 드라이 웨이트 톤당 관리 업무 공수(MHR/tonne)를, r은 관리 업무 공수당 단가(USD/MHR)를 의미한다.

- 보험 비용

  보험 비용은 실행 단계에서 탑사이드 제작/건조 및 설치 시에 가입하는 보험료를 의미하며 일반적으로 경험식으로서 전체 탑사이드 자본 비용의 5%로 계산한다.

(5) 시추 및 완결 비용

개발정의 시추 및 완결 비용(Drillex)은 개발정 설계와 시추 및 완결 작업 기간에 큰 영향을 받는다.

개발정 설계가 완료되면 케이싱 프로그램, 웰헤드 장비, 완결 방식, 완결 장비 등이 결정되어 시추 및 완결 비용의 일정 부분을 비교적 정확히 산정하여 확정할 수 있다. 이 비용 부분을 유형 비용(tangible cost)라고 한다.

시추 및 완결 비용의 나머지 부분은 시추 및 완결 작업 기간과 직접적으로 연관된 상대적으로 유동적인 비용으로 무형 비용(intangible cost)이라고 한다. 시추 및 완결 작업에 소요되는 기간은 기존 경험 데이터를 활용하여 추정하고 이를 바탕으로 시추 및 완결 프로그램을 수립하게 된다.

시추 및 완결 작업 소요 기간은 시추 속도, 시추 파이프의 왕복 시간(tripping time), 케이싱과 라이너 설치, 방향성 시추, 완결 방식, 시추선 이동, 환경 등의 영향을 받는다.

시추 및 완결 비용 추정 방법

시추 및 완결 비용은 시추 비용과 완결 비용을 각각 계산하여 이들을 합하여 구하며 그 추정 방법은 다음과 같다.

· 시추 비용 = 시추 작업 소요 기간 × 일당 시추 작업 단가

시추 작업 소요 기간 = 시추 길이/시추 속도 + 비가동 기간(downtime)
+ 이동 기간(mobilization/demobilization)

일당 시추 작업 단가 = 시추선 용선료 + 유정 서비스 단가

· 완결 비용 = 완결 작업 소요 기간 × 일당 완결 작업 단가

완결 작업 소요 기간은 완결 방식과 필요한 시추선 종류에 영향을 받는다.

일반적으로 오퍼레이터는 해양 시추 컨트렉터들에게 시추선, 시추선 운용 인원, 일정 보급품에 대해 고정 용선료를 지급하고 시추선을 임대한다. 이러한 용선료는 대략 총 시추 및 완결 비용의 절반 정도를 차지하며 여타 유정 서비스 비용이 나머지 절반 정도를 차지한다.

다른 시추 서비스 계약 방식으로 컨트렉터에게 실제 시추 거리당 정해진 요율로 대금을 지급하는 푸티지 요율(footage rate) 방식과 컨트렉터가 모든 리스크를 부담하고 오퍼레이터의 설계 사양에 따라 개발정을 시추 및 완결하고 정액을 받는 턴키(turn-key) 방식이 있다.

4.3.3 운영 비용

운영 비용(OPEX)은 원유/가스 생산 개시부터 종료시까지 생산을 위한 운영 및 유지 보수와 관련된 모든 비용이다. 운영 비용은 원유/가스의 생산에 따른 매출이 일어나는 시기에 발생하기 때문에 프로젝트 초기에 투입이 집중되는 자본 비용보다 중요도는 낮게 여겨진다. 운영 비용에는 생산시설, 즉 해양 플랫폼, 서브씨 시스템, 이송 시설, 유정 시스템 등의 운영 및 유지 보수를 위한 기자재 공급, 물류, 육상 지원, 관리, 석유 가스 이송을 위한 인프라 이용료 등이 포함된다.

일반적으로 이러한 운영 비용은 운영 및 유지 보수 인원수에 직접적인 영향을 받는다. 때문에 운영 및 유지 보수에 필요한 인원 수요를 정확히 파악하는 것이 중요하다. 운영 및 유지 보수 인원은 운영 방식(자동화 수준), 시스템 종류, 장비 개수, 시설 규모(처리 용량) 등과 관련이 있다.

일반적으로 운영 비용에 포함되는 내용은 다음과 같다.

● 해상 인원 및 케이터링

해상에 거주하며 생산시설의 운영 및 유지 보수 업무를 담당하는 인원의 인건비와 음식 공급비 등이 포함된다. 해상 거주 인원수는 플랫폼 타입, 기능, 시스템과 장비 규모 등에 의해 결정된다.

- 운영 및 유지 보수 기자재

  유지 보수를 위한 기자재, 화학 물질 비용 등이 포함된다.

- 물류

  헬리콥터, PSV(Platform Supply Vessel, 플랫폼 보급선), 육상 저장 시설 등 물류 관련 인프라 비용이 해당된다. 해상 인원수, 기자재 수요, 육상 기지와 해양 플랫폼과의 거리 등의 영향을 받는다.

- 개발정 인터벤션/워크오버

  개발정의 유지 보수를 위한 인터벤션/워크오버 작업을 하기 위한 장비와 소모품 등의 비용이 포함된다. 시추 기능이 없는 해양 플랫폼의 경우 인터벤션 기능이 있는 선박이나 워크오버 작업을 위한 시추선 등의 임대 비용도 고려하여야 한다.

- 보험

  생산시설 운영과 관련된 보험료로서 시설 가치와 직접적인 관련이 있다. 시간이 경과함에 따라 시설 가치가 감소하여 부보금액 또한 감소한다.

- 육상 지원 조직

  해양 조직과 물류 기능을 지원하는 육상 지원 조직을 유지하기 위한 비용이다. 인건비, 교육비, 행정 비용 등이 포함되며 생산시설 종류와 조직의 위치 등의 영향을 받는다.

- 인프라 이용료

  제3자가 보유한 시설을 사용하여 생산된 원유나 가스를 이송하거나 유정 유체를 처리하는 등의 경우에 그 대가로 지불하는 이용료이다. 일반적으로 시설 소유자와 협의하여 정한 이송 또는 처리 부피당 단가를 적용하여 지불한다.

4.3.4 폐쇄 비용

생산시설의 폐쇄 비용(ABEX)에는 다음과 같은 내역이 포함된다.

- 생산 종료, 기능 해제, 시설 정화 작업 비용
- 개발정 플러깅 및 폐쇄 비용: 시추선 임대
- 시설 제거 및 해체 비용: 헤비 리프트 크레인 선박 등 임대
- 환경 복원 비용

폐쇄 비용의 대부분은 개발정 플러깅 및 폐쇄 비용과 시설 제거 및 해체 비용이 차지한다.

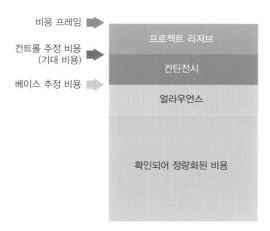

비용 프레임

컨트롤 추정 비용
(기대 비용)

베이스 추정 비용

프로젝트 리저브

컨틴전시

얼라우언스

확인되어 정량화된 비용

그림 4-16 비용 추정 요소

해당 산유국 또는 국제 규정에 따라 경우에 따라서는 생산시설의 일부만 철거하고 나머지는 현장에 그대로 남겨두거나 해저면 아래에 묻어 둘 수도 있다.

4.3.5 비용 추정 요소

비용 추정 시에는 확인된 비용 요소들과 아직 확인되지 않은 요소들을 모두 감안하여 총 추정 비용을 산출하게 된다.

일반적인 비용 추정 요소들은 다음과 같다.

- 얼라우언스(allowance)

  장비, 자재 등 비용 추정 대상의 구성 요소들을 구체화하고 정의하는 작업의 부정확성과 불완전성을 감안하여 추정 내역에 포함되는 요소

- 베이스 추정 비용

  확인되어 정량화된 수량을 기반으로 계산된 비용과 얼라우언스의 합

- 컨틴전시(contingency)

  추정 시 사용한 단가 및 요율, 설계 변경 등으로 이어지는 작업 범위 변경 요인, 프로젝트 복잡성, 프로젝트 조직 성과 등과 관련된 불확실성을 감안하여 추정 내역에 포함되는 요소

- 컨트롤 추정 비용(기대 비용)

  베이스 추정 비용과 컨틴전시의 합으로 경제성 분석 시 사용

- 프로젝트 리저브

  프로젝트 승인 시점에서 확인된 프로젝트 범위 또는 환경 조건과 관련된 중대한

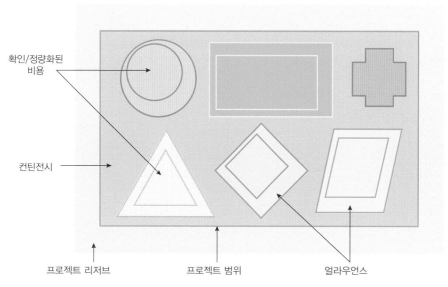

확인/정량화된 비용

컨틴전시

프로젝트 리저브

프로젝트 범위

얼라우언스

그림 4-17 비용 추정 요소들 간의 관계

불확실성을 감안하여 오퍼레이터와 파트너가 협의를 통해 추정 내역에 포함하는
요소

이들 요소들의 관계를 그림으로 표시하면 그림 4-17과 같다.

비용 추정의 불확실성 및 그 관리에 대해서는 6.3.7에서 추가적으로 설명하도록 한다.

4.3.6 비용 코딩 시스템

대규모의 복잡한 프로젝트의 비용 추정 자료에는 다양한 출처의 대량의 데이터가 포
함된다. 이러한 방대한 자료를 관리하기 위해서 업계에서는 표준화된 비용 코딩 시스
템을 사용하고 있다. 표준화된 비용 코딩 시스템은 비용 추정 자료를 비교/준비하고
그 결과를 확인/검토하며 경험 데이터를 분석하는 작업을 용이하게 해주는 장점을 가
지고 있다.

노르웨이의 경우에는 NORSOK 표준에서 정한 SCCS(Standard Cost Coding Sys-
tem, 표준 비용 코딩 시스템)을 사용하고 있다. 이 SCCS는 다음과 같은 각기 독립적이
고 다른 용도로 고안된 3개의 코딩 시스템으로 구성되어 있다.

- PBS(Physical Breakdown Structure)
  유전 개발 프로젝트 과정에서 프로젝트의 물리적/기능적 요소를 정의하는 역할을
  한다. PBS를 사용하여 생산시설의 구성 체계를 비용 추정 자료에 코드화하여 반
  영하게 된다. PBS는 각 프로젝트 고유의 구역/모듈/분류 체계와 관계없이 독립적
  으로 사용되어야 한다.

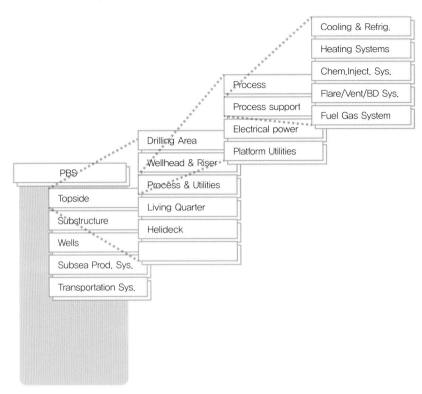

그림 4-18 PBS 구성

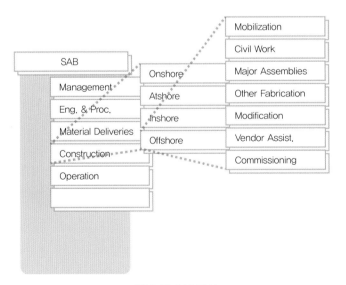

그림 4-19 SAB 구성

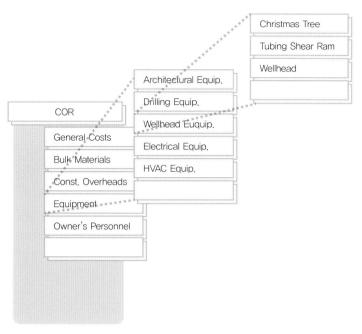

그림 4-20 COR 구성

PBS는 크게 해양 유전 시설과 육상 기반 시설로 나뉜다. 해양 유전 시설의 최상위 레벨은 탑사이드, 하부 구조물, 유정, 서브씨 생산 시스템, 이송 시스템으로 구성되어 있다.

- SAB(Standard Activity Breakdown)
프로젝트 기간 동안 특정 활동이 일어나 비용이 발생하는 단계 또는 시간 구간을 정의하는 역할을 한다. E(Exploration, 탐사 단계), P(Planning, 기획 단계) 등과 같이 알파벳 접두어를 사용하여 프로젝트의 각 진행 단계를 표시한다.
SAB는 유전 개발 프로젝트의 기획 및 실행에 필요한 모든 자원을 관리(management), 엔지니어링과 조달, 자재 운반, 건조, 운영, 단위 작업 활동, 일반 등으로 구분하여 정의한다.

- COR(Code Of Resource)
프로젝트에 투입되는 모든 자원을 3단계 수준으로 나누어 분류하며 COA(Code Of Account)라고 부르기도 한다. 비용 추정 자료 준비 또는 대조 시에 PBS나 SAB에 종속되어 사용된다. 특정 물리적 기능 구역에 대해서(PBS) 특정 프로젝트 단계에서(SAB) 발생하는 추정 비용의 개별 기록 내역/구성/요소 등을 표시한다.

비용 추정 결과를 바탕으로 상업적 전략 등을 반영하여 유전 개발 프로젝트의 경제적 타당성을 검토하게 된다.

경제성 분석 작업은 평가/선정/정의 단계에서 각각 이루어져야 하는 주요 의사 결정을 위한 기초 자료를 제공해준다. 선정 단계에서는 다양한 개발 컨셉들에 대해 비용과 효용을 분석하여 우선 순위를 정하고 최적 방안을 선정하기 위한 기준을 마련하는 역할을 한다. 정의 단계, 즉 기획 단계가 마무리 되는 시점에는 프로젝트 승인 여부에 대한 최종 의사 결정이 이루어지게 되는데, 해당 유전 개발 프로젝트가 경제성이 있다고 판단되는 경우에는 프로젝트 승인이 이루어지고 뒤이어 프로젝트에 대한 최종 투자 결정(FID)이 내려져 자본 비용 집행이 개시된다.

4.4.1 현금흐름 추정

경제성 분석을 위해서 유전 개발 프로젝트에서 발생하는 이익과 비용을 추정하여 현금흐름(CF)을 파악한다. 여기서 현금흐름은 회계적 순이익 개념이 아닌 실제 현금 유출입 기준으로 추정하게 된다.

현금흐름은 탑다운 방식으로 다음과 같이 계산하여 연단위로 추정한다.

$$현금흐름 = 매출 - 운영 비용 - 자본 비용 - 세금$$

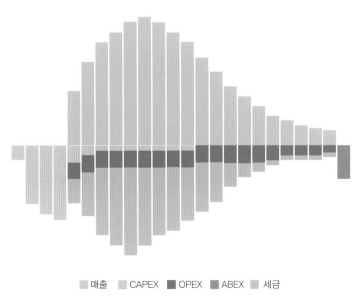

■ 매출　■ CAPEX　■ OPEX　■ ABEX　■ 세금

그림 4-21 해양 유전 개발 프로젝트 현금흐름 사례

여기서 매출은 원유/천연가스 등 석유 제품의 판매 수입이고 세금은 산유국 정부와 체결하는 자원개발 계약에 규정된 로열티 등 준조세를 포함한 금액이다.

이러한 방식으로 유전 개발 프로젝트의 실행 단계에서부터 폐쇄 단계까지 매년 발생하는 현금 유출입을 추정하여 일련의 현금흐름을 구한다.

$$[C_0, C_1, C_2, C_3, C_4, C_5, ..., C_n]$$

여기서 C_n은 생산 개시 후 n년의 현금흐름을 뜻한다.

원유/천연가스 가격

석유 제품 판매 수입은 국제 원유와 천연가스의 가격과 밀접한 관계가 있는데, 다른 상품(commodity)들과 마찬가지로 원유와 천연가스 또한 큰 가격 변동폭을 나타낸다.

원유/천연가스의 수급은 단기적으로 비탄력적인 특징을 보인다. 공급 측면에서 원유/천연가스 생산량을 추가하기 위해서는 신규 유전을 발견하고 개발하여 생산하는 과정을 거쳐야 하므로 많은 시간과 자본이 소요된다. 소비 측면에서도 아직까지 원유/천연가스의 대체재가 마땅치 않으며 기존 인프라의 활용이란 측면에서도 소비 패턴을 바꾸기까지는 많은 시간이 걸린다.

때문에 원유/천연가스의 수요가 공급을 초과하는 경우에는 시장 가격이 급격히 상승하게 된다. 이 경우 시장 주체들은 높은 가격에 대응하여 장기간에 걸쳐 원유/천연가스 소비량을 조절하는 동시에 공급량을 늘리기 위한 투자를 증가시키게 되고 시장은 점차적으로 수급 균형을 찾아가게 된다.

반대로 공급이 수요를 초과하는 경우에는 시장 가격이 급격히 하락하게 된다. 생산 원가가 시장 가격 이상인 생산정들은 경제성이 없어져 영구적 또는 일시적으로 폐쇄를 하게 되고 신규 유전 탐사 및 개발 활동이 감소한다. 따라서 장기적으로 수요를 충족시킬 수 있는 원유/천연가스 생산량 중 가장 높은 원가 수준에서 수급 균형을 찾아가게 된다.

원유/천연가스 생산 원가는 개발 방식 및 지역 환경 등에 따라 큰 차이를 보이는데 세계의 주요 대형 전통 자원 유전들은 생산 원가가 10불 아래 수준으로 대규모 매장량을 보유하고 있다. 낮은 원가의 전통 석유 자원 이외에도 2000년대 이후에는 고유가가 지속되면서 셰일, 오일샌드, 심해 등 상대적으로 높은 원가의 원유/천연가스 생산이 본격적으로 시작되었다. 이렇게 다변화된 공급원의 영향으로 당분간 원유와 천연가스 가격의 불확실성이 이어질 것으로 예상되고 있다.

4.4.2 경제성 분석 방법

프로젝트의 경제성을 높이기 위해서는 그림 4-22에 나타난 것과 같이 유전의 생애주기에 걸쳐 다양한 사항들을 검토하여야 한다.

이들 검토 사항들이 유전 개발 프로젝트의 경제성에 미치는 영향을 분석하기 위해 일반적으로 많이 사용되는 방법들은 다음과 같다.

· NPV(Net Present Value)
· IRR(Internal Rate of Return)
· BEP(Break Even Price)
· PI(Profitability Index)
· PT(Payback Time)

(1) NPV

NPV는 화폐의 시간 가치를 반영하여 유전 개발 프로젝트로 인해 창출되는 미래의 예상 현금흐름을 현재가치로 환산한 것이다.

화폐의 시간가치

금융적 측면에서 현재 수중에 있는 사용 가능한 현금은 미래에 얻게 되는 동일한 금액보다 가치가 높다. 이는 현재 수중에 있는 현금을 투자할 경우 미래에 현금흐름을 창출할 수 있고, 현재 수중에 있는 현금은 미래에 해당 금액을 받을 수 있는지에 대한 불확실성이 없으며, 사람들이 미래의 소비보다 즉시적인 소비를 선호하기 때문이다. 이를 화폐의 시간가치라고 하는데, 화폐를 은행에 맡길 경우 은행으로부터 받는 이자는 바로 이 화폐의 시간가치에 대한 보상 개념으로 볼 수 있다.

이러한 화폐의 시간가치를 감안하여 현재 보유한 현금이 시간이 지나 미래 특정 시점에 가지게 되는 미래가치(FV; Future Value)를 다음과 같이 계산할 수 있다.

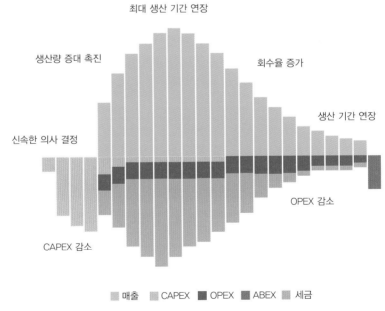

그림 4-22 해양 유전 개발 프로젝트 현금흐름 관련 검토 사항

$$FV = C_n = C_0 \times (1 + r)^n$$

여기서 C_0는 최초 0년에 보유한 현금이고, C_n은 C_0가 n년이 지난 시점에서의 가치, r은 시간성과 불확실성을 반영한 적정 이자율이다. 여기서 C_n이 곧 C_0의 n년 후의 가치, 즉 미래가치이다.

이를 역으로 생각하면 미래의 특정 시점에 보유하게 되는 현금이 현재, 즉 0년에 가지고 있는 현재가치(PV; Present Value)는 다음과 같이 계산할 수 있다.

$$PV = C_0 = \frac{C_n}{(1 + r)^n}$$

여기서 C_0은 미래 n년 후에 발생하는 현금, 즉 C_n이 현재 시점에서 보유하고 있는 가치, 즉 현재가치이다.

이렇게 미래의 현금흐름을 현재가치로 환산하는 것을 '할인'한다고 하며 이때 적용되는 시간성과 불확실성을 감안한 이자율을 '할인율'이라고 부른다.

NPV 계산

NPV는 사업에서 발생하는 미래의 예상 현금 흐름을 현재가치로 할인한 것으로 화폐의 시간가치를 적용하여 유전 개발 프로젝트와 같은 장기 프로젝트의 경제성을 평가하는 방법이다.

NPV는 미래 현금흐름과 적용 할인율을 추정하여 현금흐름의 현재가치의 총합을 구하여 계산한다.

다음과 같은 일련의 현금흐름에 대해서,

$$[C_0, C_1, C_2, C_3, C_4, C_5, ..., C_n]$$

아래와 같이 매해의 현재가치를 계산하고 이를 모두 합하여 NPV를 구한다.

$$NPV = C_0 + \frac{C_1}{(1 + r)} + \frac{C_2}{(1 + r)^2} + \frac{C_3}{(1 + r)^3} + \cdots + \frac{C_n}{(1 + r)^n}$$

이를 줄여서 다음과 같이 표시할 수 있다.

$$NPV = \sum_{i=0}^{n} \frac{C_i}{(1 + r)^i}$$

평가 방법

프로젝트의 NPV가 양수이면 해당 프로젝트의 진행을 채택한다. NPV가 양인 복수의 프로젝트 중에서는 NPV가 가장 큰 프로젝트를 채택한다. 그러나 이러한 평가 내용이

꼭 프로젝트의 승인으로 이어지는 것은 아니다. E&P 회사가 선택할 수 있는 다른 투자 건들과 비교하는 등 기회 비용 측면의 검토를 거쳐 최종 승인을 내리게 된다.

할인율 계산

적정 할인율을 구하는 것은 현금흐름의 현재가치 계산의 핵심적인 부분이다. 할인율이 클수록 그리고 양의 현금흐름이 늦게 발생할수록 현재가치가 하락한다.

할인율은 무위험 이자율에 리스크 프리미엄을 더하여 구한다. 여기서 무위험 이자율은 디폴트 위험이 없는 금융상품에 투자하였을 경우의 수익률이고, 리스크 프리미엄은 해당 프로젝트와 유사한 위험을 가진 다른 프로젝트의 수익률과 비교하여 구한다.

실무적으로는 할인율은 오퍼레이터의 자본 조달 비용(WACC; Weighted Averagve Cost of Capital)을 사용하는 것이 일반적이다. 기회비용 측면에서는 해당 프로젝트에 투입되는 자본이 다른 프로젝트에 투자되었을 경우의 수익률을 감안하여 할인율을 정할 수도 있다.

(2) IRR

IRR은 내부수익률이라고도 하며 프로젝트의 NPV를 0으로 만드는 할인율을 뜻한다. 즉, 다음과 같은 NPV 계산식에서,

$$NPV = C_0 + \frac{C_1}{(1+r)} + \frac{C_2}{(1+r)^2} + \frac{C_3}{(1+r)^3} + \cdots + \frac{C_n}{(1+r)^n}$$

NPV를 0으로 만드는 r을 계산하여 IRR을 구한다. 이를 그림으로 나타내면 그림 4-23에서와 같이 NPV 곡선이 X축과 교차하여 0이 되는 할인율이 IRR이 된다.

평가 방법

프로젝트의 IRR이 최소한으로 요구되는 요구 수익률보다 높으면 채택한다. IRR이 요

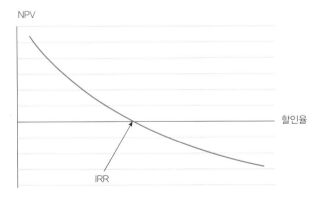

그림 4-23 IRR

구수익률보다 큰 복수의 프로젝트가 있을 경우에는 IRR이 가장 큰 프로젝트를 채택한다.

IRR의 단점

IRR은 NPV와 같이 화폐의 현재가치를 반영한 방법으로 대부분의 경우 NPV와 동일한 내용의 경제성 평가 및 우선 순위 부여 결론에 도달하게 된다. 그러나 특이한 구조의 현금흐름에서는 IRR이 존재하지 않거나 2개 이상이 존재하기도 한다. 또한 부의 극대화 측면에서 이슈가 있고 가치 가산 원리가 적용되지 않는 등의 문제점이 있다.

(3) BEP

BEP는 원유/천연가스 가격이 프로젝트의 경제성에 미치는 영향을 파악하기 위한 평가 방법으로 해당 프로젝트가 감당할 수 있는 최소 수준의 원유/천연가스 가격을 뜻한다.

BEP는 NPV를 0으로 만드는 유가 또는 가스 가격을 계산하여 구한다. 현금흐름의 매출 계산식에 원유/천연가스 가격을 변수로 두고 NPV가 0이 되는 식을 계산하여 BEP를 구할 수 있다.

프로젝트의 전체 현금흐름을 매출, 자본 비용, 운영 비용, 세금으로 나누어 각 항목에 대해 NPV를 계산하면 다음과 같이 나타낼 수 있다.

$$NPV = NPV(매출) - NPV(자본\ 비용) - NPV(운영\ 비용) - NPV(세금)$$

여기서 BEP를 구하기 위해 우선 NPV를 0으로 둔다. NPV(매출)은 매년 발생하는 원유/천연가스 매출을 그해의 할인율로 할인한 값들의 합으로, 이를 변형하여 표현하면 BEP와 매해의 원유/천연가스 판매량을 그해의 할인율로 할인하여 합한 숫자(NPV와 같은 방식)의 곱과 같다고 할 수 있다.

$$0 = BEP \times NPV(판매량) - NPV(자본\ 비용) - NPV(운영\ 비용) - NPV(세금)$$

이를 BEP에 대해 정리하면 다음과 같다.

$$BEP = \frac{NPV(자본\ 비용) + NPV(운영\ 비용) + NPV(세금)}{NPV(판매량)}$$

평가 방법

프로젝트의 BEP가 유가 또는 원유/천연가스 가격 전망치보다 낮으면 채택한다. 유가 전망치보다 낮은 복수의 프로젝트 중에서는 BEP가 가장 낮은 프로젝트를 채택한다.

(4) PI

PI는 다음과 같이 계산한다.

$$PI = \frac{NPV(\text{미래 현금흐름, 자본 비용 제외})}{NPV(\text{자본 비용})}$$

해당 프로젝트의 PI가 1보다 크면 채택한다. PI가 1보다 큰 복수의 프로젝트 중에서는 PI가 가장 큰 프로젝트를 채택한다.

(5) PT

PT는 현금흐름 상에서 투입된 자본 비용을 전부 회수하는 데 얼마만큼의 기간이 걸리는 지를 계산하여 구한다.

프로젝트 채택 기준은 회사 방침 또는 경영진의 결정 사항으로 짧을수록 선호되는 것이 일반적이다.

4.4.3 의사 결정

일반적으로 E&P 회사들은 각자의 수익 창출 전략을 만족하기 위한 회사 고유의 경제적 지표 등을 마련해 두고 있으며 이를 기준으로 유전 개발 프로젝트의 승인 여부를 결정하게 된다.

프로젝트가 승인되어 최종 투자 결정(FID)이 내려지고 자본 비용이 집행되면 상당한 손실이 발생하지 않는 한 프로젝트를 중단하기는 어려워진다. 때문에 최선의 의사 결정을 내리기 위해서는 유전 개발 프로젝트의 여러 측면을 검토하여야 하고 이를 위해 의사 결정 도구를 이용하게 된다.

기본적으로는 지금까지 언급한 다양한 경제성 분석 방법들을 의사 결정 시 활용하게 된다. 여기에 더하여 확률적 의사 결정 모형인 디시전 트리(decision tree)나 리얼옵션(real option) 등의 방법을 사용하여 종합적으로 최종 의사 결정을 내리는 것이 일반적이다.

최종 의사 결정 시에는 다음과 같은 사안을 심도있게 검토하여 적절한 경제성 분석 방법을 선택하고 의사 결정에 반영하여야 한다.

- 해당 유전을 지금 개발하여야 하는가?
  해당 유전 개발 프로젝트가 다른 투자 기회 이상으로 수익성이 높은지, 자원의 활용도 측면에서 현존 기술을 사용한 개발 방식이 적합한지, 기존 인프라를 사용하기에 적절한 시기인지 등을 검토해야 하며, 이러한 측면의 분석에는 IRR, PI 또는 PT를 사용하는 것이 적절하다.

- 해당 유전을 지금 개발한다면 어떻게 개발하여야 하는가?
  다양한 방식으로 유전이 개발될 수 있는 경우에는 생산량의 경제적 가치, 자본 비용, 운영 비용, 폐쇄 비용, 프로젝트 사이클상 이익과 비용의 변화 등을 종합적으로 검토하여야 한다. 이러한 측면의 분석에는 NPV 방법이 가장 적합하다.

- 유전 개발 프로젝트를 구체적으로 어떻게 관리할 것인가?
  프로젝트의 일일 관리, 컨트렉터 선정 등의 검토에는 자본 비용, 생산 개시 시기 등을 검토하는 것이 적합하다.

4.4.4 민감도 분석

민감도 분석은 주로 다음과 같은 변수가 변함에 따라 NPV가 얼마나 변동되는지를 계산하여 나타내는 방식으로 이루어진다.

- 원유/천연가스 가격
- 매장량
- 자본 비용
- 운영 비용
- 생산 개시 시기

민감도 분석 결과를 나타내는 대표적인 방식에는 스파이더 다이어그램과 토네이도 차트 등이 있다. 두 가지 방식 모두 베이스 케이스 대비 주요 변수들의 변동이 NPV에 미치는 영향의 정도를 나타내고 있다. 토네이도 차트에서 주요 변수들은 NPV에 미치는 영향이 큰 순서대로 위에서부터 아래로 오도록 표시한다.

시나리오 분석

상기에 언급한 전통적인 시나리오 분석 방법은 한 번에 한 개의 변수에 대한 분석만 가능하다. 그러나 실제로는 여러 변수들이 한꺼번에 복합적으로 작용하여 프로젝트에 영향을 미치게 된다. 이러한 단점을 보완하기 위하여 시나리오 분석 방법을 사용한다.

베이스(base)/로우(low)/하이(high) 케이스 등을 포함한 여러 개의 시나리오를 준비

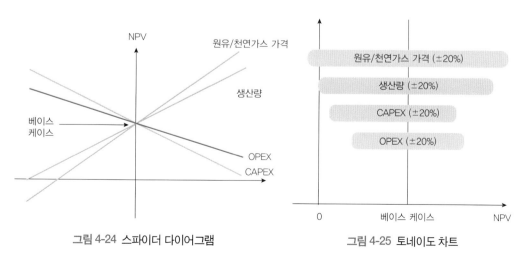

그림 4-24 스파이더 다이어그램   그림 4-25 토네이도 차트

하여 각각의 시나리오에 대한 확률과 NPV를 계산한다. 프로젝트 전체의 NPV는 다음과 같이 계산한다.

$$NPV = (p_i \times NPV_i)$$

여기서 p_i는 시나리오 i의 확률이고 NPV_i는 시나리오 i의 NPV이다. 일반적으로 베이스/로우/하이 케이스에는 각각 30%/40%/30%의 확률을 적용한다.

4.5 개발 컨셉 선정

1.3.3에서 설명하였듯이 유전 개발 과정에서 가장 큰 가치가 창출되는 시기는 탐사 단계와 평가/선정 단계이다. 이들 단계에서 창출되는 가치는 성격이 서로 다르다. 탐사 단계에서는 유전의 발견을 통해, 평가/선정 단계에서는 개발 컨셉의 발전 및 선정을 통해 가치가 창출된다.

여기서는 개발 컨셉의 개념과 발전, 그리고 선정 과정을 설명하도록 한다.

4.5.1 개발 컨셉

개발 컨셉이란 간단히 말해서 유전을 어떻게 개발할 것인지를 기술적 측면에 검토한 시나리오라고 할 수 있다. 개발 컨셉은 크게 지표하 컨셉(subsurface concept), 유정 컨셉(well concept), 시설 컨셉(facility concept)으로 구분이 된다. 시설 컨셉은 여러 개의 빌딩 블록(building block)으로 구성되는데, 빌딩 블록은 설계 및 건조 방법상 구분되는

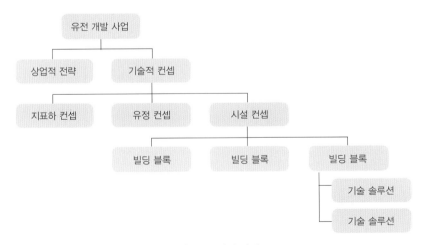

그림 4-26 개발 컨셉

단위로서 특정 기능을 수행하기 위한 하위 기술적 솔루션들로 구성된다. 특정 설비, 시스템, 기능 구역, 제작 모듈 등이 기술 솔루션에 해당된다.

이 중에서도 시설 컨셉은 컨셉 선정 결과에 따라 가장 큰 영향을 받는 부분으로, 일반적으로 컨셉 선정이라고 하면 시설 컨셉을 선정하는 것으로 받아들이는 경향이 있다. 그러나 엄밀히 말해서 이는 올바른 표현이 아니다. 컨셉 선정은 지표하/유정/시설 컨셉을 모두 함께 검토하여 최종적으로 가장 유리한 생산 시스템을 선정하는 과정으로 시설 컨셉만 따로 떼어내어 검토하는 것 자체가 불가능하다.

유전 개발 컨셉은 시설 컨셉 측면에서 일반적으로 다음과 같이 4가지 방식으로 구분될 수 있는데, 이들은 매장량과 기존 생산 인프라까지와의 거리에 큰 영향을 받는다.

- 연장 시추 개발 방식

    개발 대상 저류층이 기존의 해양 플랫폼에서 연장 시추(ERD; Extended Reach Drilling) 방식으로 도달 가능하고 매장량이 적은 경우에는 기존의 생산시설을 이용하여 플랫폼 유정을 추가로 시추 및 완결하는 방식으로 개발하게 된다. 현재 기술력으로는 수평/수직 방향으로 대략 10 km 떨어진 저류층까지 연장 시추 방식으로 개발이 가능하다.

- 위성 개발 방식

    매장량이 적고, 인근에 활용 가능한 생산시설이 존재하나 연장 시추 방식으로 도달하기 어려워 연장 시추 개발이 어려운 유전을 개발할 때 사용되는 방식으로 타이백 방식이라고도 한다. 무인 웰헤드 플랫폼에 플랫폼 유정을 설치하고 해저 파이프라인으로 기존 생산시설에 연결하는 방법과 서브씨 유정과 서브씨 생산 시스템을 설치하여 해저 파이프라인으로 기존 시설과 연결하는 방법, 두 가지가 있다. 이 방식이 적용 가능한 기존 시설과의 거리는 저류층 압력, 유정 유체 점성, 물 생산량 등에 영향을 받는다.

    그림 4-27은 위성 개발 방식이 적용된 북해의 Maria 해상 유전의 개발 모식도이다. 해당 유전은 매장량이 상대적으로 적어 인근에 기설치된 생산시설들을 최대한 활용하는 방식으로 개발되었다. 생산정에서 생산된 유체는 인근 Kristin 유전의 반잠수식 플랫폼에서 처리한다. 생산된 석유는 인근 Åsgard 유전에서 사용 중인 Åsgard C 부유식 저장 하역 시설(FSO; Floating Storage Offloading)에 저장되고 셔틀 탱커를 통해 이송되며, 생산된 가스는 Åsgard 해저 파이프라인 이송 시스템을 통해 이송된다. 생산 증진을 위해 인근 Heidrun 유전의 TLP에서 물 주입 기능을 제공하고, Åsgard 유전의 Åsgard B 반잠수식 플랫폼에서도 가스 리프트 기능을 제공한다.

- 이동식 생산 시스템 개발 방식

    매장량이 적고 기존 생산시설과의 거리가 멀어 기술적으로 위성 개발 방식 적용

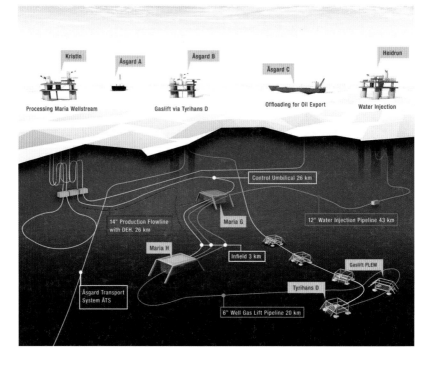

그림 4-27 위성 개발 방식이 적용된 북해 Maria 해상 유전 (Wintershall Norge AS 제공)

이 어려운 유전의 경우에는 재사용이 가능한 잭업 플랫폼이나 FPSO 등으로 구성된 이동식 생산 시스템을 사용하여 개발한다. 주로 매장량이 적어 생산 기간이 10년 이내인 유전의 경우에 적용되며, 잭업 플랫폼이나 FPSO 등을 임대하여 사용하는 것이 일반적이다.

해당 유전의 특성을 반영한 신규 생산 시설을 건조 및 설치하는 독립형 개발 방식은 많은 자본 비용이 투입되므로 장기간에 걸쳐 자본을 회수해야 하기 때문에 생산 기간이 짧은 적은 매장량의 유전에 적용하기에는 적합하지 않다.

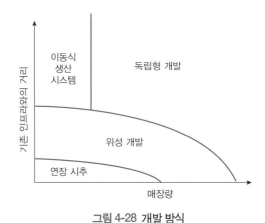

그림 4-28 개발 방식

- **독립형 개발 방식**

  매장량이 많고 인근에 기존 생산 인프라가 없어 위의 개발 방식들이 적합하지 않은 유전의 경우는 해당 유전의 특성을 반영한 독립적인 생산 시설, 즉 해저면 지지식 또는 부유식 해양 플랫폼과 그에 맞는 유정 시스템, 그리고 이송 시설이 건조/설치된다. 일반적으로 20년 이상 장기간에 걸쳐 생산이 이루어지고 생산 활동이 끝나면 생산시설은 더 이상 가치가 없으므로 해체 및 폐쇄 작업을 진행한다.

(1) 컨셉 발전

평가/선정 단계에서의 개발 컨셉 발전 과정을 간단히 설명하면 다음과 같다.

  ① 저류층 모형 구축 및 생산 전략 수립
  ② 시추 프로그램 최적화(최소 개발정 개수로 최대 회수율 달성 목표)
  ③ 개발정 성능 불확실성 최소화
  ④ 최적 시설 계획 선정

컨셉 발전 과정은 유전 개발 계획 수립 과정과 일맥상통하는 흐름으로 진행되어 지표하/유정/시설 기능 간의 통합적 접근 방식이 요구되는 작업이다.

컨셉 발전 시 주요 고려 사항, 그리고 그와 관련된 불확실성과 상호 연관성 등을 조기에 명확히 파악하여 이들이 어떻게 저류층 특성화와 생산 시나리오에 영향을 미치는지 검토한다. 그리고 그 검토 결과가 궁극적으로 유정/시설 컨셉과 경제성에 어떠한 영향을 주는지 확인하여야 한다.

컨셉 발전 시 주요 고려 사항들은 적용 기술, 가치사슬, 유전 생애주기, HSE 등의 측면에서 파악/검토되어야 한다.

컨셉 발전 시 기술적 고려 사항

컨셉 발전 시 기술적 측면의 주요 고려 사항들은 다음과 같다.

- **유전 개발 계획**

- **필드 아키텍처와 시추 센터(drilling center)**

  해양 유전, 특히 심해의 경우 서브씨 시스템 구성 등을 포함한 필드 아키텍처를 구성하는 작업은 매우 중요하다. 필드 아키텍처에 영향을 미치는 주요 요소에는 수심, 개발정 개수, 시추 센터 위치, 서브씨 프로세싱 적용 여부, 호스트 플랫폼과 개발정 간의 거리, 해저 지형, 유정 유체 특성 등이 포함된다.

  최적의 필드 아키텍처를 구성하기 위해서는 저류공학적 요구 사항, 시추 프로그램/스케줄, 시추 궤도, 플로우라인/피깅, 서브씨 유정 제어, 해양 플랫폼 설치 전략, 인터벤션 계획 등의 서로 상충되는 요구 사항들을 조정하여 반영하여야 한다.

필드 아키텍처는 저류층 평가와 관련된 불확실성을 반영하여 개발정이 기획되면 해저지형을 검토하여 추후 시추 센터들의 위치를 최적화할 수 있는 가능성을 염두에 두고 마련되어야 한다. 또한 저류층의 크기를 감안하여 생산 극대화를 위해 각 시추센터에서 시추되어야 하는 개발정의 개수를 결정하고 필드 아키텍처에 반영한다.

시추 센터는 필드 아키텍처의 주요 접점 역할을 하며, 유정 유체의 집중 및 이송 과정 및 화학 물질 분배, 물 주입, 가스 리프팅 등의 중심점이 된다. 또한 제어 시스템 아키텍처와 엄빌리컬 단말 처리의 허브 기능도 한다.

- **개발정**
- 개발정 개수

  개발정 개수는 시설 규모와 디자인에 큰 영향을 미친다. 특히 해양 유전의 경우에는 향후 생산시설의 개조 작업에 제약 요소가 많고 큰 비용이 소요되기 때문에 최초 유전 개발 시에 최적 개발정 개수를 결정하여 개발 계획에 반영하는 것이 필수적이다.
- 개발정 위치 및 설계

  생산정과 주입정의 저류층 내 위치는 저류층 형태, 저류층 특징, 드라이브 메커니즘, 시설 컨셉을 검토하여 결정된다. 생산정의 위치와 배치 간격은 생산정의 생산성을 결정하는 주요 변수이다.

  시추 기술의 발전으로 인하여 10 km 이상 거리를 굴곡진 궤도를 따라 시추하는 연장 시추(ERD)가 가능해짐에 따라 한 유정에서 도달 가능한 저류층 영역이 늘어나 시추 센터의 개수가 줄어들고 궁극적으로는 설치 시설의 개수가 줄어드는 효과가 나타나고 있다. 연장 시추 방식을 적용하여 육상 시추 센터를 통해 인근 해양 유전의 저류층까지 시추하여 개발 비용을 절감하고 생산을 증진시키는 경우도 보고되고 있다.

  가스층과 대수층 사이에 존재하는 얇은 오일층의 경우에는 수평정으로 개발정을 설계하여 석유 생산량을 높이고 가스와 물의 생산을 늦추는 효과를 볼 수 있다.
- 시추 스케줄

  개발정 시추 스케줄은 생산/주입 예상 일정을 반영하여야 한다. 생산시설의 생산 능력을 극대화하고 플라토 수준에 최대한 빨리 도달하기 위해서 생산시설 설치 전에 개발정의 사전 시추(pre-drilling)를 진행할 수 있다.

  가스 또는 물 주입 방법을 적용한 경우에는 적시에 주입정을 건설하여야 한다. 저류층의 압력이 감소하거나 압력 보완이 늦어지면 상당한 생산 손실로 이어지게 된다.

  생산이 개시되어 시간이 지나면 물 생산량이 늘어나고 저류층 압력이 감소하여 생산정의 경제성이 떨어지게 된다. 따라서 최초 기획 시에 생산정의 워크오버 또

표 4-3 해양 플랫폼 종류별 기능적 비교

	자켓 플랫폼	유연식 플랫폼	TCP	Spar	반잠수식	FPSO
적용 가능 수심	~500 m	~1,000 m	~2,500 m	~3,000 m	~3,000 m	~3,000 m
시추 기능 추가	가능	가능	가능	가능		
저장 기능 추가					가능	가능
적재 하중 민감도			높음	높음		
유정 완결 타입	D	D	D/W	D/W	W	W
광역 저류층 개발	가능				가능	가능
유정 개수(실적)	~61	~58	~46	~35	~51	~84

는 재시추 계획을 검토하여야 한다.

- 빌딩 블록

개발 시나리오들을 도출하기 위해서는 생산시설의 빌딩 블록과 그 구성 요소인 기술 솔루션들을 파악해야 한다. 빌딩 블록은 디자인 베이시스, 기능적 요구 사항, 오퍼레이터 개발 전략에 따라 생산시설 건조/설치 방식을 고려하여 프로젝트별로 다르게 구성된다.

일반적인 유전 개발 프로젝트의 빌딩 블록 구성은 다음과 같다.

· 호스트 플랫폼(유정 시스템)

해양 생산시설의 중추 역할을 하는 해양 플랫폼으로, 생산 기능을 갖춘 탑사이드와 하부 구조물, 계류 시스템, 라이저 시스템 등으로 이루어진다. 주요 고려 사항에는 유정 완결 타입, 저장 기능 유무, 수심, 적재 하중, 플랫폼 거동, 건조/설치/운영/폐쇄 위험 등이 있다.

그중에서도 유정 완결 방식에 따른 드라이 트리/웻 트리 적용 여부는 플랫폼 타입, 회수율, 다른 빌딩 블록과의 인터페이스에 큰 영향을 미치는 중요한 사항이다(관련 내용 2.2.3.(12) 참조).

· 시추 시스템

해양 플랫폼에서 시추 기능을 수행하기 위해서는 시추 시스템을 플랫폼에 설치하거나 시추선을 고용한다. 주요 고려 사항에는 저류층의 크기와 저류층/육지에서부터 호스트 플랫폼까지의 거리 등이 포함된다.

· 생산 증진 설비

탑사이드의 생산 프로세스 시스템 중 생산량을 증진시키기 위해 설치되는 설비이다. 일반적으로 2차 회수법에 해당하는 워터 주입과 가스 주입, 그리고 1차 회수법

중 인위적 기법인 가스 리프트와 ESP 방식을 위한 설비 등이 해당된다.

· 서브씨 시스템

서브씨 생산/제어/프로세싱 시스템으로 이루어지며 서브씨 유정 구성 방식에는 크게 단일 위성 유정, 클러스터, 데이지 체인, 템플릿의 4가지 방식이 있다. 주요 고려 사항에는 해저 지형, 호스트 플랫폼까지 플로우라인 연결 방식, 저류층/웰헤드/PLET에서의 생산량/온도/압력 등이 포함된다.

· 이송 시스템

생산된 석유나 가스를 이송하는 방법으로 해저 파이프 라인 또는 셔틀 탱커를 이용한다. 플랫폼에 저장 기능이 없고 파이프라인이 연결되어 있지 않은 경우에는 생산 즉시 저장 기능이 있는 부유식 설비(FSU 또는 FSO)에 적재하고 셔틀 탱커로 이송하여야 한다. 주요 고려 사항으로는 호스트 플랫폼의 저장 기능 여부, 기존에 설치된 이송 인프라(파이프라인 등)까지의 거리, 시장까지의 거리 등이 있다.

· 육상 시설

생산된 석유나 가스를 추가 처리/저장/적재하기 위한 육상 시설이다.

● 신기술과 표준 솔루션

최근 개발된 신기술을 적용하여 발전시킨 개발 컨셉의 경우에는 신기술과 관련된 리스크 검토가 필수적이다. 관련 리스크가 충분히 검토되지 못할 경우 신기술 적용 비용 또는 신기술 심사 소요 기간이 예상을 벗어나는 경우가 발생할 수 있다. 이미 검증된 표준화된 솔루션을 적용하면 관련 리스크를 줄이고 비용/시간을 절약할 수 있다. 여기에 해당되는 솔루션들에는 설계 장비/방식, 업무 프로세스/절차, 장비, 자재, 인터페이스, 시스템 패키지/모듈/완성 유닛 등 어셈블리, 계약 방식 등이 포함된다.

4.5.2 개발 컨셉 선정

컨셉 선정이란 주어진 상업적 제반 조건하에서 최적의 지표하 컨셉, 유정 컨셉, 시설 컨셉을 선정하는 작업을 말한다.

유전의 가치를 극대화할 수 있는 개발 컨셉들을 발전시키고 그중 최선의 안을 선정하기 위해서는 광범위한 분야들의 수많은 변수들에 대한 검토가 이루어져야 한다. 따라서 컨셉 선정 작업을 제한 기간 안에 관리 가능한 수준으로 배분하여 효율을 기하는 동시에 최선의 컨셉이 간과되지 않도록 하는 것이 중요하다. 이를 위해서는 지표하/유정/시설 컨셉들을 종합하여 평가하기 위한 통합적 접근 방식이 필수적이다.

(1) 컨셉 선정 과정

기획 단계에서 컨셉이 발전 및 선정되는 흐름을 그림으로 나타내면 그림 4-29, 4-30과

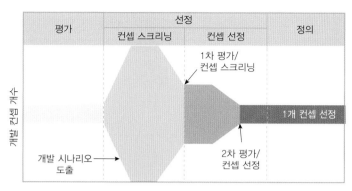

그림 4-29 컨셉 스터디 흐름

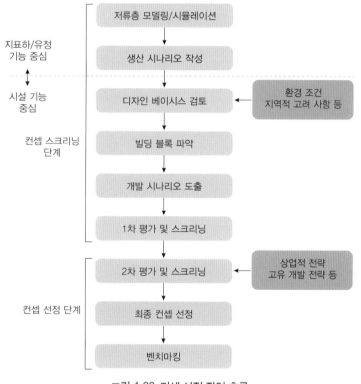

그림 4-30 컨셉 선정 작업 흐름

같다. 컨셉 선정 과정은 크게 컨셉 스크리닝과 컨셉 선정 과정으로 나뉜다.

· 평가 단계에서는 베이스 케이스로서 가장 많이 검증된 개발 컨셉 하나를 선택하여 유전 개발 프로젝트의 타당성을 검토한다.
· 컨셉 스크리닝 단계에서는 적용 가능한 모든 개발 시나리오를 파악하고 1차 평가를 통해 일련의 선호되는 시나리오들을 선별한다.
· 컨셉 선정 단계에서는 2차 평가를 실시하여 하나의 개발 컨셉을 최종 확정한다.

- 정의 단계에서는 선정 단계에서 확정된 개발 컨셉을 추가 발전시킨다.

컨셉 스크리닝 단계

기술적으로 실현 가능하고 경제적으로 타당한 모든 적용 가능한 개발 시나리오를 파악한다. 여기에는 다음과 같은 작업들이 포함된다.

- 디자인 베이시스와 기술적 요구 사항 검토
- 적용 가능 개발 시나리오 도출
  - 검증된 기술이 적용된 빌딩 블록들과 기술 솔루션들을 파악
  - 각 빌딩 블록의 기술 솔루션들을 조합, 20~80여 개의 개발 시나리오 도출
- 평가 방법 결정
- 1차 평가 및 스크리닝, 5~10여 개의 개발 시나리오 선별

컨셉 선정 단계

경제성이 최대화되는 최선의 개발 컨셉을 선정한다.

- 평가 방법 검토
- 2차 평가 및 스크리닝
- 최종 컨셉 선정
- 벤치마킹

(2) 컨셉 선정 시 유의 사항

컨셉 스크리닝과 컨셉 선정 단계에서의 의사 결정은 해당 유전에서 적용 가능한 개발 컨셉들에 대한 모든 중요 요소들을 종합적으로 평가 및 비교하여 이루어져야 한다.

대부분의 오퍼레이터들은 이러한 의사 결정 기준으로서 생산량, 자본 비용, 운영 비용, 세금, 그리고 생산 및 비용 발생 시기 등을 전체적으로 반영한 세후 현금흐름의 NPV 값을 사용하고 있다. 그러나 실제 컨셉 선정 과정에서 비교 대상이 되는 컨셉들의 NPV 값은 계산의 불확실성을 감안할 때 그 차이가 미미한 수준으로 무의미한 경우가 꽤 있다.

따라서 실제 컨셉 선정 과정에서는 NPV에 반영되지 않는 주요 위험 요인들을 적절히 검토하고 평가하여 의사 결정에 반영하는 것이 중요하다.

NPV에 반영되지 않는 위험 요인들을 평가하기 위해서 추가적으로 고려되는 사항들은 다음과 같다.

- HSE
- 적용 기술 현황: 신기술 여부, 기존 경험, 기술 전략 등
- 실행 측면에서의 유연성 및 제한 요인: 실행 스케줄, 컨트렉터 시장 상황, 로컬 컨텐

츠 규제 등
- 운영 측면에서의 유연성 및 제한 요인: 생산량, 운영 인력 관리, 물류 등
- 자원 활용 측면에서의 유연성 및 제한 요인: 저류층 관리, 생산 증진 기법 적용 등
- 가치사슬 측면: 기존 인프라 활용, 새로운 인프라 건설, 전략적 이해 등
- 여타 주요 성과 변수와 위험 요소들

정책 및 개발 원칙

이 외에도 컨셉 선정 과정에서는 다음과 같은 오퍼레이터 또는 산유국 정부의 특정 정책이나 원칙 등이 주요한 변수로 작용하기도 한다.
- 의사 결정 과정의 한 부분으로서 탐사, 저류층 개발, 프로젝트 위험
- 사회적 평판 위험
- 실행 및 운영 단계에서 환경에 미치는 부정적 영향을 줄이기 위한 친환경적이고 효율적인 기술 적용
- 상호 존중, 신뢰, 협력을 바탕으로 한 안전하고 매력적인 작업 환경 조성
- 안전한 생산 시설 건설 및 사고 예방을 위한 유지 보수 활동. 사고 발생 시에는 인명 피해 및 손실을 최소화하기 위한 비상 대응 조치 실시

(3) 기능적 검토 사항

컨셉 선정을 위해서 각 개발 컨셉하에서 지표하/유정/시설 기능의 다양한 변수들 간의 상호 작용을 파악하고 이들이 해당 유전의 경제적/사회적 효용에 미치는 영향을 분석하여 비교 평가하는 작업을 수행하게 된다. 이러한 분석 및 비교 평가 작업은 기술적 측면 이외에도 환경 보호, 상업적 계약 조건, 회사 조직 문화 등 다양한 측면에서 이루어져야 한다.

컨셉 선정 과정에서 검토되는 다양한 기능 변수들 중 생산 시스템의 특징 및 생산 능력과 관련된 주요 기술적 사항들은 다음과 같다.

- **환경 조건**
- 날씨

  생산 시설이 설치되는 해역의 바람, 파도, 해류 등의 환경 하중 등은 복합적으로 작용하여 개발 컨셉에 영향을 미치게 되는데 매우 복잡한 양상을 나타낸다. 이에 따라 각 개발 컨셉별로 환경 하중에 대한 개발 비용 민감도가 상이한 형태를 띄게 된다.
- 수심

  최근 기술의 발달로 개발 가능 수심이 크게 증가하였지만, 아직도 수심은 기술적 실현 가능성과 개발 비용에 매우 큰 영향을 미치는 직접적인 요인으로 작용하고 있다.

수심이 증가할수록 해양 플랫폼과 해저면을 연결하는 라이저, 계류선 등의 설계 및 설치 작업의 난이도도 상승하는데, 이는 시설 컨셉과 주요 시스템을 결정하는 주요 인자 중 하나이다. 그중에서도 라이저 설계 및 설치는 수심이 증가할수록 저류층 유체가 저류층에서 해양 플랫폼까지 도달하기 위해 요구되는 저류층 유체 압력이 높아지는 점을 감안하여야 한다. 이를 해결하기 위해 ESP나 다상유동 가압 펌프를 설치할 수 있으나, 이는 인터벤션 비용의 상승을 초래하여 플랫폼 유정 방식의 개발 컨셉을 선호하게 되는 요인 중 하나로 작용할 수 있다.

생산시설을 셧다운시킨 후 재가동할 경우 저류층 유체를 상승시키기 위해 요구되는 정수압력수두(hydrostatic head) 문제 또한 생산 시스템 선정 시 중요 요인 중 하나로 작용할 수 있다. 특히 왁스가 생성되기 쉬운 저류층 유체의 경우에는 생산시설을 셧다운시키게 되면 0℃에 가까운 심해 해저면 수온의 영향으로 저류층 유체의 온도가 유동점 이하로 내려가 플로우라인을 막아버리는 상황이 발생할 수 있다.

· 지구물리학 및 지질공학적 조건

개발정 및 서브씨 구조물, 해저 파이프라인 등의 설치 지역을 결정하기 위해서 해저면을 조사하여 지반 조건을 면밀히 파악하여야 한다. 특히 심해의 경우에는 불안정한 진흙 경사면이 존재할 가능성이 높고 여기에 더하여 중력류가 발생하거나 이화산(mud volcano)이 있을 수도 있기 때문에 이러한 가능성을 염두에 두고 설치 지역을 검토하여야 한다.

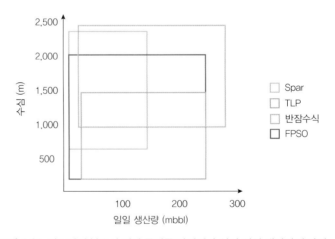

그림 4-31 걸프만의 부유식 해양 플랫폼 타입별 수심과 일일 생산량의 관계

● 일일 생산량 및 총 회수 가능량

생산정의 일일 생산량과 그에 따라 결정되는 생산정의 개수는 개발 컨셉의 선택에 중대한 영향을 미친다. 각 생산정의 일일 생산량 및 총 회수 가능량은 해양 유

전의 경제성을 결정짓는 중요 요소로서, 이들이 높을수록 조기 투자금 회수가 가능하고 요구되는 전체 개발정 개수도 줄어든다.

- 저류층의 지역적 범위, 깊이, 복잡성

저류층 유체 배출 최적화 측면에서 최적의 시추 센터 위치를 선정하고 각 센터에서 시추/완결하는 개발정 개수를 결정하게 된다. 최근에는 연장 시추 기술의 발달 덕분에 단일 시추 센터로부터 도달 가능한 저류층 면적이 크게 증가하였다. 해저면으로부터 깊이 2 km 이하의 얇은 저류층의 경우에는 저류층의 깊이에 따라 최대 수평 도달 거리가 결정된다. 해저면으로부터 깊이 2~4 km에 위치하는 저류층의 경우에는 기존의 시추 기술로도 수평 거리 5 km까지 시추가 가능하다. 저류층의 깊이가 이보다 더 깊은 경우에는 시추 센터에서의 거리가 매우 길어지기 때문에 수평 도달 가능 거리가 줄어들게 된다.

발전된 연장 시추 기술을 사용하게 되면 단일 시추 센터가 있는 고정식 철재 플랫폼이나 TLP와 같은 개발 컨셉을 확장시켜 적용하는 것이 가능하다. 그러나 면적이 넓고 해저면에서 얕은 깊이에 존재하거나 단층 등의 이유로 여러 구역으로 나뉘어진 대부분의 저류층의 경우에는 여러 개의 시추 센터와 서브씨 유정 방식을 적용하여야 저류층 유체 배출 최적화를 달성할 수 있는 경우가 많다. 이러한 경우에는 복잡한 고비용의 연장 시추 유정 방식 또는 단순한 저비용의 수직정과 함께 추가 비용으로 플로우라인을 설치하는 방식 사이에서 장단점에 대한 충분한 비교 검토를 거쳐 최종 결정을 내리게 된다.

- 개발정 인터벤션 빈도

생산 개시 이후 개발정의 인터벤션 빈도는 다양한 변수들의 영향을 받게 된다. 그

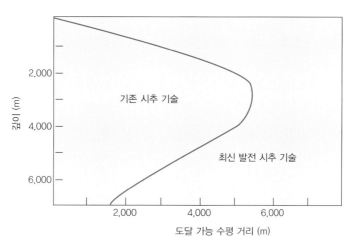

그림 4-32 깊이에 따른 수평 방향 시추 가능 거리

중에서도 개발 컨셉과 직접적으로 연관되는 개발정 구성 방식은 인터벤션 빈도와 방식을 결정하는 주요 변수 중 하나이다.

드라이 완결 방식의 플랫폼 유정의 인터벤션 작업은 상대적으로 덜 복잡하고 적은 비용이 소요된다. 이는 개발정 구성 측면에서 상대적으로 빈번하게 인터벤션 작업이 수행되어야 할 때에는 플랫폼 유정이 유리하다는 것을 의미한다. 따라서 심해 유전에서 빈번한 인터벤션 작업이 요구되는 경우에는, 자본 비용 수준은 높지만 인터벤션 등이 포함된 운영 비용 수준은 낮은 플랫폼 유정을 적용하는 TLP나 Spar 플랫폼 등의 개발 컨셉을 사용하여 프로젝트 경제성을 전반적으로 향상시킬 수 있다.

인터벤션 빈도가 낮은 경우에는 타이백 솔루션의 서브씨 유정 방식을 적용하여 개발 유연성을 높이는 것이 유리할 수 있다. 그러나 이런 경우에는 인터벤션을 위해서는 시추선이나 인터벤션 선박 등 인터벤션을 위한 장비를 수배해야 하므로 높은 수준의 비용이 소요된다.

- **화학적 특성**

  저류층에서 생산된 유체의 성분과 화학적 특성은 생산 시스템 선정 시 필수적으로 검토해야 할 사항으로서 개발 컨셉 선정에 큰 영향을 미친다. 주요 검토 대상들은 다음과 같다.

  · 이산화탄소(CO_2)

  · 황화수소(H_2S)

  황화수소는 농도 예측이 어렵고 이와 관련된 부식 및 HSE 재해 위험이 매우 높기 때문에 이러한 측면에 대한 신중한 검토를 거쳐 생산 시설의 설계 및 운영 원칙을 수립하여야 한다. 특히 가스의 경우 판매 상품 요구 사양에도 황화수소의 함유량 한도 항목이 포함된다. 공정 설계 시에는 황화수소의 감지 및 확산과 황화수소 처리를 위한 설비에 대한 검토가 이루어져야 한다. 그러나 황화수소 처리가 가능한 설비를 사용하기 위해서는 설비 설치를 위한 충분한 해양 플랫폼의 탑사이드 공간과 적재 하중 여력이 마련되어야 하므로 컨셉 선정 시 주요 의사 결정을 위한 검토 과정에서 이러한 요구 사항을 그대로 유지하기는 어려운 경우가 많다.

  · 아스팔텐(asphaltene) 침전

  원유에 포함된 아스팔트의 불용성 성분인 아스팔텐은 저류층 유체의 압력, 온도, 조성 등에 변화가 생길 경우 생산 튜빙, 플로우라인, 밸브 등에서 침전되어 생산 활동에 큰 지장을 초래할 수 있기 때문에 생산 시설의 설계 시에 그 영향에 대한 검토가 면밀히 이루어져야 한다. 특히 시추공 내에 아스팔텐의 침전이 발생하는 경우에는 고비용의 제거 작업을 수행하여야 한다.

  · 왁스(wax) 생성

원유에 포함된 파라핀 계열 성분의 복합체로서 저류층 유체의 온도가 내려가면 파라핀 입자가 서로 뭉쳐져 결정이 형성된다. 특히 유동점(pour point) 이하로 온도가 내려가면 왁스의 영향으로 유체가 고형화되어 플로우라인 등을 막을 수 있다. 이를 방지하기 위해서 유동점 강하제를 주입하기 위한 시추공 주입 설비나 왁스 제거를 위한 피깅(pigging) 설비를 설치하고 플로우라인의 온도를 높이는 방법 등을 검토하게 된다. 왁스 생성 가능성과 그에 따른 영향에 대한 검토 또한 기획 단계에서 생산 시설 설계 시 필수적으로 수행되어야 한다.

· 스케일(scale) 형성

화학 작용이나 온도/압력 변화 등으로 인해 금속이나 암석 표면에 형성되는 고형물이다. 저류층 유체가 온도/압력 변화를 받아 유체에 용해되어 있던 염분 등이 빠져나와 형성되는 결정체 또는 회수 증진을 위해 저류층에 주입된 물이 저류층에 원래 존재하던 물과 만나 소금 이온 등이 화학 반응을 일으켜 침전되는 고형 성분을 말한다. 이러한 스케일은 생산 튜빙, 플로우라인, 밸브 내에 쌓여 결국에는 유체의 흐름을 막아버릴 수 있다. 스케일의 형성을 방지하고 제거하기 위한 기계적 또는 화학적 방법들이 생산 시설 설계 시에 검토 및 반영되어야 한다.

· 하이드레이트(hydrate) 형성

하이드레이트는 높은 압력과 낮은 온도에서 저류층에서 생산된 다상 유체의 물 분자와 기체(가스) 분자가 결합하여 생성되는 고체 입자로 플로우라인을 막을 수 있다. 이를 방지하기 위해 메탄올이나 글리콜(glycol) 등 억제제를 주입하여 유체의 평형 온도를 낮출 수 있으나, 이때 투입되는 억제제의 양은 물의 함량 비율에 비례하기 때문에 물 함량 비율이 높을 경우는 비용적 및 환경적 측면에서 문제가 될 수 있다. 다른 방법으로 피깅 설비를 사용하거나 플로우라인의 압력을 낮추고 온도를 높여주는 다양한 솔루션을 검토할 수 있다. 하이드레이트의 형성에 따른 문제를 해결하기 위한 설계 방법과 운영 원칙 등은 아직 추가적인 연구가 필요한 분야로, 기획 단계에서부터 면밀하게 검토되어야 하는 사항이다.

· 에멀전(emulsions)과 기포 형성

2.3.2.(4)에서 살펴본 바와 같이 분리기를 사용하여 유정 유체를 분리 및 안정화시키는 단계에서 에멀전과 기포가 형성된다. 저류층 유체의 특성을 반영하여 에멀전 및 기포의 형성을 억제하고 제거 및 분리하기 위한 방법들이 생산시설 설계 시에 반영되어야 한다.

· 슬러깅(slugging)

슬러그(slug)란 다상유동 상태인 저류층 유체 내의 액상 덩어리를 말하며 슬러그류는 이러한 액상 슬러그와 가스 기포가 번갈아 생성되어 플로우라인이나 배관 등을 통과하는 흐름을 뜻한다. 슬러그류는 경우에 따라서는 수백 m에 걸쳐 나타날 수도 있으며 적절히 처리하지 못하면 압력이나 유량의 급격한 변화를 초래하여 전체 생산 시스템에 심각한 손상을 일으킬 수 있다. 이러한 슬러깅 현상을 방지하기 위한 슬러그 제어 시스템 또는 슬러그 캐처 등이 검토되어야 한다.

이러한 유체의 성분 및 화학적 특성들은 시설의 부식 및 침식과 관련된 재료 선정, 화학 작용 저감 대책, 개발정의 인터벤션 빈도 등 생산시설의 설계 및 운영에 중대한 영향을 미치게 되고, 잠재적으로 상당한 비용 상승 요인으로 작용하게 된다.

- **모래 생산 제어**

  저류층으로부터 나오는 모래의 양을 제어하는 것은 높은 투과성의 혼탁성 저류층 개발 시 중요한 작업 중 하나이다. 모래 생산 제어를 감안하여 유정 완결 방식을 설계하고 생산 시설에 모래 검출 장비의 설치 여부를 검토하여야 한다.

- **저류층 압력 유지**

  저류층 압력 유지를 위한 요구 사항은 생산 시스템 선정 시 핵심적인 검토 요소이다. 저류층 압력을 유지하기 위해서는 물을 주입하거나(워터 플러딩) 생산된 가스를 재주입하거나(가스 플러딩) 또는 이 두 가지 방식을 복합적으로 적용하게 된다. 낮은 압력의 대수층과 면한 저류층의 경우에는 워터 플러딩을 적용해 저류층 압력을 유지하여 생산 효율을 높이는 것이 필수적이다. 저류층이 넓은 지역에 퍼져 있을 경우에는 중앙 시추 센터에서 저류층의 물 주입 위치까지 도달할 수 없을 수 있다. 이러한 때에는 서브씨 유정을 설치하거나 주입 플랫폼을 별도로 설치하는 것을 검토하여야 한다.

  가스 플러딩 또는 가스 플러딩과 워터 플러딩을 복합적으로 적용할 경우 구체적인 적용 방식에 따라 생산정 설치 위치가 결정되며 결과적으로 컨셉 선정에 영향을 미치게 된다.

- **가스 생산 및 처분**

  주로 석유가 매장된 유전의 경우에는 수반 가스 또는 가스 플러딩에 따른 주입 가스가 다시 생산되는 현상을 감안하여 생산 시나리오를 검토하여야 한다. 이러한 측면에서 저류층 유체 특성에 대한 정확한 정보를 바탕으로 프로세스 시스템 설계와 가스 재주입 등 가스 처분 방식을 결정하는 것이 중요하다.

  최근에는 환경적 이유로 가스를 태우는 플레어링(flaring)을 허용하지 않는 산유국이 늘어나고 있는 추세에 있다.

- **생산된 석유 이송 방식**

  생산된 석유는 해저 파이프라인 또는 셔틀 탱커 방식으로 육상의 추가 처리 시설이나 판매처로 이송하게 된다. 이러한 이송 방식은 해양 플랫폼의 저장 가능 여부,

표 4-4 심해 유전 개발 시 빌딩 블록(예)

호스트 플랫폼		시추 시스템	생산 증진 설비	서브씨 시스템	이송 시스템		육상 시설
하부 구조물	유정 완결 방식				석유	가스	
· TLP · Spar · 반잠수식 · FPSO · 인근 지역 기존 플랫폼	· 드라이 트리 · 웻 트리 · 드라이+웻 트리	· 시추선 · 탑사이드 시추 설비 · 텐더 시추	· 가스 리프트 · ESP · 물 주입 · 가스 주입	· 단일 위성 · 클러스터	· 파이프 라인 · 셔틀 탱커 (유조선) · FSO + 셔틀 탱커	· 파이프 라인	· 석유 저장 터미널 · 가스 처리 플랜트 · 가스 액화 플랜트 · GTL플랜트

* FSO: 부유식 저장 및 하역 설비, GTL: Gas To Liquid

　　육상과의 거리, 부유식 저장 설비 운용 등을 검토하여 결정하게 된다.

4.5.3 컨셉 스크리닝 단계

컨셉 스크리닝 단계에서 수행되는 작업들을 작업 순서대로 설명하면 다음과 같다.

(1) 워크샵

오퍼레이터 주도하에 유전 개발 프로젝트의 이해 관계자들이 참여하는 워크숍을 열어 컨셉 선정 프로세스의 골격을 잡게 된다. 워크숍의 주요 목적은 다음과 같다.

· 디자인 베이시스와 기능적 요구 사항 검토
· 컨셉 선정 및 평가 기준 마련
· 개발 시나리오 도출 가이드라인 제공

(2) 개발 시나리오 도출

각 빌딩 블록을 구성하고 해당 유전의 디자인 베이시스와 기능적 요구 사항을 만족시키는 기술 솔루션들의 조합을 파악한다. 각 빌딩 블록에는 작게는 한두 개, 많게는 수십 개의 기술적 솔루션이 있을 수 있다. 예를 들어, 심해의 경우 호스트 플랫폼 빌딩 블록에는 유정 완결 방식(드라이 트리/웻 트리), 부유식 하부 구조물 방식(TLP/Spar/반잠수식/FPSO 등), 계류 시스템 방식(현수선식/인장각식/준인장각식), 라이저 시스템 방식(TTR/Non-TTR/하이브리드) 등의 조합으로 수십 개의 솔루션이 제시될 수 있다.

　　기술적으로 서로 상충되지 않고 동시에 적용이 가능한 각 빌딩 블록의 기술 솔루션들을 조합하여 기술적으로 실현 가능한 개발 시나리오의 모든 경우의 수를 파악한다. 일반적으로 20~80여 개의 시나리오가 파악되지만 경우에 따라서는 그 수가 100개 이상이 될 수도 있다.

*DT: 드라이 트리, WT: 웻 트리, WI: 물 주입, GI: 가스 주입, PL: 파이프라인

그림 4-33 개발 시나리오 도출 사례

그림 4-33은 심해 유전의 개발 시나리오를 도출하기 위해 빌딩 블록을 조합하는 간단한 사례를 나타낸 것으로, 총 72개의 개발 시나리오가 가능한 경우이다.

(3) 평가 방법 결정

도출된 다수의 개발 시나리오들을 평가하여 그중 뛰어난 시나리오들을 선별하기 위한 정성적, 정량적 평가 항목과 평가 방법을 결정한다. 이 단계에서는 주로 정성적 평가에 중점을 두어 진행된다.

정성적 평가 항목

정성적 평가에서는 계량화/수치화가 어려운 운영성(operability), 유연성(flexibility), 시공성(constructability) 등의 정성적 요소들, 주로 기술적 사항들과 관련된 부분을 평가하게 되고 요구되는 정확도는 상대적으로 낮다. 일반적인 평가 항목으로는 기술적 리스크, 회수율, 생산 개시 시기, 개발 확장성 등이 있다.

정량적 평가 항목

수치화할 수 있는 생산량, 매출, 비용(자본 비용, 운영 비용 등) 및 스케줄 등에 대한 검토가 이루어지고 상대적으로 높은 정확도가 요구된다.

우선 각 시나리오에 대해서 다음과 같은 사항을 반영하여 컨셉 엔지니어링을 수행하고 ±40%의 오차 범위로 비용과 스케줄을 추정한다(평가 단계 비용 추정에 비해 작업 범위는 넓어지지만 요구되는 오차 범위는 동일).

- 판매 가격
- 개발정 개수, 생산 프로파일
- 기본 서브씨 시스템 구성 요소
- 기본 탑사이드 기능별, 구성 요소, 처리 용량
- 호스트 플랫폼 타입

여기에 상업적 전략과 개발 전략을 반영하여 경제성 분석을 실시하게 되며, 주로 NPV
가 사용된다.

평가 방법

사니리오들의 비교/분석을 위한 평가 항목들은 일반적으로 5개 내외로 정하며 이들은
상호 배타적이어야 한다.

이들 평가 항목들은 복잡한 상호 연관 관계를 가지는 경우가 일반적이다. 이러한 연
관 관계에 대한 체계적인 분석을 위해 계층화 분석법(AHP; Analytic Hierarchy Pro-
cess)을 사용하여 평가 항목에 대한 정성적이고 주관적인 비교를 실시한다. 이를 통해
평가항목들의 상대적 비중을 구하고 개발 시나리오 스크리닝을 위한 지침을 구할 수
있다.

여기서는 운영성, 유연성, 시공성, 비용/스케줄 4개의 평가 항목으로 평가를 진행하
는 매우 간단한 AHP 사례를 살펴보도록 한다.

① 계층 구조도 작성

시나리오 평가라는 문제를 체계적으로 구조화하기 위한 계층 구조도를 작성한다.
구조도의 최고 수준은 평가 목표, 그 다음 수준은 주 평가 항목, 그 하위 수준은 하
위 평가 항목 등으로 구성된다. 스크리닝 단계에서는 주 평가 항목 수준까지만 작
성하게 된다.

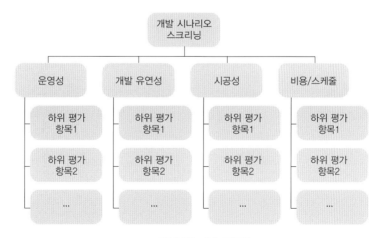

그림 4-34 계층 구조도

② 비교 행렬 작성

주 평가 항목들을 행과 열에 나열한 비교 행렬을 작성한다.

	운영성	유연성	시공성	비용/ 스케줄
운영성				
유연성				
시공성				
비용/ 스케줄				

그림 4-35 비교 행렬

③ 평가 항목들의 상대적 중요성 평가

비교 행렬의 각 행과 열에 해당하는 주 평가 항목들을 상호 비교하여 그 상대적 중요성을 평가한다. 비교 평가값은 다음 표와 같은 비교 척도를 기준으로 점수를 할당한다.

상대적 중요성	해석
1/9	어느 한쪽이 절대적으로 덜 중요
1/7	어느 한쪽이 매우 덜 중요
1/5	어느 한쪽이 상당히 덜 중요
1/3	어느 한쪽이 조금 덜 중요
1	동일하게 중요함
3	어느 한쪽이 조금 더 중요
5	어느 한쪽이 상당히 더 중요
7	어느 한쪽이 매우 더 중요
9	어느 한쪽이 절대적으로 더 중요
1/8, 1/6, 1/4, 1/2, 2, 4, 6, 8	위 각 척도들의 중간값에 해당

그림 4-36 상대적 중요성 비교 척도

평가 값을 비교 행렬의 해당란에 기입한다.

	운영성	유연성	시공성	비용/스케줄
운영성	1	3	5	1
유연성	1/3	1	2	1/3
시공성	1/5	1/2	1	1/5
비용/스케줄	1	3	5	1
계	2.53	7.5	13	2.53

그림 4-37 비교 행렬 작성

④ 상대 비중표 작성

비교 행렬의 각 값을 해당 열의 합으로 나누어 각 열의 계가 1이 되는 정규화된 (normalized) 값을 구하고 이를 새로운 행렬로 작성한다. 새로운 행렬의 각 행의 계를 구하고 다시 이들의 합을 구한다. 다시 이들의 합이 1이 되도록 상대 비중 값을 계산한다.

	운영성	유연성	시공성	비용/스케줄	계	상대비중
운영성	0.40	0.40	0.38	0.40	1.58	0.39
유연성	0.13	0.13	0.15	0.13	0.55	0.14
시공성	0.08	0.07	0.08	0.08	0.30	0.08
비용/스케줄	0.40	0.40	0.38	0.40	1.58	0.39
계	1	1	1	1	4	1

그림 4-38 상대 비중표 작성

⑤ 시나리오 평가

각 개발 시나리오를 주 평가 항목별로 상대적으로 평가하여 1~5 사이의 값으로 시나리오별 상대 평가 값을 구한다. 여기에 상대비중치를 곱하여 정규화된 상대 평가 값을 구하고 각 시나리오별로 합계를 구한다.

	상대 비중	시나리오 상대 평가			정규화된 상대 평가		
		A	B	C	A	B	C
운영성	0.39	4	3	4	1.56	1.17	1.56
유연성	0.14	2	4	3	0.28	0.56	0.42
시공성	0.08	5	3	4	0.40	0.24	0.32
비용/ 스케줄	0.39	4	3	5	1.56	1.17	1.95
계	1	15	13	16	3.80	3.14	4.25

그림 4-39 시나리오 평가

이 사례에서 개발 시나리오 A, B, C는 각각 상대 평가 값 3.80, 3.14, 4.25를 나타낸다. 따라서 시나리오 C, A, B의 순으로 우수한 시나리오를 선별할 수 있다.

(4) 1차 평가 및 스크리닝

도출된 모든 개발 시나리오에 대하여 1차 평가를 실시하고 그 결과가 우수한 개발 시나리오들을 선별한다. 일반적인 1차 평가 및 스크리닝 절차는 다음과 같다.

① 모든 개발 시나리오들에 대하여 기결정된 평가 방법에 따라 평가를 실시한다.
② 평가 결과가 우수한 순으로 각 개발 시나리오에 순위를 부여한다.
③ 각 평가 항목 가중치의 정성적 평가에 따른 불확실성을 검토하여 개발 시나리오 순위를 재확인한다.
④ 모든 개발 시나리오에 대하여 위험 평가를 수행하여 순위에 반영한다.
⑤ 상위 5~10개의 시나리오를 선별한다.

기술 관련 항목 등 특정 평가 항목에 대하여서는 1차 스크리닝 통과를 위한 최소값을 설정하여 그 이상을 만족하는 개발 시나리오만 선별할 수 있다.

4.5.4 컨셉 선정 단계

컨셉 선정 단계에서 수행되는 작업들을 작업 순서대로 설명하면 다음과 같다.

(1) 평가 방법 검토

컨셉 스크리닝 과정에서 사용한 평가 방법을 구체화하고 발전시켜 최종 개발 시나리오를 선정하기 위한 평가 방법을 결정한다. 이 단계에서는 정량적 평가에 중점을 두게 된다.

정성적 평가

컨셉 스크리닝 과정에서 사용된 정성적 평가 요소들을 추가/보완한다. 각 주 평가 항목 아래에 하위 평가 항목들을 추가하여 평가 내용을 세분화한다. 컨셉 스크리닝 단계에서 언급한 계층 구조도 사례(그림 4-35 참조)에서 4개의 주 평가 항목 아래에 3개의 하위 평가 항목들을 설정한다고 가정하면 총 평가 항목은 12개가 된다.

정량적 평가

컨셉 스크리닝 과정과 동일한 방법이 사용된다. 다만, 각 시나리오에 대해서 추가적인 컨셉 엔지니어링을 수행하여 비용과 스케줄 추정치의 오차 범위를 ±30% 수준으로 낮추게 된다. 즉, 컨셉 스크리닝 과정보다 구체적인 기술적 검토가 이루어져 상대적으로 높은 정확도의 평가 결과를 얻게 된다.

컨셉 스크리닝 단계에서 추가적으로 검토되는 기술 사항들은 다음과 같다.

- 라이저, 플로우라인, 해저 파이프 등의 사이즈, 흐름 견실성 검토
- 시추/인터벤션 장비
- 프로세스 시뮬레이션, 탑사이드 레이아웃 초안
- 하부 구조물의 적재하중, 거동/복원성 분석
- 상세 설계/조달/건조/설치/시운전 실행 계획

스크리닝 단계와 마찬가지로 비용 및 스케줄 추정치를 바탕으로 NPV 등 경제성 지표를 산출한다.

(2) 2차 평가 및 스크리닝

컨셉 스크리닝 과정에서 선별된 시나리오들에 대하여 2차 평가를 실시하고 그 결과가 우수한 개발 시나리오들을 선별한다.

1차 평가와 동일한 절차로 평가를 진행하여 그 결과가 상위 1~5위인 개발 시나리오들을 선별한다. 1차보다 구체화된 평가 항목 및 기술적 검토 내용을 바탕으로 보다 정밀하게 정량적 평가에 중점을 두어 평가가 진행된다.

특정 평가 항목에 대하여서는 2차 스크리닝 통과를 위한 최소값을 설정하여 그 이상을 만족하는 개발 시나리오만 선별할 수 있다.

(3) 컨셉 선정

선별된 개발 시나리오들 중 어느 한 시나리오가 특출하게 뛰어난 경우에는 해당 시나리오를 최종 개발 컨셉으로 선정한다.

복수의 개발 시나리오들에 대한 평가 결과가 추정 오차한계 내에 있을 경우에는 기

술/실행/운영/안전/상업적 리스크를 평가를 실시하고 그 결과값을 비교하여 최종 컨셉으로 선정한다.

타이 브레이커

이러한 평가에도 불구하고 경제적/기능적 지표로 복수의 개발 시나리오들의 우열을 가릴 수 없을 경우에는 타이 브레이커를 적용하여 최종 컨셉을 선정한다. 타이 브레이커 기준 항목들은 오퍼레이터 고유의 개발 전략에 근거하여 정해지게 되는데 일반적으로 많이 사용되는 항목들은 다음과 같다.

· HSE: 해양 플랫폼의 데크 면적이 넓어 위험 지역과 비위험 지역 사이에 충분한 이격 공간 제공 가능 여부
· 개발 유연성: 프로젝트 실행 계약 전략 및 저류층 불확실성에 대한 적응력 측면에서의 유연성
· 이동성: 생산 시설의 해체 및 타 지역으로의 이동 용이성

(4) 벤치마킹

최종 선정 컨셉과 유사한 컨셉의 기존 프로젝트의 경험 데이터를 활용하여 주로 정량적 지표 위주로 선정된 컨셉에 대한 상대적 평가를 진행한다. 평가 결과에 따라 선정된 컨셉의 추가 발전 방향을 설정한다.

05

개발-실행

이번 장에서는 오퍼레이터의 입장에서 실행 단계에서 수행되는 작업에 대해 살펴보도록 한다.

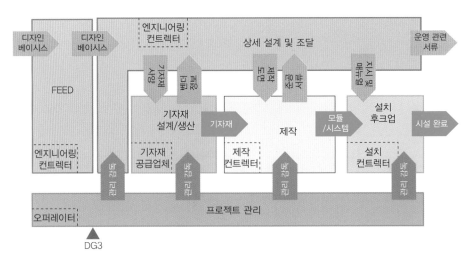

그림 5-1 실행 단계 작업 흐름

기획 단계에서 유전 개발 계획을 산유국에 제출하여 프로젝트 승인 및 최종 투자 결정(FID)이 이루어지면 실행 단계로 넘어가게 된다.

실행 단계에서는 유전 개발 계획에 따라 해양 생산시설을 건설하여 해당 유전에서 석유가스의 생산이 가능한 상태로 만들게 된다. 대규모 자본 비용을 집행하여 다수의 컨트렉터를 고용해 해상의 열악한 환경에서 작업을 수행하기 때문에 HSE 요구 사항들을 만족시키는 것이 매우 중요한 시기이기도 하다.

실행 단계에서 오퍼레이터가 고용하는 컨트렉터에는 대표적으로 상세 설계 및 조달 업무를 담당하는 엔지니어링 컨트렉터, 제작을 담당하는 제작 컨트렉터, 설치/후크업 등을 담당하는 설치 컨트렉터 등이 포함되며 각종 기자재를 공급하는 공급업체도 중요한 기능을 담당한다.

해양 생산시설은 크게 해양 플랫폼(탑사이드와 하부 구조물), 유정 시스템, 이송시설로 구성되며, 유정 시스템이 서브씨 유정 방식일 경우에는 서브씨 시스템도 포함된다. 실행 단계에서는 일반적으로 이들 각 생산시설 구성 요소를 기준으로 하위 프로젝트를 구성하고 각 하위 프로젝트에 대해 상세 설계, 조달, 건조/제작, 설치/완료 작업을 수행하여 생산시설을 건설하게 된다.

이 중 해양 플랫폼은 다른 모든 생산시설 구성 요소들과 직접 연결되며 해양 생산시설의 중추 역할을 한다. 따라서 유전의 생산 개시일은 해양 플랫폼의 설계, 제작, 설치 일정에 직접적인 영향을 받게 된다. 즉, 해양 플랫폼 타입과 그에 따른 제작/설치 방식은 전체 생산시설 건설 계획에 매우 큰 영향을 미치게 된다.

5.1 해양 플랫폼 제작/설치

해양 플랫폼 제작/설치 방식은 해양 플랫폼의 타입에 따라 해상 조립 방식과 연안 조립 방식, 크게 두 가지 방식으로 나눌 수 있다.

5.1.1 해상 조립 방식

고정식 철재 플랫폼과 유연식 플랫폼 등은 탑사이드 모듈과 하부 구조물을 각각 따로 해상 설치 위치로 이동시켜 현장에서 조립/통합 작업을 실시하게 된다.

탑사이드 모듈들과 하부 구조물(자켓)은 육상의 여러 제작 장소에서 제작된다. 제작이 끝난 하부 구조물을 먼저 바지선으로 이동시켜 해상에 설치한 뒤 탑사이드 모듈을 해상 설치 위치로 이동시켜 각각 하부 구조물 위에 설치한다.

생산시설 건설 계획 사례

그림 5-3은 해상 조립 방식이 적용되는 생산시설 건설 계획 사례를 표시한 것이다.

이 사례에서는 PDQ(Process, Drilling, Quarter) 기능의 고정식 철재 플랫폼 컨셉이 선정되어 드라이 트리 방식의 유정 시스템이 사용되므로 서브씨 시스템은 적용되지 않는다. 이송 시설로 석유와 가스 이송용 해저 파이프라인이 각각 설치된다.

개발정 시추 작업은 하부 구조물인 자켓이 해상에 설치된 뒤 잭업 시추선을 고용하여 자켓 위에서 시추 작업을 진행한다. 자켓 위에 탑사이드가 설치된 이후에는 탑사이드의 시추 장비를 사용하여 개발정을 시추 및 완결한다.

이동/설치, 후크업 등 해상 작업 시에는 바람, 해류, 파고 등 환경이 작업에 적합한

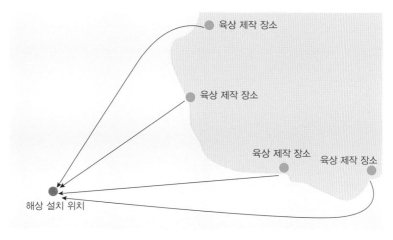

그림 5-2 해상 조립 방식

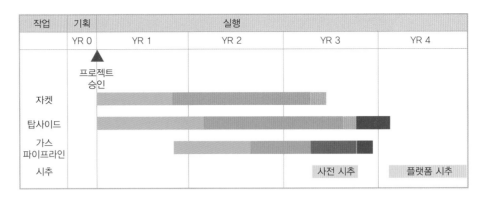

작업	기획	실행			
	YR 0	YR 1	YR 2	YR 3	YR 4

프로젝트 승인

자켓

탑사이드

가스 파이프라인

시추 · · · 사전 시추 · · · 플랫폼 시추

■ 설계/조달　■ 건조/제작　■ 이동/설치　■ 후크업/시운전　■ 설치　■ 시추

그림 5-3 생산시설 건설 계획 사례(해상 조립 방식)

기간, 즉 웨더 윈도우를 감안하여 작업 일정을 결정하게 된다.

5.1.2 연안 조립 방식

부유식 플랫폼과 고정식 콘크리트 플랫폼, 잭업 플랫폼 등은 연안 또는 내해에서 탑사이드 모듈과 하부 구조물의 조립/통합 작업을 실시한다.

탑사이드 모듈들과 하부 구조물은 육상의 여러 제작 장소에서 제작된다. 제작이 끝난 모듈들과 하부 구조물은 바지선으로 해상 설치 장소와 비교적 가까운 연안 조립 장소로 이동시켜 연안 안벽 또는 내해에서 조립/통합한 뒤 해상으로 옮겨 설치한다.

생산시설 건설 계획 사례

그림 5-5는 연안 조립 방식이 적용되는 생산시설 건설 계획 사례를 표시한 것이다.

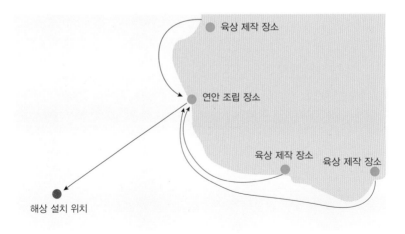

그림 5-4 연안 조립 방식

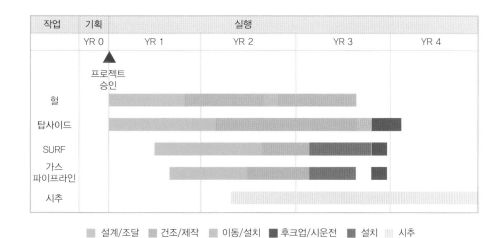

그림 5-5 생산시설 건설 계획 사례(연안 조립 방식)

이 사례에서는 FPSO 컨셉이 선정되었다. 웻 트리 방식의 유정 시스템이 사용되므로 SPS와 SURF 등 서브씨 시스템이 작업 범위에 포함된다. 석유는 셔틀 탱커 방식으로 가스는 해저 파이프라인을 설치하여 이송한다. 시추선을 고용하여 개발정을 시추 및 완결한다. 해상 작업 시에는 웨더 윈도우를 감안하여 작업 일정을 결정하게 된다.

5.2 프로젝트 실행 모델

프로젝트 실행은 크게 상세 설계, 조달, 건조/제작, 설치/완료 작업으로 구분될 수 있다. 이들 작업은 해양 플랫폼(탑사이드와 하부 구조물), 유정 시스템, 이송시설, 서브씨 시스템 등 각 생산 시설 구성 요소별로 그 특징을 반영하여 수립된 실행 모델에 따라 수행된다.

여기서는 고정식 철재 플랫폼의 탑사이드 프로젝트의 예를 들어 이러한 실행 모델을 설명하도록 한다.

그림 5-6은 고정식 철재 플랫폼 탑사이드의 실행 모델을 표시한 것으로 해상 조립 방식을 적용하였으며 상세 설계와 조달은 엔지니어링 컨트렉터가, 건조 및 제작은 제작 컨트렉터가, 설치 및 완료는 설치(installation) 컨트렉터와 시운전(commissioning) 컨트렉터가 각각 담당하게 된다.

5.2.1 상세 설계

기획 단계에서 선정되어 발전시킨 기술적 솔루션들을 실행 단계에서 컨트렉터, 시스

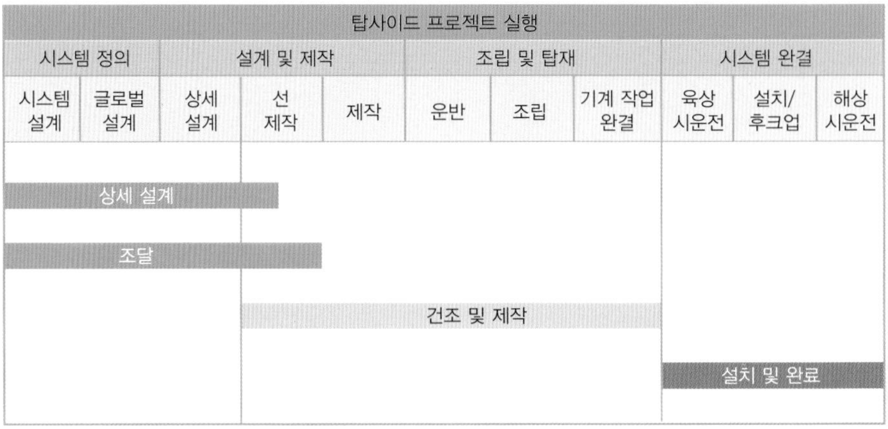

| 탑사이드 프로젝트 실행 | | | | | | | | | | |
| 시스템 정의 | | 설계 및 제작 | | | 조립 및 탑재 | | | 시스템 완결 | | |
시스템 설계	글로벌 설계	상세 설계	선 제작	제작	운반	조립	기계 작업 완결	육상 시운전	설치/후크업	해상 시운전
	상세 설계									
	조달									
			건조 및 제작							
								설치 및 완료		

그림 5-6 탑사이드 프로젝트 실행 모델

템 제공 회사, 장비/서비스 공급 회사 등이 작업하기 위해 필요한 수준까지 추가적으로 발전시키고 구체화하는 작업이다. 상세 설계 결과물을 기반으로 조달, 제작 및 설치 작업을 수행하게 된다.

상세 설계에서의 주요 활동은 크게 다음 2가지로 구분할 수 있다.

· 정의 단계의 FEED 스터디 결과물 중 하나인 테크니컬 베이시스를 구체화시켜 생산시설의 디테일 베이시스를 마련한다. 디테일 베이시스에는 P&ID, 글로벌 설계도, 상세 설계도 등이 포함된다.
· 조달, 제작, 조립, 설치, 시운전 등의 작업을 위한 구체적인 도면, 사양, 작업 절차, 작업 지시 등을 준비한다.

상세 설계 작업을 수행하기 위해서는 다음과 같은 자료가 준비되어 있어야 한다.

· 정의 단계의 FEED 스터디에서 확정된 디자인 베이시스
· 기술적/운영적 요구 사항 및 가이드라인(TORG; Technical Operational Requirement and Guideline)
· 계약서 상에 규정된 사용 가능한 선정 컨셉의 기술적 사양인 시설 정의 패키지(facility definition package)
· 추가적으로 결정되어야 하는 기술적 검토 및 선택 사안 목록
· 승인된 장비/서비스 공급 회사 목록(AVL; Approved Vendor List)과 그들과 체결한 프레임 어그리먼트(frame agreement)
· 납기가 긴 기자재, 즉 LLI(Long Lead Items)에 대한 조달 패키지

5.2.2 조달

여기서는 실행 단계에서 기자재 구매와 관련된 조달 작업을 설명한다. 상세 설계/조달, 건조/제작, 설치/완료 등의 서비스 계약 관련 사항은 6.3.5에서 다루도록 한다.

상세 설계 결과를 기반으로 필요 자재, 장비, 시스템 등이 확정되면 이들을 구매하기 위해 관련 계약을 체결하거나 주문서를 발행하고 발주 물품에 대한 납기 및 품질의 관리 활동을 실시한다. 상세 설계와 조달 작업은 건조/제작, 설치/완료 작업을 위한 기술적/상업적 토대를 마련해주는 역할을 한다.

조달에서의 주요 활동은 다음과 같다.

- 장비, 자재 구매
  - 기술적/상업적 요구 사항 검토
  - 입찰 진행, 입찰 자료 평가
  - 계약 체결 또는 주문서 발행
  - 납기 및 품질 관리
- 물류 계획
- 자재 관리

5.2.3 건조/제작

상세 설계와 조달 작업 결과물을 바탕으로 탑사이드를 건조한다. 건조/제작에서의 주요 활동은 다음과 같다.

- 제작 작업 준비
- 파이프 스풀(pipe spool), 강재/콘크리트 구역 선제작
- 부분 조립 및 패키지 제작
- 선 조립, 주요 장비, 모듈 설치
- 기계 작업 완결(mechanical completion): 기술적 요구 사항에 따라 안전하게 시운전할 수 있도록 기계적 시스템이 도면 및 사양에 맞게 설치되었는지 확인/점검하는 작업을 말하며 압력 테스트 또는 시스템 루프 테스트 등을 포함한다.

5.2.4 설치/완료

건조된 탑사이드를 설치 위치에 설치하고 시운전하여 원유/가스 생산이 가능하도록 준비한다.

설치/완료에서의 주요 활동은 다음과 같다.

- 육상/연안 시운전

  탑사이드 장비 및 시스템에 전력, 용수, 스팀 등 유틸리티 미디어를 공급하여 건조/제작 작업과 운영 개시 준비가 완료되었음을 확인한다.
- 해상 설치 장소로 예인
- 해상 설치 및 후크업

  기설치되어 있는 자켓 형식의 하부 구조물 위에 탑사이드를 설치하고 라이저 등을 연결한다.
- 해상 시운전

  유정 유체와 기타 원료를 공급하고 시험 운전을 실시하여 실제 생산 작업 개시 준비가 완료되었음을 확인한다.
- 준공 서류 작성(as-built documentation)
- 생산 개시 관련 자료 제출

  관련 법규에 따라 생산 개시 관련 산유국 정부 승인을 위한 제출 자료를 준비한다.
- 운영팀 이관

  산유국 정부 승인 후 생산시설의 운영을 담당하는 오퍼레이터의 시설 운영팀에 생산시설과 관련 자료를 이관한다.

5.3 탑사이드 모듈화

해양 플랫폼 탑사이드의 웨이트는 유전 개발 프로젝트 전체의 경제성에 직접적인 영향을 미치므로 이를 적절히 관리하는 것은 실행 단계에서 매우 중요한 사안 중 하나이다.

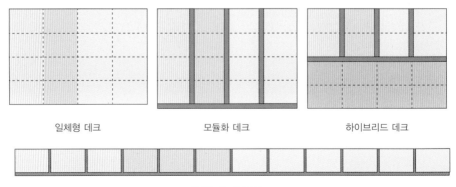

일체형 데크　　　　모듈화 데크　　　　하이브리드 데크

플랫(flat) 레이아웃

그림 5-7 레이아웃 방식

표 5-1 레이아웃 방식 특징

레이아웃 방식	모듈 방식	특징
일체형 데크	일체형	• 인터페이스가 없다. • 리프팅이 불가능할 수도 있다. 그러한 경우에는 플로트오버(float-over) 설치 방식을 적용한다. • 대규모 건조 능력이 요구되어 선택할 수 있는 제작 컨트렉터의 수가 한정적이다.
모듈화 데크	대형 모듈	• 인터페이스가 적다 • 헤비 리프트 작업이 요구되어 선택할 수 있는 리프팅 컨트렉터의 수가 한정적이다. • 상대적으로 큰 건조 능력이 요구되어 선택할 수 있는 제작 컨트렉터의 수가 한정적이다.
하이브리드 데크	소형 모듈	• 수직/수평 방향 인터페이스가 많다. • 여러 번의 소형 리프팅 작업이 요구된다. • 선택할 수 있는 리프팅/제작 컨트렉터의 수가 많다.
플랫 레이아웃	장비(시스템) 패키지	• 데크 면적이 넓다 • 수직 방향 인터페이스가 많다. • 여러 번의 소형 리프팅 작업이 요구된다. • 장비/시스템 단위 패키지로 구성되므로 수많은 장비/시스템 공급 회사에 대한 관리가 요구된다.

탑사이드 웨이트를 관리하여 경제성을 개선하는 방법 중 하나는 탑사이드를 구성하는 모듈의 수를 줄여서 웨이트를 감소시키는 효과를 보는 것이다. 또한 모듈의 수를 줄이면 작업 단가가 높은 해상 설치/후크업/시운전 작업을 최소화할 수 있다.

탑사이드의 모듈화 방식은 탑사이드 레이아웃 및 건조 방식과 직결되는데, 탑사이드 레이아웃 방식에는 다음과 같은 4가지 방식이 있다.

- 일체형 데크

  모든 장비와 스키드(skid) 등을 일체형 구조물 형식으로 건조한다.
- 모듈화 데크

  모듈 지지 프레임 위에 대형 모듈들을 설치한다.
- 하이브리드 데크

  일부 모듈과 지지 프레임이 일체화된 통합 데크 위에 소형 모듈들을 설치한다.
- 플랫 레이아웃

  넓은 지지 프레임 위에 장비/시스템 패키지 단위 모듈 또는 스키드를 펼쳐서 배치한다.

5.4 해상 작업

해상 작업(marine operation)은 생산시설 건설과 관련하여 해상에서 이루어지는 모든 작업을 포괄하는 개념으로 다음과 같은 작업들을 포함한다.

- 예인: 해양 구조물을 선적한 바지선이나 구조물 자체를 예인선으로 연결하여 이동
- 중량물 운반: 중량물 운반선으로 하부 구조물, 탑사이드 등을 운반
- 해상 설치: 하부 구조물 등 설치
- 리프팅: 탑사이드 등을 크레인으로 들어올려 설치
- 서브씨 설치: 서브씨 장비, 구조물 등을 해저면에 설치
- 파이프라인 설치: SURF 등 해저 파이프라인류 설치

해양 플랫폼의 탑사이드와 하부 구조물이 건조되는 동안 해상 유전 지역에서는 개발정 시추와 함께 서브씨 시스템, 파이프라인, 라이저/계류 시스템 등을 운반 및 설치하는 작업이 동시에 진행된다. 이렇게 다양한 작업들이 여러 지역에서 동시 다발적으로 진행되기 때문에 해상 작업과 관련된 기술적/작업 절차 요구 사항들을 발전시키고 이를 반영하여 세밀한 실행 계획을 수립하는 것이 작업의 효율성 및 안전성 측면에서 필수적이다.

또한 이들 해상 작업들은 각 작업의 특성 및 시나리오에 따라 작업 가능한 파고, 해류, 풍속의 한계값이 정해져 있다. 따라서 웨더 윈도우를 감안, 해상 작업 기간 동안 해당 지역에서의 날씨를 정확히 예측하는 것이 매우 중요하다.

표 5-2는 생산시설 시스템별로(해양 플랫폼 제외) 실행 단계에서의 해상 작업 주체 및 해상 작업 시 사용되는 선박 종류를 나타낸 것이다.

표 5-2 해상 작업 주체 및 작업 선박

시스템		실행 단계			해상 작업 선박
		설계	제작	해상 설치	
유정 시스템		유정 서비스 컨트렉터	해양 시추 컨트렉터		시추선
서브씨 생산 시스템 (SPS)	크리스마스 트리	서브씨 생산 시스템 공급업체		해양 건설 컨트렉터	시추선/WIV
	서브씨 구조물				OCV/HLCV
	제어 장비				OCV
SURF	플로우라인	엔지니어링 컨트렉터	전문 공급업체	해양 건설 컨트렉터	PLV
	엄빌리컬				PLV
	라이저				OCV/PLV
계류 시스템			제작 컨트렉터		OCV/AHTS

해상 작업 선박

해상 작업에 이용되는 선박에는 PSV와 AHTS가 대표적이나, 해양 석유 산업이 발전함에 따라 오늘날에는 아래와 같이 더욱 전문화된, 다목적용으로 개발된 다양한 선박이 사용되고 있다.

- PSV(Platform Supply Vessel)
  해양 플랫폼과 육상 보급기지를 오가며 인력, 장비, 자재, 식재료 등 다양한 종류의 화물을 운송한다.

그림 5-8 PSV (Farstad Shipping ASA 제공)

- AHTS(Anchor Handling Tug Supply vessel)
  예인 및 리프팅 기능(최대 500톤)을 갖추어 해양 플랫폼 또는 시추선의 계류 작업을 지원하고 보급, 구조 기능을 함께 갖추고 있다.

그림 5-9 AHTS (Farstad Shipping ASA 제공)

• MPSV(Multi Purpose Supply Vessel)

PSV와 동일하게 보급 서비스 기능을 주로 수행하며 추가로 다른 해상 작업 기능을 갖추고 있다. 예를 들어, 크레인이 추가되어 OCV의 역할을 할 수 있는 MPSV도 많이 사용된다.

그림 5-10 MPSV (Farstad Shipping ASA 제공)

• OCV(Offshore Construction Vessel)

크레인, ROV(Remotely Operated Vehicle), 파이프라인 설치 등의 장비가 구비되어 서브씨 시스템과 파이프라인 등의 설치 및 수리 기능을 갖추고 있다.

그림 5-11 OCV (Farstad Shipping ASA 제공)

• HLCV(Heavy Lift Crane Vessel)

대형 크레인이 설치되어 해양 플랫폼 탑사이드, 대형 서브씨 구조물 등의 리프팅 작업이 가능하다. 세계적으로 잘 알려진 HLCV로는 Saipem 사의 Saipem 7000(리프팅 용량 14,000톤)과 Hereema 사의 Thialf(리프팅 용량 14,200톤)가 있다.

그림 5-12 Saipem 7000 (Huisman Equipment BV 제공)

그림 5-13 PLV (Huisman Equipment BV 제공)

그림 5-14 WIV (Huisman Equipment BV 제공)

- PLV(Pipe Layer Vessel)

  긴 구간의 해저 파이프라인 또는 SURF 설치를 위해 사용되는 파이프라인 설치 전용 선박이다.

- WIV(Well Intervention Vessel)

  개발정 유지 보수를 위한 다양한 인터벤션 기능을 갖춘 선박이다. 워크오버 작업의 경우는 시추선을 사용하여 진행한다.

5.4.1 SPS 설치 사례

여기서는 FPSO 컨셉으로 개발되는 심해 유전에서 단순한 형태로 구성된 SPS를 설치하는 작업 예시를 통해서 해상 작업 과정을 설명하도록 한다.

SPS 구성

본 사례에서 설치하고자 하는 SPS는 그림 5-15에서 나타나듯이 유정이 단순한 클러스터 방식으로 구성되어 있다.

여기서 2개의 플로우라인과 1개의 엄빌리컬을 FPSO와 연결하는 라이저와 라이저

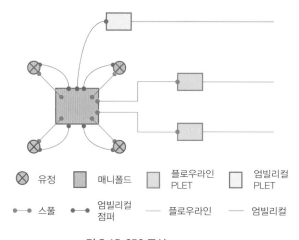

SPS 구성
· 4 x 서브씨 유정(생산정)
· 유정 구성 방식: 클러스터(4슬롯 매니폴드)
· 6 x 스풀
· 5 x 엄빌리컬 점퍼
· 2 x 플로우라인
· 1 x 엄빌리컬
· 3 x PLET

그림 5-15 SPS 구성

베이스의 설치는 본 사례의 작업 범위에서 제외되었다.

SPS 설치 절차

SPS를 설치하는 해상 작업 절차는 다음과 같다.

① 해저면 정지 작업
② 생산정 시추 및 완결
③ 매니폴드 설치
④ 플로우라인과 엄빌리컬 설치
⑤ PLET 설치
⑥ 스풀과 엄빌리컬 점퍼 설치

(1) 해저면 정지

서브씨 장비 또는 파이프라인 등이 설치되는 지역의 해저면의 안정성을 확보하여 기초를 다지는 작업을 진행한다. 해저면 정지 작업에는 준설(dredging)과 사석 투하(rock dumping)가 포함된다.

해저면에는 모래와 자갈 또는 암석이 불균일한 두께와 높이로 기반암 또는 점토층 위에 퍼져있어 이를 평탄화하는 작업이 필요하다. 준설 작업은 이러한 모래와 자갈을 특수 선박(준설선)을 이용하여 제거하는 것이고, 사석 투하 작업은 준설 작업과 반대로 암석을 투하하여 해저면을 평평하게 고르고 다지는 것이다.

(2) 생산정 시추 및 완결

생산정의 시추 및 완결 작업을 위해 작업 해역의 수심과 날씨, 생산정 디자인, 시장 상황 등을 감안하여 입찰을 통해 적절한 시추선을 선정한다.

시추선이 작업 해역에 도착하면 시추 지점에 위치를 고정시킨다. 부유식 시추선(반잠수식 시추선이나 드릴쉽)은 8~12개의 닻을 이용한 다점 계류 방식이나 동적 위치 제어 시스템을 이용하여 위치를 유지하게 된다.

일반적인 단일 생산정의 시추 및 완결 작업은 다음과 같이 진행된다(그림 5-16 참조).

① TGB 설치

우선 해저면에 앵커 포인트를 잡고 시추 장비나 케이싱 등을 정확한 위치에 내리기 위한 4가닥의 가이드라인을 설치하여야 한다. 일반적으로는 가이드라인을 연결한 TGB(Temporary Guide Base)를 시추 파이프를 이용해 해저면에 내려 설치함으로써 앵커 포인트를 확정한다.

② 파일럿 시추공 시추

시추 비트를 통과시킨 UGF(Utility Guide Frame)를 가이드라인에 연결하고 시추

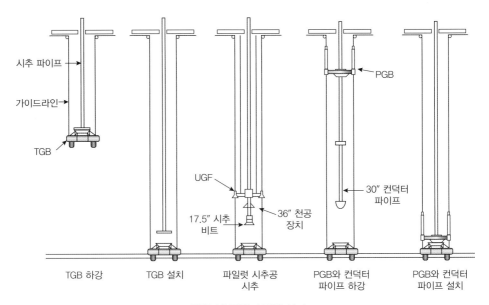

시추 파이프

가이드라인

TGB

PGB

UGF

17.5″ 시추 비트

36″ 천공 장치

30″ 컨덕터 파이프

TGB 하강 TGB 설치 파일럿 시추공 시추 PGB와 컨덕터 파이프 하강 PGB와 컨덕터 파이프 설치

그림 5-16 TGB와 PGB 설치

파이프를 이용해 UGF를 TGB로 내린다. 시추 파이프에 연결된 시추 비트는 TGB를 통과하여 파일럿 시추공을 시추한다. 시추 작업이 끝나면 시추 비트와 UGF를 회수한다.

③ 컨덕터 파이프 설치

시추선의 문풀(moonpool) 구역에 PGB(Permanent Guide Base)를 위치시키고 가이드라인을 연결한다. 컨덕터 파이프를 PGB에 통과시켜 파이프 상단을 PGB에 고정시킨다. 시추 파이프를 이용해 PGB를 TGB까지 내려 컨덕터 파이프를 설치하고 시멘팅 작업을 한다.

PGB는 TGB 위에 안착하여 BOP와 크리스마스 트리 등 장비들이 정확한 위치에 설치되도록 가이드하는 역할을 한다. 해저면이 연약한 점토층인 경우에는 TGB를 설치하지 않고 가이드라인을 연결시킨 PGB를 이용해 파일럿 시추를 바로 수행할 수도 있다.

④ 이후 시추 및 완결 작업 내용은 2.2.4 참조

만일 유정 구성 방식이 템플릿 방식인 경우에는 TGB 대신 시추 템플릿 구조물을 설치한다. 일반적으로 해저면에 버켓 방식으로 기초를 잡아 시추 템플릿을 설치하고 PGB를 내려 시추 작업을 진행한다.

(3) 매니폴드 설치

매니폴드가 설치될 해저면 위치에 버켓 방식 기초를 설치하고 그 위에 매니폴드를 설치한다.

그림 5-17 서브씨 구조물 설치 (Statoil ASA 제공)

버킷 기초 구조물을 바지선 등으로 설치 위치로 이동시킨 뒤 OCV 등의 크레인을 이용하여 구조물을 리프팅하고 해저면으로 내려 설치한다. 매니폴드도 같은 방식으로 기초 구조물 위에 설치한다.

북해에서는 일반적으로 버킷 기초, 보호 구조물과 일체형으로 매니폴드 템플릿 구조물을 제작하여 OCV의 크레인으로 설치한다.

(4) 플로우라인과 엄빌리컬 설치

플로우라인과 엄빌리컬 및 기타 파이프라인류의 해저 설치 방법에는 다음과 같은 4가지가 있다.

• 에스 레이(S-lay)

에스 레이 파이프라인 설치선에서 파이프라인을 수평 방향 또는 수평에 가까운

그림 5-18 에스 레이 (Huisman Equipment BV 제공)

그림 5-19 제이 레이 (Huisman Equipment BV 제공)

방향으로 조립하고 설치선을 전진시키면서 선미에서 파이프라인을 내려 S자 모양의 곡선을 그리면서 해저면에 설치하는 방법이다. 일반적인 설치량은 일당 3.5 km 내외이며 설치 가능한 최대 파이프 사이즈(외경)는 60″이다. 심해에서 작업을 할 경우에는 S자 굴곡을 따라 파이프에 작용하는 인장력이 증가하여 작업 위험 또한 증가한다.

● 제이 레이(J–lay)

제이 레이 파이프라인 설치선에서 파이프라인을 수직 방향 또는 수직에 가까운 방향으로 조립하고 설치선을 전진시키면서 선미에서 파이프라인을 내려 J자 모양의 곡선을 그리면서 해저면에 설치하는 방법이다. 에스 레이 방법과 비교하여 파이프라인 설치 시 과도하게 굴절되는 부분이 발생하지 않는 장점이 있어 주로 심해에서 사용을 많이 한다. 일반적인 설치량은 일당 1~1.5 km 내외이며 설치 가능한 최대 파이프 사이즈(외경)는 32″이다.

● 릴 레이(reel lay)

파이프라인을 육상에서 제작하여 대형 릴(reel)에 감아 릴 레이 파이프라인 설치선에 싣고 설치 해역으로 이동하여 릴을 풀어 해저면에 설치한다. 설치 시에 릴의 축은 수평, 수직 방향 모두가 가능하다. 일반적인 설치량은 일당 14 km 내외이며 설치 가능한 최대 파이프 사이즈(외경)는 16″이다.

● 예인(tow)

파이프라인을 육상 또는 온화한 해상에서 제작한다. 부표 또는 자체 부력을 이용하여 파이프라인을 띄우고 예인선으로 끌어 목표 지점에 위치시킨 뒤 해저면에 내려 설치한다. 예인 시 부력의 조절 방법에 따라 다양한 방식으로 나뉜다. 상기 언급된 설치 방법들보다 상대적으로 저렴하다.

그림 5-20 릴 레이 (Huisman Equipment BV 제공)

　다른 서브씨 장비와 연결되는 플로우라인의 끝 부분에는 임시 레이다운 헤드 (laydown head)를 부착하여 해저면에 설치하게 된다.

　이들 설치 방법들은 각각 다른 종류의 설치 선박을 이용하며, 제작 및 설치 가능 최대 파이프 사이즈, 설치 가능 수심 등에 각각 다른 한계치가 존재한다. 릴 레이 방식과 예인 방식의 경우에는 한번에 제작 및 설치 가능한 파이프라인 길이에 대한 제한이 있으므로 이에 대한 사전 검토가 필수적이다.

(5) PLET 설치

PLET는 해저 파이프라인의 구조적 요소 중 하나로서 파이프라인류의 끝 부분을 고정시켜주는 역할을 한다. PLET는 파이프라인 설치선을 이용하여 해저면에 내려 설치하는데, 파이프라인 설치 방법에 따라 PLET의 설치 방법 또한 크게 차이가 난다. 여기서는 제이 레이 파이프라인 설치선을 이용하여 PLET를 설치하는 방법을 설명하도록 한다.

　일반적인 제이 레이 PLET 설치 작업은 다음과 같다.

① 기설치 파이프라인 회수

　제이 레이 설치선의 회수 장비를 이용하여 기설치된 파이프라인 끝 부분을 회수하고 임시 레이다운 헤드를 제거한 뒤 설치 타워(J-lay tower) 옆에 고정시킨다.

② 파이프라인 연결

　크레인을 사용하여 PLET를 파이프라인 연결 방향이 아래로 가도록 거꾸로 세운다. PLET와 파이프라인을 연결하고 용접 및 코팅 작업을 한다.

③ A&R 케이블 연결

　파이프라인 연결 부분의 반대쪽에 A&R(Abandonment and Recovery) 케이블을

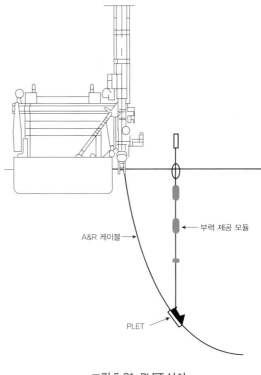

A&R 케이블

부력 제공 모듈

PLET

그림 5-21 PLET 설치

연결한다.

④ PLET 설치

PLET에 부표가 연결된 케이블을 연결하고 크레인을 천천히 내려 장력이 서서히 크레인에서 A&R 케이블과 부표 연결 케이블로 옮겨가도록 한다. 설치 타워를 사용해 A&R 케이블을 내려 PLET를 해저면에 설치한다.

(6) 스풀과 엄빌리컬 점퍼 설치

OCV를 이용하여 PLET와 매니폴드, 매니폴드와 각 생산정을 연결시키기 위해 제작된 스풀과 엄빌리컬 점퍼를 크레인과 ROV를 사용하여 설치한다.

06
프로젝트 관리

이번 장에서는 오퍼레이터들이 유전 개발 프로젝트의 기획 단계의 활동들을 관리하기 위해 발전시켜 온 프로젝트 관리 방법들을 설명하도록 한다.

표 6-1 오퍼레이터별 FEL 단계 명칭

	FEL (Front End Loading)		
	평가	선정	정의
NPD	Feasibility studies	Concept studies	Pre-engineering
BP	Appraise	Select	Define
Chevron	Identify & Assess	Generate & Select	Develop
ConocoPhillips	FEL1 (appraise)	FEL2 (optimize)	FEL3 (define)
Shell	Assess	Select	Define
Total	Appraisal design	Pre-project	Basic engineering
Statoil	Business planning	Concept planning	Definition

4장에서 설명하였듯이 유전 개발 프로젝트의 기획 단계는 프로젝트의 성패를 좌우하는 핵심 부분으로 프로젝트의 선단(front-end) 부분에 노력을 집중한다는 의미로 FEL(Front End Loading) 단계라 불린다. E&P 회사들은 많은 노력을 들여 FEL 단계를 체계적으로 관리하기 위한 프로젝트 관리 모델들을 연구하고 발전시켜 왔다. 이러한 모델들은 회사별로 CVP(Capital Value Process), VCP(Value Creation Process) 등의 여러 이름으로 불려지기는 하지만 그 내용과 접근 방식은 석유가스 산업 전반적으로 대동소이하다.

표 6-1은 대표적인 E&P 회사들과 노르웨이 석유국(NPD; Norwegian Petroleum Directorate)에서 사용하는 프로젝트 관리 모델에서 FEL 단계에 대한 명칭을 정리한 것이다.

기본적으로 이들 모델들은 모든 기능적 역량들을 하나의 효과적인 의사 결정 프로세스로 통합하여 예측 가능하고 경쟁력 있는 유전 개발 프로젝트 진행을 위해 고안된 다제학적 통합 업무 프로세스이다.

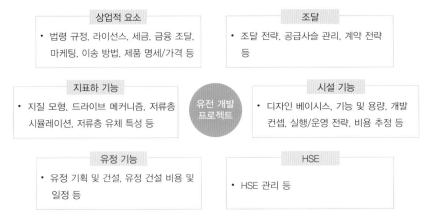

그림 6-1 다제학적 통합 업무 프로세스를 통한 유전 개발 프로젝트 관리

E&P 회사는 이러한 프로세스를 적용하여, FEL 단계에서 유전 디스커버리에 따른 사업 기회를 발전시키고 구체화하여 효과적인 프로젝트 실행 및 운영으로 이어지도록 프로젝트를 관리하게 된다.

여기서는 잘 알려진 일반적인 프로젝트 관리 기법에 대한 설명은 생략하고 유전 개발 프로젝트에 한하여 적용되는 주요 사항들 위주로 살펴보도록 한다.

6.1 스테이지 게이트 프로세스

기본적으로 유전 개발 프로젝트의 관리 모델은 일련의 단계(stage)와 DG(Decision Gate)로 이루어진 의사 결정 모형인 스테이지 게이트 프로세스(SGP; Stage Gate Process) 형식을 따른다.

그림 6-2에서 보듯이 프로젝트 개발 과정에서의 주요한 의사 결정은 총 5번에 걸쳐 이루어지는데, 이러한 의사 결정이 일어나는 시점을 DG라고 부른다. DG는 프로젝트 관리 도구의 하나로서 의사 결정 프로세스가 체계적으로 이루어지도록 돕는 역할을 한다.

그림 6-2 SGP

프로젝트가 진행되어 각 DG에 이르게 되면, DSP(Decision Support Package)라 불리는 각각의 DG를 통과하기 위해 요구되는 정보들이 종합되어 통합적으로 검토/평가된다. DSP에는 각 DG에서 내려야 하는 의사 결정 사항과 관련된 불확실성에 대한 원인 및 평가 관련 정보, 각 단계에서 수행된 업무의 주요 산출물, 그리고 프로젝트 운영 원칙 위반 사항 등이 포함된다.

즉 DSP는 각 DG에서 의사 결정을 내리기 위한 의사 결정 베이시스 역할을 하며, 구체적으로는 다음과 같은 내용을 포함하여야 한다.

• 직전 단계에서의 활동 결과
  업데이트된 매장량, 유전 개발 계획 개요, 업데이트된 경제성 분석 자료, 주요 의

사 결정 사안의 구체적 내용, 주요 리스크 및 불확실성에 대한 평가 등

- 다음 단계에서 수행할 활동 계획
  주요 산출물, 활동 스케줄 및 예산, 세부 활동 계획 등

- DG에서의 검토 내용과 관련된 사항
  프로젝트의 주요 이슈에 대한 진전 사항, 다음 단계의 세부 활동 계획에 대한 프로젝트 운영위원회(PSC; Project Steering Committee)의 승인 등

각각의 DG에서는 직전 단계에서의 활동 결과물에 대한 통합 검토를 실시하여 다음 중 하나의 결정을 내리게 된다.

· Proceed: 프로젝트를 다음 단계로 넘겨 계속 진행
· Recycle: 해당 단계의 활동을 한 번 더 수행
· Hold: 프로젝트 추가 진행을 보류
· Drop: 프로젝트를 즉시 종료

Proceed 결정을 내려 각 DG를 통과하게 되면 그 다음 단계에서 수행되는 업무에 소요되는 비용에 대한 승인, 즉 AFE(Authorization For Expenditure)가 이루어지고 다음 단계에서의 활동을 개시하게 된다.

Drop 결정을 내리게 되면 라이선스 지분을 다른 오퍼레이터에게 매각하거나 산유국 정부에 반납하게 된다.

이러한 의사 결정 과정 및 시점은 오퍼레이터와 라이선스 파트너 등 E&P 회사들의 내부 규정과 해당 산유국의 법규 등에 따라 달라질 수 있다.

DG에서 이루어지는 구체적인 의사 결정 과정은 6.2.3에서 살펴보기로 한다.

6.2 프로젝트 조직

여기서는 오퍼레이터 역할을 하는 E&P 회사 내에서 프로젝트를 담당하는 프로젝트 조직의 구성과 SGP의 각 단계 및 DG에서 의사 결정을 내리는 과정에 대해서 설명하도록 한다.

6.2.1 오퍼레이터 조직 구성

오퍼레이터는 일반적으로 기능적 조직 구조와 프로젝트 조직 구조가 결합된 매트릭스 형태로 조직이 구성되어 있다. 기본적인 베이스 조직은 지표하, 유정, 시설, 운영 등 주

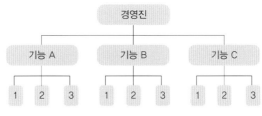

그림 6-3 오퍼레이터 베이스 조직

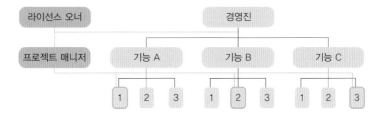

그림 6-4 오퍼레이터 프로젝트 조직(탐사 단계)

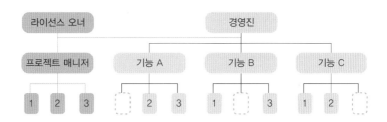

그림 6-5 오퍼레이터 프로젝트 조직(개발 단계 이후)

요 기능별로 부서화하여 병렬 형태로 나열된 형식으로 구성된다(그림 6-3). 여기에 각라이선스별로 프로젝트 조직을 구성하여 결합시킨다. 라이선스 규모가 작거나 프로젝트가 초기 탐사 단계인 경우, 프로젝트 조직은 각 기능별 조직에서 인력 지원을 받는형태로 운영된다(그림 6-4). 라이선스 규모가 크거나 프로젝트가 탐사에 성공하여 개발 단계로 넘어가 많은 자원 투입이 요구될 경우에는 기능별 인원을 프로젝트 조직 직할로 소속시켜 운영하게 된다(그림 6-5).

6.2.2 프로젝트 조직

오퍼레이터 프로젝트 조직의 기본적인 구성은 그림 6-6과 같다. 다만, 유전 개발 프로젝트 프로세스상 기획(FEL) 단계, 실행 단계, 운영 단계를 거치면서 각 단계에서의 핵심 기능에 따라 조직 구성이 조금씩 변하는 것이 일반적이다.

그림 6-6에서 보이듯이 프로젝트 조직은 라이선스 오너, 프로젝트 매니저, 기능별매니저, 프로젝트 서비스, 일반 관리 등으로 구성되어 있다.

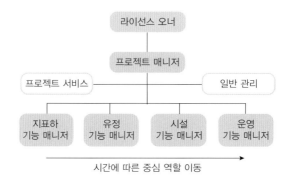

그림 6-6 프로젝트 조직 구성

(1) 라이선스 오너(license owner)

라이선스 오너는 해당 라이선스에서의 유전 개발 프로젝트를 총괄하여 프로젝트 진행의 관리 및 실행을 책임진다. 또한 프로젝트 실무를 관리하는 프로젝트 매니저를 지명한다. 회사에 따라 에셋 오너(asset owner) 또는 프로젝트 오너(project owner) 등의 다양한 명칭으로 부르기도 한다

(2) 프로젝트 매니저(project manager)

프로젝트 매니저는 라이선스 오너의 지시를 받아 프로젝트의 모든 활동 및 운영을 담당한다. 구체적인 담당 업무는 다음과 같다.

· 프로젝트 예산 산정 및 청구를 관리한다.
· 각 DG에서 최종 산출물 내용을 라이선스 오너와 협의하여 준비 및 보고를 담당한다.
· 각 DG에서 의사 결정 사안 관련 기대 목표, 우선 순위, 요구 사항 등을 라이선스 오너와 합의한다.
· 프로젝트 운영위원회 운영을 담당하며 작업 범위와 스케줄 변경에 대한 의사 결정권자 역할을 한다. 프로젝트 규모가 일정 수준 이상일 경우에는 라이선스 오너가 프로젝트 운영위원회를 운영한다.
· 라이선스 파트너들의 주 창구 역할을 하며 프로젝트 이해관계자 관리를 책임진다.

프로젝트의 실질적 업무 전반을 관리하는 자리인 만큼 프로젝트 매니저의 역할과 책임을 명확히 정하여 이에 따른 권한을 확보하는 것은 프로젝트 성공의 주요 요건 중 하나이다.

(3) 기능별 매니저(functional manager)

지표하/유정/시설/운영 등 각 기능별 업무를 관장하는 매니저를 통칭하여 기능별 매니저라 한다.

기능별 매니저는 각 DG에서 해당 분야와 관련된 최선의 대안을 제시하고 양질의 산출물을 생산하기 위해 필요한 자원을 확보하며 DSP에 포함되는 산출물에 대한 각 분야의 전문가로서의 책임을 진다. 또한, 각 분야 활동으로부터 얻은 경험 지식(lesson learned)을 다분야 통합적 방식으로 조직 내외에 전파가 가능하도록 관련 절차 및 시스템을 발전 및 관리하는 역할도 맡는다.

각 기능별 매니저의 역할은 다음과 같다.

- 지표하 매니저(Subsurface Manager)

  저류층 관리와 생산 기술 관련 업무를 총괄한다.
  - 자료 취득 전략 수립
  - 라이선스 및 유전 지역의 자원량 및 매장량 평가
  - 지질 모형과 시뮬레이션 모형 구축 및 저류층 시뮬레이션 수행
  - 생산 전략 수립, 생산량/주입량 예측 등을 통해 저류층 개발 방식 결정

- 유정 매니저(Well Manager)

  시추, 완결 및 유정 관리 관련 업무를 총괄한다.
  - 저류층 불확실성을 감안하여 생산 최적화를 위한 유정 설계 수행
  - 유정 관련 비용 추정
  - 안전하고 효율적인 시추 및 완결 작업 기획 및 실행
  - 인터벤션 및 워크오버 계획 수립 및 실행

- 시설 매니저(Facility Manager)

  생산시설 관련 전반적인 엔지니어링 활동 관련 업무를 총괄한다.
  - 디자인 베이시스 마련
  - 개발 컨셉 선정
  - 시설 비용 추정
  - 기술적/운영적 요구 사항 및 가이드라인(TORG) 파악
  - FEED의 테크니컬 베이시스의 발전 관리
  - 상세 설계 작업 관리
  - 건조/제작, 설치/완결 전략 수립
  - 시공성 검토
  - 운영 조직 이관(handover)을 위한 시스템 정의

- 운영 매니저(Operation Manager)

  생산시설의 전반적인 운영 및 유지 관리 활동 관련 업무를 총괄한다.
  - 운영/유지 보수 원칙 및 계획 수립
  - 유지 보수 프로그램 및 프로시저 마련

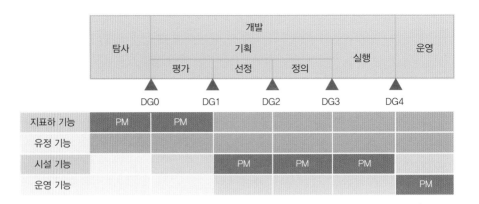

그림 6-7 기능별 매니저의 프로젝트 매니저 직책 수행

· 운영 인력 계획 수립, 채용 및 훈련
· 운영 조직 구성

프로젝트 매니저 직책 수행

회사별로 차이가 있으나, 유전 개발 프로젝트 프로세스상 각 단계별로 핵심 역할을 하는 기능별 매니저가 프로젝트 매니저 직책을 맡는 것이 일반적이다. 예를 들어, DG0부터 DG1까지는 지표하 기능 매니저, DG1부터 DG4까지는 시설 기능 매니저, DG4 이후는 운영 기능 매니저가 맡는 식이다(그림 6-7).

(4) 프로젝트 서비스

베이스 조직의 프로젝트 지원 부서로부터 프로젝트 플래닝, 프로젝트 컨트롤, 문서 관리, 조달 기능 등의 서비스를 지원받는다.

(5) 일반 관리 서비스

베이스 조직의 일반 관리 지원 부서로부터 법률 자문, 금융/회계 인사 등의 서비스를 지원받는다.

6.2.3 의사 결정 과정

SGP상의 각 단계 및 DG에서 일어나는 의사 결정 과정은 그림 6-8과 같이 표시할 수 있다.

라이선스 오너는 SGP에서 일관성 있는 최선의 의사 결정이 이루어질 수 있도록 양질의 의사 결정 베이시스 자료를 확보하는 데 최선을 다해야 한다.

SGP의 각 단계에서 각종 위원회와 검토 조직들은 기술/상업적 요구 사항을 정의하

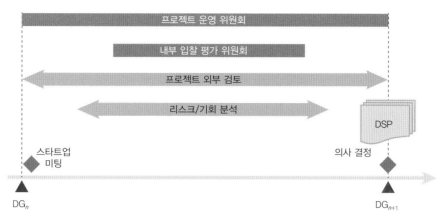

그림 6-8 의사 결정 과정

고 산출물을 검증하는 역할을 하며 그 상세 작업 범위 및 수준은 스타트업 미팅에서 결정된다.

(1) 스타트업 미팅

SGP의 각 단계 시작 초반에 프로젝트 매니저가 주관하고 주요 프로젝트 이해관계자들이 참여하는 스타트업 미팅(start-up meeting)이 열린다. 스타트업 미팅의 주 목적은 유전 개발 프로젝트의 전략과 목표, 작업 범위, 작업의 구체화 수준 등에 대한 이해관계자들의 공통된 인식을 확립하는 것이다.

구체적으로 스타트업 미팅을 통해서 관계자들 간에 주요 사업 목적, 핵심 성공 요인, 위원회 및 검토 조직의 역할과 작업 범위 등에 대한 합의를 이루고 이를 바탕으로 해당 단계에서의 활동 계획, 스케줄 수립, 예산 배정, 산출물 정의 등의 준비 작업을 수행한다.

(2) 프로젝트 운영위원회

프로젝트 운영위원회는 프로젝트 진행의 자문 역할을 하며 라이선스 오너 또는 프로젝트 매니저가 주관한다. 운영위원회 위원들은 베이스 조직의 기능 부서에서 라이선스 오너가 지명하는 것이 일반적이다. 프로젝트가 진행됨에 따라 SGP 단계별로 서로 다른 기능들이 번갈아가며 주도적인 역할을 맡게 되며 운영위원들의 기능별 인적 구성도 변하게 된다.

운영위원회는 환경에 미치는 영향, 자본 요구 조건 및 제한, 시장 관리 등 프로젝트에 영향을 미치는 주요 이슈 관리에 중점을 두며 다음과 같은 역할을 수행한다.

- 프로젝트의 기술적/상업적 검토 및 자문
- 사업 전략과 프로젝트 프레임워크 검토
- 새로운 솔루션 등 권고 사항 제공
- 베이스 조직 기능 부서로부터의 지원 제공

· 기존 프로젝트로부터의 경험 지식 제공

· DG에서 프로젝트 진행 여부(proceed/recycle/hold/drop) 의사 결정에 대한 권고

(3) 프로젝트 외부 검토

SGP 각 단계에서 생산되는 산출물의 통합 품질 관리 차원에서 프로젝트에 참여하지 않는 사내외 인원들에 의해 수행되는 기술적/상업적 검토 작업을 뜻한다. 이러한 검토 작업은 산출물들이 운영위원회의 검토를 거쳐 DG에 의사 결정 베이시스로 제출되기 전까지 지속적으로 이루어지게 된다.

이를 통하여 의사 결정 베이시스와 의사 결정 내용이 회사와 각 기능부서의 요구 사항과 합치하고 프로젝트 최종 산출물과 관련 리스크 수준이 현실적인지 여부를 최종 확인하게 된다.

(4) 게이트키퍼(gatekeeper)

게이트키퍼라 불리는 직책이 하는 역할은 각 회사의 프로젝트 관리 모델에 따라 다를 수 있는데, 여기서는 각 DG에서 최종 의사 결정을 내리는 주체로서의 게이트키퍼를 설명하기로 한다.

SGP상 각 DG에서 프로젝트 매니저 등이 준비한 DSP는 운영위원회와 프로젝트 외부 조직의 검토를 받고 게이트키퍼에게 최종 제출된다. 게이트키퍼는 검토 결과를 바탕으로 프로젝트의 진행 여부(proceed/recycle/hold/drop)에 대한 의사 결정을 내리게 된다.

이러한 중요한 의사 결정의 주체로서 게이트키퍼는 해당 프로젝트가 회사의 전략적 사업 목표에 부합하는지를 확인할 책임이 있다.

누가 게이트키퍼의 역할을 맡을지는 프로젝트 규모에 따라 달라지는데, 대형 프로젝트의 경우 이사회 또는 별도로 구성된 위원회 등이 게이트키퍼의 역할을 하는 것이 일반적이다.

6.3 프로젝트 관리 시스템

오퍼레이터는 문서 기반 프로젝트 관리 시스템(PMS; Project Management System)을 수립하여 프로젝트 관리 기능이 체계적으로 수행되도록 하여야 한다. 프로젝트 매니저는 회사의 프로젝트 관리 모델, 프로젝트의 유형 및 복잡성, 그리고 규모를 감안하여 이에 적합한 PMS를 신중하게 검토하여 선택, 발전시켜야 한다.

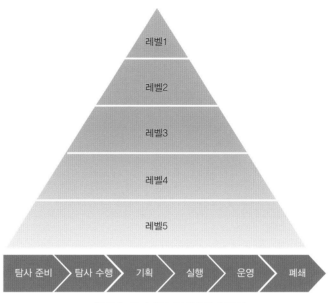

그림 6-9 오퍼레이터 문서 체계 구성

6.3.1 프로젝트 문서 관리

오퍼레이터 문서 관리 체계

일반적인 오퍼레이터의 문서 관리 체계는 그림 6-9와 같이 이루어져 있다.

오퍼레이터가 생성하고 관리하는 문서들은 크게 5개 레벨로 나눌 수 있는데, 각 레벨에 해당되는 문서들은 다음과 같다.

- 레벨1

  행동 강령, HSE 목표 등 기업 경영 관련 전략 및 정책이 포함된 최상위 문서 그룹

- 레벨2

  기업 경영 관련 주요 요구 사항이 포함된 문서 그룹으로 다음과 같은 문서들이 해당된다.
  - 기업 주요/지원 업무 프로세스들의 기능적 요구 사항(FR; Functional Requirement)
  - 법적 공시 및 보고 매뉴얼

- 레벨3

  프로젝트 관련 주요 기능 및 관리 매뉴얼이 포함된 문서 그룹으로 다음과 같은 문서들이 해당된다.
  - HSE, 시추 및 완결, 코스트 컨트롤, 인터페이스 관리, 변경 관리, 기획 및 모니터링 관련 매뉴얼
  - 기술적 요구 사항(TR; Technical Requirement), 운영적 요구 사항(OR; Operation

Requirement), 각종 기술 코드 등

- 레벨4

각 유전 개발 프로젝트 진행 과정에서 생산되는 프로젝트 단위 문서 그룹으로 다음과 같은 문서들이 해당된다.
- 프로젝트 합의서, 프로젝트 실행 전략, 전체 조달 계획
- 프로젝트 실행 계획
- 디자인 베이시스
- 기술/운영 요구 사항 및 가이드라인(TORG)
- HSE 프로그램

- 레벨5

프로젝트 관리 도구 관련 문서 그룹으로 프로젝트 정보 관리 시스템(project infor-

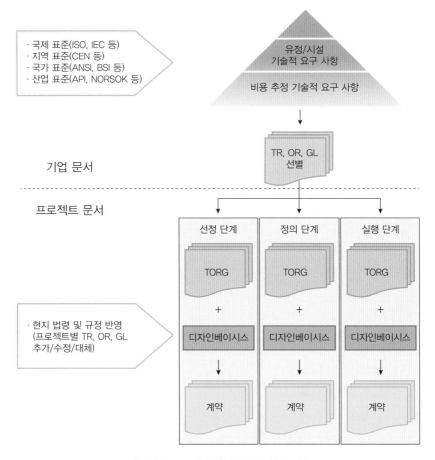

그림 6-10 프로젝트 문서(TORG) 생산 과정

mation management system) 등이 포함된다.

여기서 레벨1~3는 오퍼레이터의 내부 규정에 근거한 기업 단위 문서이며, 레벨4는 각 유전 개발 프로젝트별로 작성되는 프로젝트 단위 문서이다.

프로젝트 문서 생성 및 관리

레벨4의 프로젝트 단위 문서들은 레벨3의 오퍼레이터에서 규정한 요구 사항과 매뉴얼을 바탕으로 유전 지역 현지 국가(산유국) 또는 해당 지역의 법령, 규칙, 기술/운영 요구 사항들을 반영하여 작성된다.

그림 6-10은 프로젝트 문서 중 하나인 TORG의 생성 과정과 디자인 베이시스 및 계약과의 관계를 나타내고 있다.

6.3.2 프로젝트 합의서

프로젝트 개발 단계를 시작하기에 앞서 라이선스 오너와 프로젝트 매니저 간에 프로젝트의 기본적인 틀을 마련하기 위해 프로젝트 합의서(PA; Project Agreement) 또는 프로젝트 어사인먼트(PAS; Project Assignment)라 불리는 문서를 작성하게 된다. 이 문서는 프로젝트 기획 및 실행의 근간이 되며, 다음과 같은 내용을 담고 있다.

- 프로젝트 실행 베이시스
- 실행 목적, 사업 목표, 핵심 성공 요인, 단계별 산출물, 디자인 베이시스 요약
- 프로젝트 스케줄, 예상 투자 금액, 권한 이양 및 보고 요건 등
- 프로젝트 매니저와 베이스 조직 간의 인터페이스 관리
- 완료 작업이 마무리되고 생산시설을 운영 조직에 인계하는 기준

6.3.3 프로젝트 실행 전략과 전체 조달 전략

프로젝트 합의서를 바탕으로 프로젝트 실행 전략(PES; Project Execution Strategy)과 전체 조달 전략(OPS; Overall Procurement Strategy)을 수립하게 된다. 프로젝트 실행 전략과 전체 조달 전략은 프로젝트 개발 과정에서의 주요 문제점과 핵심 사항들을 파악하고 어떻게 이들을 관리할 것인지를 다루고 있으며 DG2와 DG3에서의 의사 결정 베이시스의 일부를 구성하게 된다.

프로젝트 실행 전략은 프로젝트 개발 과정에서의 주요 활동들을 규정하고 보고 및 통제 근거를 제공한다. 전체 조달 전략은 개발 컨셉 선정 과정에서 오일 서비스 시장에서의 기회 요인을 파악하여 활용하고 프로젝트 실행과 조달 간에 효과적인 협업이 가능하도록 업무 방향을 설정한다.

이 두 주요 문서는 평가 단계에서 작성을 시작하여 DG1에서 기본 틀이 마련되고 선

정 단계에서 통합 정리되어 DG2에서 승인을 받게 된다. 이후 정의 단계에서 추가 보완이 이루어지게 된다.

프로젝트 실행 전략과 전체 조달 전략은 프로젝트 기획 및 실행의 일반적인 내용을 전반적으로 다루며, 보다 구체적인 사항은 프로젝트 실행 계획(PEP; Project Execution Plan)에서 다루게 된다. 프로젝트 실행 전략과 전체 조달 전략은 주로 프로젝트의 주요 목적, 전략 프레임, 최우선 목표, 주요 가치 창출 요소와 프로젝트 성공 판단 지표 등을 중심으로 내용이 기술된다.

일반적으로 프로젝트 실행 전략에 포함되는 내용은 다음과 같다.

- 개발 컨셉 개요
- HSE 관리 전략
- 프로젝트 실행 원칙(상업적 이슈, 품질, 스케줄 등)
- 프로젝트 관련 주요 리스크와 이슈 사항 파악 및 해결 전략
- 오퍼레이터, 라이선스 파트너, 산유국 정부의 주요 요구 사항 관리 방안
- 프로젝트 조직 구성 및 관리
- 내부/외부 각 기능/조직 간 인터페이스 정의 및 관리
- 상세 설계, 조달, 건설/제작, 설치/완료 가이드라인
- 프로젝트 컨트롤 관리

일반적으로 전체 조달 전략에 포함되는 내용은 다음과 같다.

- 조달 관리 정책(HSE, 조달 목표 및 핵심 성공 요인 구성 등)
- 주요 프로젝트 구성 요소 또는 하위 프로젝트
- 계약 패키지 구성
- 생산시설 구성 요소에 대한 오일 서비스 시장(컨트렉터, 장비/서비스 공급업체) 상황 검토
- 하부 계약 패키지 개요(계약 모델, 계약 금액 등)
- 주요 프로젝트 이해관계자들의 요구 조건을 반영한 조달 전략
- 진행 중인 다른 프로젝트와의 협력 가능성
- 프로젝트 발주 계획(입찰 공고, 평가, 계약 체결 등)

이렇듯 프로젝트 실행 전략과 전체 조달 전략은 프로젝트 기획 및 실행 단계 활동을 일반적인 수준에서 설명하는 역할을 하며 이보다 구체적인 내용들은 프로젝트 실행 계획에서 다뤄지게 된다.

프로젝트 실행 전략과 전체 조달 전략을 별건의 문서로 작성하지 않고 이들을 합쳐 프로젝트 실행 및 전체 조달 전략(PEOPS; Project Execution and Overall Procurement

Strategy)을 마련하는 경우도 있다.

6.3.4 프로젝트 실행 계획

프로젝트 실행 계획(PEP)은 프로젝트 관리 시스템과 프로젝트 실행 단계에서의 모든 활동 및 결과물들을 정의하고 개괄적으로 서술한 문건으로서, 프로젝트 목표를 달성하고 주요 이해관계자들의 요구 조건을 충족시키는 데 그 목적이 있다. 즉, 프로젝트 실행과 관련된 주요 지배 문서로서 프로젝트 작업 범위를 육하원칙에 따라 구체적으로 서술하고 있다. 따라서, 프로젝트 실행 계획은 프로젝트 실행과 관련된 여타 문서들과 직간접적으로 연결되어 이들 모두를 포함/참조하고 있어야 한다.

프로젝트 실행 계획은 프로젝트 합의서, 프로젝트 실행 전략, 전체 조달 전략을 바탕으로 작성된다.

프로젝트 실행 계획은 선정 단계에서부터 준비되기 시작하여, 정의 단계에서 추가 발전되고 최종적으로 DG3에서 운영위원회와 라이선스 오너의 승인을 받아 확정된다.

(1) 주요 내용

일반적으로 프로젝트 실행 계획에 포함되는 내용은 다음과 같다.

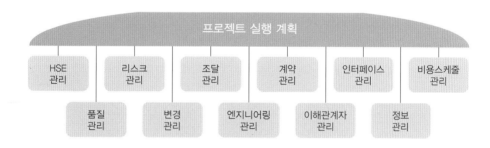

그림 6-11 프로젝트 실행 계획

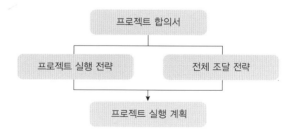

그림 6-12 프로젝트 문서 관계도

- 프로젝트 정의
  - 프로젝트 개요
  - 프로젝트 목표, 작업 범위, 디자인 베이시스
  - 계약 전략
  - 리스크 관리
  - 오퍼레이터의 프로젝트 개발 원칙
  - 생산시설 운영 계획

- 조직
  - 프로젝트 조직, 업무 분장
  - 리더쉽, 목표 설정, 핵심 성공 요인
  - 주요 이해관계자 요구 조건 충족 방안
  - 의사소통 관리

- 실행
  - 상세 설계, 조달, 건조/제작, 설치/완료, 생산 개시 및 운영 전략
  - 생산시설 사양, 신기술 적용 여부
  - 인터페이스 관리 및 통제
  - 정보통신기술

- 프로젝트 컨트롤
  - 프로젝트 관리 시스템
  - 작업 분류 체계(WBS; Work Breakdown Structure)와 통제 변수
  - 마스터 스케줄
  - HSE 프로그램
  - 프로젝트 예산, 비용 추정 내역 및 공정 라이선스 관련 예산
  - 변경 관리

(2) HSE 관리

HSE 관리의 주 목적은 프로젝트 실행 중에 인명과 자연 환경에 대한 위험 그리고 사고 또는 손실이 전혀 발생하지 않도록 관리하는 것이다.

일반적인 HSE 관련 요구 사항들은 다음과 같다.

- HSE 중점 문화 확립
- 위험 요소 규명 및 평가
- 대응 방안
- 환경 영향 평가(EIA; Environmental Impact Assessment)

- HSE 프로그램 수립
- 비상 계획 수립
- HSE에 중점을 둔 설계 및 시공 수행
- 감독 및 검사 대상 항목에 HSE 포함

(3) 프로젝트 범위 관리

프로젝트 실행을 위해서는 프로젝트의 전체 범위가 명확히 정의되고 컨트롤이 가능하도록 구성되어야 한다.

- 각 프로젝트별로 그 특징을 반영한 고유의 작업분류체계(WBS)를 사용하여 프로젝트 범위가 컨트롤 및 측정이 가능한 작업 단위로 정의되어야 한다. 작업분류체계의 구성 수준(level) 및 식별 코드(code)는 표준 요구 사항 및 SCCS에 따라야 한다.
- 월간 보고 및 예측, 베이스라인 업데이트는 사전에 정의된 요구 사항에 따라 이루어져야 한다.
- 프로젝트 컨트롤 베이시스에는 테크니컬 베이시스, 추정 비용, 마일스톤(milestone) 및 스케줄, 주요 위험 및 불확실성, 벤치마킹 자료 등이 포함된다. 프로젝트 컨트롤 베이시스는 DG2에서 마련되고 DG3 이후에는 연 2회 업데이트되어야 한다.
- 프로젝트 범위는 비용 추정 분류 체계에 따라 SGP상 각 단계별 요구 사항을 만족하도록 정의되어야 한다(6.3.7.(2) 참조).
- FEED 스터디는 DG2의 공식 통과 이전에 시작되어서는 안된다.

(4) 시간 및 비용

시간 관리

프로젝트 전체 및 하위 프로젝트의 활동에 대한 기획 및 스케줄링 등을 포괄하는 시간 관리 프로세스를 수립하기 위해서는 다음과 같은 요소들을 감안하여야 한다.

- 프로젝트 마스터 스케줄, 프로젝트 상세 스케줄, 컨트롤 계획, 인력 계획, 시운전 계획 등 각종 스케줄 문서 작성
- 스케줄 컨트롤 및 보고 프로세스
- 스케줄 인터페이스 관리
- 스케줄 리스크 평가
- 스케줄 문서 개정 컨트롤
- 클로즈 아웃(close-out) 스케줄

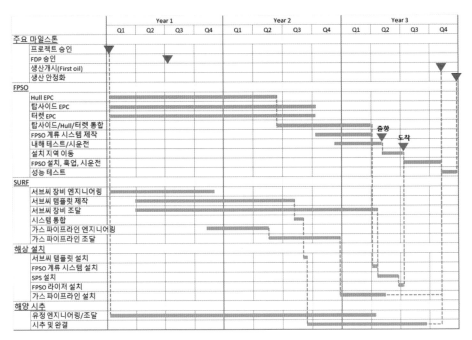

그림 6-13 프로젝트 스케줄 사례 (FPSO 컨셉)

프로젝트 스케줄링은 프로젝트 범위를 독립적인 작업 단위로 분할하고 프로젝트 완료 기한을 만족시키기 위한 각 작업의 시작 및 완료 시간을 산출하는 과정을 말한다. 프로젝트 스케줄은 기획 단계에서 스케줄링 작업을 통해 수립되고 프로젝트 실행 시까지 계속 업데이트된다.

프로젝트 실행 기간 동안 프로젝트 스케줄은 프로젝트 범위에 대한 변경(change) 또는 불일치 사항(deviation)과 관련된 시정 조치 작업(corrective action)을 분석하기 위한 주요 도구로 활용된다.

비용 관리

비용 관리의 목적은 품질, 안전, 환경 등을 감안한 제한 조건하에서 프로젝트의 수익성을 극대화하는 것이다. 이를 달성하기 위해서 모든 하위 프로젝트들에 대한 비용 산출 및 변동에 대한 예측성을 확보하기 위한 비용 관리 프로세스를 확립하고 이를 전체 프로젝트 개발 프로세스 동안 유지하여야 한다.

비용 관리 프로세스는 다음과 같은 사항들을 포괄한다.

· 비용 추정
· 비용 컨트롤
· 프로젝트 경제성 분석

6.3.5 조달

조달 업무에는 기자재를 반복 구매하는 등의 단순한 작업부터 장기간 긴밀한 협력 관계를 유지할 사업 파트너를 찾는 등의 매우 복잡한 작업까지 포함된다. 여기서는 개발 단계에서 이루어지는 서비스 조달 업무 위주로 살펴보도록 한다.

(1) 계약 전략

전체 조달 전략을 바탕으로 각각의 생산시설 구성 요소들에 대한 계약 전략을 수립한다. 계약 전략에 포함되는 내용은 다음과 같다.

- 작업 범위
  수량/범위/기간, 테크니컬 베이시스, 기술 사양 등 관련 규정
- 예산
  추정 계약 금액, 작업 공수/임율/작업 단가 등 추정 근거 자료
- 시장 분석
  수급 상황/규모/전망 등 시장 상황 평가, 마켓 리더 경쟁력 분석, 잠재 컨트렉터의 조직 구성 및 지배 구조, 예상 가격 수준 등
- 불확실성 요소 및 리스크 분석
- 기회 요인 분석
- 계약 전략
  계약 모델, 보상 방식, 계약 조건 등
- 입찰 프로세스
- 메인 스케줄
- 입찰 평가 방법
  평가 프로세스, 기술적/상업적 평가 기준 등

계약 전략 수립 시에는 다음과 같은 사항에 대한 심도 깊은 검토가 이루어져야 한다.

- 사내 타 프로젝트와의 물량 통합 또는 타 오퍼레이터와의 공동 조달
- 오퍼레이터의 개입 수준
  기술적 리스크가 큰 영역에 대한 오퍼레이터의 개입 수준이 낮으면 큰 재무적 리스크로 이어질 가능성이 있다.
- 컨트렉터(장비/서비스 제공업체 포함)의 책임과 의무 사항
- 생산이 지연되거나 생산시설의 성능이 계약 조건에 미달하는 등의 경우 오퍼레이터에 대한 컨트렉터(장비/서비스 제공업체 포함)의 손해보상
- 계약 작업에 대해 얼마나 오퍼레이터가 통제력을 잘 유지할 수 있는지에 대한 검토
- 컨트렉터에 대한 계약 인센티브 조건 효용 검토
- 구매와 임대 방식의 조달 방안 비교 검토

(2) 계약 패키지 구성

유전 개발 프로젝트 진행 과정에서 조달 대상이 되는 계약 패키지들은 개발 컨셉과 계약
전략에 따라 여러 가지 방식으로 구성할 수 있다. 가장 기본적인 방식은 각각의 생산시
설 구성 요소(또는 주요 시스템 모듈)들에 대해서 주요 작업 단위로 계약 패키지를 나누
는 것이다.

계약 패키지 구성 사례

이해를 돕기 위하여, 자켓(하부 구조물), 탑사이드, 해저 파이프라인, 유정 시스템 이렇
게 4개의 구성 요소로 이루어진 매우 단순한 고정식 철재 플랫폼 생산시설 컨셉 프로
젝트를 예로 들어 설명하도록 한다. 여기서 유의할 점은 유정 시스템은 생산시설 구성
요소에 포함할 수도 있지만 그 본질상 유정 기능에 속한다는 점이다. 따라서 유정 시
스템의 계약 패키지는 시설 기능에서 관리하는 여타 생산시설 구성 요소와는 개별적
으로 구성하는 것이 일반적이다.

유전 개발 프로젝트 단계별 주요 계약 패키지들은 다음과 같다.

● 선정 단계

컨셉 스터디를 수행하기 위한 엔지니어링 서비스 계약 패키지를 구성한다.

● 정의 단계

FEED 스터디를 수행하기 위한 엔지니어링 서비스 계약 패키지를 구성한다.

● 실행 단계

전체 조달 전략과 계약 전략을 바탕으로 계약 모델을 검토하여 계약 패키지를 구
성한다. 일반적으로는 생산시설 구성 요소를 기준으로 FEED 스터디 결과를 반영
하여 하위 프로젝트들을 구성한다.

이 사례에서는 4개의 생산시설 구성 요소에 대해 각각 하위 프로젝트를 구성한다.
유정 시스템 프로젝트(시추 및 완결 작업)를 제외한 3개의 프로젝트에 대하여 다
음과 같이 3개의 계약 패키지를 각각 구성할 수 있다.

· 상세설계 및 장비/시스템 조달(EP; Engineering and Procurement) 엔지니어링
서비스
· 제작(FC; Fabrication) 서비스
· 설치(I; Installation) 서비스

유정 시스템 프로젝트는 다음과 같이 계약 패키지 2건으로 구성하는 것이 일반적이다.

· 시추선 용선 서비스
· 유정 서비스

(3) 조달 프로세스

프로젝트 개발 과정에서의 조달 프로세스는 다음과 같다.

- 평가 단계
  컨셉 스터디 엔지니어링 서비스 패키지 입찰 및 계약

- 선정 단계
  - 전체 조달 전략 수립
  - FEED 스터디 엔지니어링 서비스 패키지 입찰 및 계약
  - 실행 단계 서비스 컨트렉터 입찰 자격 사전 심사

- 정의 단계
  - 계약 전략 수립
  - 실행 단계 서비스(엔지니어링, 제작, 설치 등) 계약 입찰
    - ITT(Invitation To Tender, 입찰 초청서) 마련
    - 사전 심사 통과 컨트렉터를 대상으로 ITT 발송
    - 입찰 평가 및 낙찰자 선정
  - AVL(적격 공급업체 리스트) 마련
  - LLI 공급 계약 입찰

- 실행 단계
  - 실행 단계 서비스 계약 실행
  - AVL 업체 대상 기자재 공급 계약 입찰 및 계약

(4) 계약 모델

계약 시 사용되는 계약 모델은 계약 대상 작업의 범위에 따라서 다르게 구성할 수 있는데 다음과 같은 형태로 구분된다.

- EP + FC + I
  오퍼레이터가 EP(상세 설계와 장비/시스템 조달), FC(건조/제작), I(설치) 계약을 각각 다른 컨트렉터와 체결한다. 인터페이스 관리 책임은 오퍼레이터에게 있다.

- EPC
  EP, FC 작업을 포괄하는 EPC 계약을 단일 컨트렉터와 체결하고 I 계약을 별도 컨트렉터와 체결한다.

- EPCI
  EPC와 유사하게 EP, FC, I 작업을 포괄하는 EPCI 계약을 단일 컨트렉터와 체결한다.

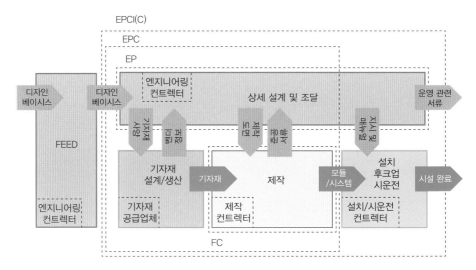

그림 6-14 계약 구성

- EPCM + FC + I

  EP+FC+I 계약 형태에서 EP 대신 엔지니어링 컨트렉터와 EPCM(Engineering, Procurement, Construction Management) 계약을 체결한다. EPCM 계약을 체결한 엔지니어링 컨트렉터는 상세 설계와 장비/시스템 조달 작업을 수행하며 오퍼레이터에게 건조/제작 관리 서비스를 제공한다.

계약 모델을 정할 때에는 다음과 같은 사항에 대한 검토를 수행하여야 한다.

· 해당 서비스 시장에서 입찰 자격을 가진 컨트렉터의 가용 여부
· 컨트렉터의 가용 작업 인원
· 컨트렉터의 기술적/상업적 인터페이스 관리 능력
· 엔지니어링 베이시스와 프로젝트 실행 계획의 질
· 금융 위험에 대한 컨트렉터의 인식/대응 계획
· HSE 이슈

계약 모델이 확정되면 이를 바탕으로 계약 매트릭스를 작성하게 된다. 그림 6-15는 반잠수식 플랫폼 컨셉 유전 개발 프로젝트의 개략적인 계약 매트릭스 사례이다.

(5) 보상 방식

계약 시 사용되는 보상 방식은 크게 다음과 같이 구분될 수 있다.

- 고정가격 방식(fixed price)

  컨트렉터에게 전체 작업에 대한 보상으로 고정된 금액을 지불하는 계약 방식으로 계약 대상 작업이 구체적으로 정의되어 있을 경우 사용한다. 실제 발생한 작업 비

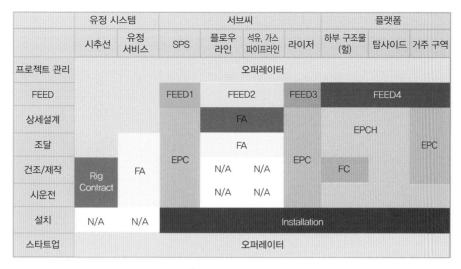

	유정 시스템		서브씨				플랫폼		
	시추선	유정 서비스	SPS	플로우 라인	석유, 가스 파이프라인	라이저	하부 구조물 (헐)	탑사이드	거주 구역
프로젝트 관리	오퍼레이터								
FEED			FEED1	FEED2		FEED3	FEED4		
상세설계				FA				EPCH	EPC
조달				FA					
건조/제작	Rig Contract	FA	EPC	N/A	N/A	EPC	FC		
시운전				N/A	N/A				
설치	N/A	N/A	Installation						
스타트업	오퍼레이터								

그림 6-15 계약 매트릭스

용과 관계없이 사전에 합의된 고정가격 총액만 지불된다.

고정가격 방식은 다음와 같이 변형하여 사용할 수 있다.

· FPIF(Fixed Price Incentive Fee): 프로젝트가 성공적으로 수행되어 예산 절감/인도 기일 단축 등 목표 실적을 초과 달성하였을 경우 고정가격에 추가하여 인센티브를 지급한다.

· FPEPA(Fixed Price Economic Price Adjustment): 물가 및 원자재 가격 변동을 반영하여 계약 가격을 조정하여 지급한다.

● 원가정산 방식(reimbursable/cost plus fee)

컨트렉터가 수행한 작업에 대하여 실제 발생한 직접비와 사전에 합의된 방법으로 정해지는 간접비 및 이윤을 지급하는 방식이다. 오퍼레이터는 컨트렉터가 수행하는 작업을 모니터링/컨트롤하여 비용이 과다 청구되지 않도록 한다. 일반적으로 계약 체결 시에 예상 비용에 대한 양측의 합의가 이루어진다.

아래와 같이 다양한 형태로 변형하여 사용하는 경우가 많다.

· CPFF(Cost Plus Fixed Fee): 직접비는 실비 기준, 간접비와 이윤은 고정가로 지급한다.

· CPIF(Cost Plus Incentive Fee): 프로젝트가 성공적으로 수행되어 예산 절감/인도 기일 단축 등 목표 실적을 초과 달성하였을 경우 간접비와 이윤에 대해 인센티브를 지급한다.

· CPPC(Cost plus Percentage of Cost): 직접비의 일정 비율을 간접비와 이윤으로 지급한다.

· CPGMP(Cost Plus with Guaranteed Maximum Price): 수행 작업에 대한 청구 금

표 6-2 고정가격 방식과 원가정산 방식의 장단점 비교

	고정가격	원가정산
장점	• 계약 시작 시점에 전체 자금 소요 수준을 비교적 명확히 파악 • 책임, 비용, 스케줄 등이 명확히 정의되어 오퍼레이터의 관리 비용 절감 효과 • 대부분의 리스크는 컨트렉터가 부담 • 모든 책임이 한 곳(컨트렉터)에 집중	• 프로젝트가 진행되는 만큼 대금 지불 • 패스트 트랙 방식으로 계약 체결 및 진행 가능 • 자원과 산출물에 대한 근접 모니터링 가능
단점	• 초기 자금 소요 수준이 높음 • 실행 기간 중에 오퍼레이터가 유전개발 관련 진척 사항을 반영할 경우에는 비용 및 시간에 상당한 영향 • 비용 대비 편익 측면에서 효율이 높지 않음	• 타이트한 프로젝트 컨트롤이 중요하여 상당한 관리 역량이 요구됨 • 높은 정확도의 직접비 추정 능력 필요 • 최종 비용의 불확실성으로 인해 관련 자금 투입 계획 또한 유동적

액의 상한을 정한다. 총 프로젝트 비용이 이를 초과하면 초과분은 컨트렉터가 감내하고 반대로 총 비용이 이보다 낮으면 그 절감분을 양측이 공유한다.

- 복합형 방식

고정가격 방식과 원가정산 방식을 결합한 방식이다. 구체적으로 정의된 작업의 일부 요소들에 대해서는 고정가격 지불 방식을 적용하고 그렇지 못한 다른 요소들에 대해서는 원가정산 방식을 사용한다. 두 보상 방식의 장점을 살릴 수 있지만 실무적으로는 어려움이 따르기 때문에 많은 노력과 경험이 요구된다.

계약의 보상 방식을 결정할 때에는 다음과 같은 사항들을 감안하여야 한다.

· 오퍼레이터의 경험
· 실행 지역 여건
· 해당 지역(국가)에서의 컨트렉터의 경험
· 선정된 기술 솔루션
· 해당 국가 관련 정책

고정가격 방식과 원가정산 방식의 장단점을 비교하면 표 6-2와 같다.

(6) 입찰 프로세스

일반적인 입찰, 평가 및 낙찰자 선정 프로세스는 다음과 같다.

- 컨트렉터 입찰 자격 사전 심사 및 입찰 참가자 목록 확정

특정 계약 패키지에 대해 아래와 같은 요구 사항들을 만족시키는 컨트렉터들을 선별하여 입찰 참가자 목록을 작성한다.

· HSE 및 품질 요구 사항
· 특정 기술 요구 사항
· 기업의 사회적 책임 관련 요구 사항
· 기업의 상업/재무 상황

● ITT 패키지 마련
다음과 같은 내용을 포함하는 ITT(ITB라고도 함) 패키지 문서를 작성한다.
· 입찰서 양식
· 입찰 방법(Instruction To Tender): 입찰 기한, 방법, 유효 기간 등
· 평가 기준 및 일정
  평가 기준은 안전 관련 무사고 기록, 유사 프로젝트 경험, 과거 프로젝트 실적,
  품질 관리 시스템, 입찰 금액, 작업 범위에 대한 이해 등이 반영되어야 한다. 각
  평가 기준에 대하여 가중치를 부여하여 계산하는 방식을 사용하는 것이 일반적
  이다.
· 입찰 비용
· 입찰 보증
· 입찰업체 프로젝트 경험 요구 조건

ITT에는 해당 계약 패키지의 특징을 반영한 계약 조건들이 들어가야 하며, 특히
HSE와 관련되어서는 명확한 요구 사항들이 포함되어야 한다.
또한, 다음과 같은 사항들을 포함한 기술적 요구 사항들이 준비되어야 한다.

· 구체적인 작업 범위
· 구체적인 보상 방식
· 계약 작업 마스터 스케줄
· 기능적(functional) 또는 구체적(detailed) 사양
· 도면

● 입찰
입찰 참가자에게 ITT 패키지를 발송하고 계약의 규모와 복잡성을 감안하여 입찰
평가 팀을 구성한다.
공정성 확보 및 비리 예방을 위하여 ITT 패키지 발송 및 그 이후 모든 입찰 참여
자들과의 의사소통은 오퍼레이터 측의 특정 이메일로 지정된 단일 컨텍트 포인트
를 통하여 이루어지도록 관리한다. 따라서 입찰 기간 동안의 모든 질의는 특정 이
메일 주소를 통해서 접수하여야 하며, 전화 통화는 하지 않는 것이 원칙이다.
입찰서 접수 기간 동안 입찰 업체들의 입찰 관련 질의 및 그에 대한 오퍼레이터
의 답변이 이루어지는 입찰 내용 확인 작업이 이루어지게 되며 그 내용은 추록

(addendum)의 형태로 모든 입찰업체들에게 배포되어야 한다.

- **입찰서 접수 및 개봉**

  입찰 기한 이후에 입찰서를 제출한 입찰 업체들은 입찰 자격을 상실할 수 있다. 입찰서 개봉은 내부 규정에 따라 진행하여야 한다.

- **상업적 평가**

  접수된 입찰서들의 상업적 측면을 평가하여 입찰서들의 우선순위를 정하고 계약 금액을 검토한다.

  우선 입찰서들을 검토하여 불명확한 점이나 오류 사항들을 입찰 업체들과 확인하고 수정하는 입찰서 확인(bid clarification)이 이루어지게 된다.

  이어서 입찰서들의 ITT 요구 사항 부합 여부를 평가하고 비교하기 위한 컨디셔닝 작업을 수행한다. 여기서는 특정 ITT 요구 사항에 대한 입찰서 내용이 ITT 요구 사항을 충족시키는지 또는 충족하지 못하여 수정되어야 하는지 또는 반대로 ITT 요구 사항이 변경되는 것이 전체적으로 이익인지 등을 평가하게 된다.

  상업적 평가에서는 크게 다음과 같은 3가지 영역을 검토하게 된다.

  · 계약 조건: 프로젝트에 중대한 영향을 미치는 쇼우스토퍼(showstopper) 또는 ITT 조건의 상당한 변경(variation) 등을 포함한 계약 조건에 대한 평가
  · 재정 건전성: 입찰 업체의 재정 건전성에 대한 평가
  · 경제성: 위험 및 기회 분석 등을 포함한 프로젝트 경제성에 대한 정량적 평가

- **기술적 평가**

  입찰서의 기술적 측면에 대해서 상업적 평가와 마찬가지로 입찰서 확인과 컨디셔닝 작업을 수행한다.

  ITT의 작업 범위, 기술적 사양, 마일스톤, HSE 및 품질 요구 사항 등을 준수하는지 여부를 확인하는 것이 주 목적으로서 다음과 같은 사항을 평가하게 된다.

  · HSE
  · 자원 활용도
  · 기존 경험
  · 프로젝트 관리 및 조직
  · 하도급 계약 및 업체 현황
  · 작업 계획 및 스케줄
  · 기술적 상세 내용

  기술적 평가 사항 중 다수는 최소 충족 기준만 만족하면 평가를 통과하는 Go/No go 평가 대상이다.

- 노멀라이제이션(normalization)

  평가 결과를 비교하기 위해 다음과 같은 기술적/상업적 항목을 반영하여 입찰 가격과 비가격적 요소들에 대해 최고점을 기준으로 상대적 가치를 계산한다.
  - 기술적 부족 사항 및 취약점
  - 기술적 개선 사항
  - 계약적 기준 충족 여부
  - 프로젝트 관리 측면 부족 사항으로 인해 오퍼레이터가 추가적으로 지원해야 하는 사항
  - 오퍼레이터의 비계약적 비용(스케줄 측면 이득 등)

- 평과 결과 종합 및 최적 업체 추천

  평가팀은 평가 결과를 정리하여 최적 업체를 선정한다. 이를 위해 평가 방식에 따라 가중치를 반영한 상업적/기술적 평가 결과를 종합한 최종 평가 보고서를 작성하게 된다. 일반적으로 종합 평가 결과가 가장 높은 입찰 업체가 낙찰자로 추천된다.

- 낙찰자 선정

  경영진이 추천 업체의 낙찰을 최종 승인하면 LOA(Letter of Award, 낙찰통지서)를 준비하여 낙찰자에게 발송한다. 이때 LOA에는 모든 입찰 추록과 확인 사항(clarification)들이 포함되어야 한다.

  입찰서 평가 과정에서의 모든 합의 사항을 반영한 최종 계약서를 준비하고 낙찰자에게 통지하여 계약을 체결한다.

6.3.6 디자인 베이시스 관리

디자인 베이시스는 프로젝트의 범위(scope)에 대한 정보를 제공하여 이를 바탕으로 시간과 비용 정보를 산출할 수 있도록 기반을 제공하는 역할을 한다.

기획 단계에서 디자인 베이시스가 발전되는 과정은 그림 6-16과 같다.
- 프로젝트 범위와 디자인 베이시스는 비용 추정 분류 체계에 따라 SGP상 각 단계별 요구 사항을 만족하도록 성숙 및 발전되어야 한다(6.3.7.(2) 참조).
- 디자인 베이시스 초안은 평가 단계 시작 시에 마련되어야 한다.
- 디자인 베이시스는 SGP 각 단계 시작 시에 총 정리되어 업데이트되어야 한다.
- 디자인 베이시스에 대한 변경 컨트롤 시스템(change control system)은 늦어도 정의 단계 시작 시부터 적용되어야 한다.
- 디자인 베이시스는 정의 단계에서 최종 확정되어야 한다.

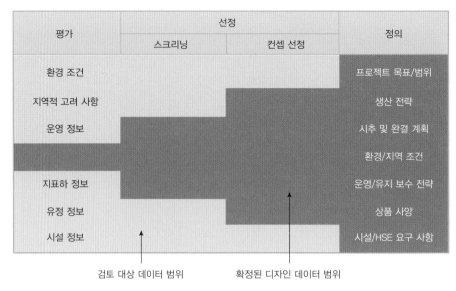

| 평가 | 선정 | | 정의 |
	스크리닝	컨셉 선정	
환경 조건			프로젝트 목표/범위
지역적 고려 사항			생산 전략
운영 정보			시추 및 완결 계획
			환경/지역 조건
지표하 정보			운영/유지 보수 전략
유정 정보			상품 사양
시설 정보			시설/HSE 요구 사항

검토 대상 데이터 범위   확정된 디자인 데이터 범위

그림 6-16 디자인 베이시스 관리

6.3.7 비용 추정 관리

(1) 불확실성 관리

비용 추정 작업은 기술적 사양의 질에 따라 여러 정확도 수준에서 다양한 목적을 위해 수행된다. 따라서 비용 추정 시에는 주어진 정보 또는 수치가 어떻게 산출되었고 추정 결과가 얼마나 정확한지를 확인하는 것이 매우 중요하다.

비용 추정은 미래의 비용에 대한 예측 정보로서 불확실성을 항상 내포하고 있다. 즉, 100% 정확한 비용 추정이란 존재하지 않는다. 때문에 불확실성에 따른 추정값의 오차 정도를 이해하고 이를 반영하여 추정 비용의 정확도를 평가하는 작업은 비용 추정 작업에서 매우 중요한 부분이다.

추정 비용의 불확실성 또는 정확도는 다음과 같은 요인의 영향을 받는다.

· 개발 컨셉의 기술적 정의 수준
· 프로젝트 실행 가정 및 정의 사항, 실행 기간
· 필요 기자재 및 서비스에 대한 가격 정보 지식

일반적으로 프로젝트의 불확실성은 다음과 같이 3개의 주요 그룹으로 구분될 수 있다. 여기서 각 그룹은 각각 다른 방식으로 다루어져야 한다.

· 수량과 관련된 불확실성
· 선정된 기술적 솔루션과 관련된 불확실성

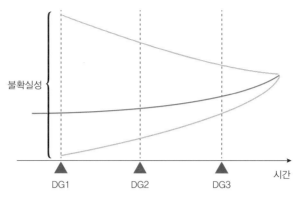

그림 6-17 비용 추정 불확실성 변화

· 프로젝트 범위와 관련된 불확실성

이러한 불확실성을 감안하여 추정 비용의 기대값을 구하고 그 정확도를 평가하기 위해서 다양한 확률통계 기법들이 사용된다. 기본적으로는 불확실성을 반영한 추정 비용을 확률 변수로 하는 확률 밀도 함수를 이용, 몬테카를로 시뮬레이션(Monte-Carlo simulation) 기법으로 SGP상 각 단계에서 80%의 신뢰수준(confidence level)으로 추정 비용의 기대값을 계산하게 된다.

비용 추정 불확실성 관리의 목표는 프로젝트 진행 기간 동안 불확실성의 범위를 점차적으로 줄여서 추정 비용의 변동폭을 각 단계에서 관리 가능한 수준으로 유지하는 것이다.

(2) 비용 추정 분류 체계

비용 추정의 불확실성을 관리하기 위해 오퍼레이터들은 프로젝트 범위의 정의, 추정 방법, 구체화 수준, 실행 기획 및 스케줄링, 위험 분석 등에 대한 상세한 요구 사항을 포함한 비용 추정 분류 체계를 발전시켜 왔다.

비용 추정 분류 체계는 다음과 같은 목적을 달성하기 위해 고안되었다.

· 각 추정 클래스에 대한 기술적 입력 사항 및 요구되는 정확도 수준, 비용 추정 및 스케줄링 방법, 불확실성 평가 및 표기 형식 등에 대한 구체적인 요구 사항을 정립하여 보다 신뢰할 수 있는 비용 추정이 가능하도록 한다.
· 의사 결정권자와 다양한 분야의 엔지니어들 같은 오퍼레이터 사내의 이해관계자들 또는 파트너들과 산유국 정부, 엔지니어링 컨트렉터와 같은 사외 이해관계자들 간에 추정 비용과 관련한 의사소통과 이해 공유를 보다 용이하게 하도록 한다.

협회, 국가, 오퍼레이터별로 사용하는 비용 추정 분류 체계의 내용이 조금씩 다른데

	탐사 단계	평가 단계	선정 단계	정의 단계
비용 추정 클래스	A	B	C	D
설명	대략적인 장비/모듈 웨이트 등을 매우 부족한 정보를 이용하여 추정	제한적인 정보를 이용하여 추정, 타당성 평가, 컨셉 스크리닝에 사용	컨셉 엔지니어링 스터디 자료를 바탕으로 추정. 컨셉 선정에 사용	FEED 엔지니어링 스터디 자료를 바탕으로 추정. 일반적으로 입찰 견적에 사용
정확도	비용 추정 오차 범위: ±50% 유망구조 평가 시 요구되는 수준의 개략적인 추정값	비용 추정 오차 범위: ±40% 기술적 오차 범위: ±25%	비용 추정 오차 범위: ±30% 기술적 오차 범위: ±15%	비용 추정 오차 범위: ±20% 기술적 오차 범위: ±10%
컨틴전시		+25%	+15%	+10%
추정 방법	기존 유사 프로젝트 비교/스케일링, 기능/용량 경험관계식 등	매개변수 모델, 경험관계식, 일정 수준의 MTO 작업 수행(일반적 연결 배관 수준)	높은 수준의 시스템/어셈블리 단위 비용 추정. 상대적으로 작은 구역은 경험관계식 이용 가능	상대적으로 높은 구체화 수준. 정의되지 않은 구역에 대해서도 경험관계식보다는 MTO 작업 수행
프로젝트 정의 수준	전체 프로젝트 기술적 정의의 1% 이하	1~5%	5~10%	10~25%
추정 주체	오퍼레이터 추정 도구 (Que$tor 등)	오퍼레이터 추정 도구 (Que$tor 등), 타당성 검토 엔지니어링 컨트렉터	컨셉 스터디 엔지니어링 컨트렉터/프로젝트 팀	FEED 스터디 엔지니어링 컨트렉터/프로젝트 팀

그림 6-18 비용 추정 분류 체계

여기서는 노르웨이의 오퍼레이터들이 주로 사용하는 비용 추정 분류 체계 위주로 설명하도록 한다.

추정 클래스

추정 비용은 그 불확실성에 따른 오차 범위에 따라 크게 4개 클래스(class)로 나뉜다.

- 클래스 A 추정 비용: 오차 범위 ±50% 이하
- 클래스 B 추정 비용: 오차 범위 ±40% 이하
- 클래스 C 추정 비용: 오차 범위 ±30% 이하
- 클래스 D 추정 비용: 오차 범위 ±20% 이하

프로젝트가 진행되면서 디자인 베이시스가 업데이트되고 기술명세 및 문서들의 구체화 수준이 높아진다. 이를 바탕으로 준비되는 비용 추정 분류 체계의 기술적 요구사항들은 각 단계에서 요구되는 활동과 물리적 수량, 운영 정보의 정의 사항을 포함하고 있으며 비용 및 스케줄 추정을 위한 테크니컬 베이시스가 된다. 즉, 시간이 지남에 따라 테크니컬 베이시스에 포함되는 웨이트 등 정보의 정확도가 올라가고 이와 함께 이를 근거로 추정되는 비용의 정확도도 높아진다.

그림 6-19 비용 추정 클래스 적용

기술적 요구 사항

각 비용 추정 클래스별로 준비되는 기술적 요구 사항들은 크게 다음 항목과 관련된 내용의 구체화 정도에 대한 기준을 명시하여야 한다.

- 디자인 베이시스
- HSE
- 재료 선정
- 생산 플랜트 기술
- 해양 플랫폼 기술
- 서브씨 기술
- 이송 기술 및 흐름 견실성 관련 기술
- 파이프라인 기술
- 운영 및 유지 관리 기술

(3) 디자인 베이시스 기술적 요구 사항

각 비용 추정 클래스별로 디자인 베이시스의 구체화 수준과 관련된 기술적 요구 사항들 중 주요한 내용만 일부 정리하면 다음과 같다.

표 6-3 디자인 베이시스 관련 기술적 요구 사항 주요 내용

구분	세부 항목	비용 추정 클래스 포함 여부			
		A	B	C	D
프로젝트 범위 및 인터페이스	프로젝트 개요	○	○	○	○
	프로젝트 수행 지역	○	○	○	○
	배터리 리미트, 인근 인프라	○	○	○	○
	관련 법령 및 규제 사항		○	○	○
	설계 연한 및 프로젝트 마일스톤			○	○
	폐쇄 관련 요구 사항				○
HSE	대기 배출 물질 관련 요구 사항			○	○
	해상 배출 물질 관련 요구 사항			○	○
	해수 등 자원 이용 관련 요구 사항			○	○
	폐기물 처리 관련 요구 사항			○	○
	소음 관련 요구 사항			○	○
	위험 허용한도 기준			○	○
운영 및 유지 관리	운영 모델(인력 계획 포함)		○	○	○
	통합 운영 요구 사항		○	○	○
환경, 지반 및 지역 관련	수심, 육지/인근 시설로부터 거리	○	○	○	○
	환경 데이터(풍향, 파고 등)	○	○	○	○
	지반 정보		○	○	○
	예비 지진 위험 평가		○		
	해당 지역에서의 어업 등의 활동 상황		○	○	○
	해저 지형 탐사 데이터 및 구체적 접근 경로			○	○
	지반공학적 설계 인자			○	○
지표하 기능	저류층 명세(타입, 위치, 심도 등)	○	○	○	○
	저류층 관리 및 생산 전략	○	○	○	○
	예비 저류층 유체 특성	○			
	저류층 유체 특성(샘플 분석 자료)		○	○	○
	생산 프로파일(주입량 포함)	○	○	○	○
	주요 저류층 데이터(압력, 온도 등)		○	○	○
	생산 화학		○	○	
	저류층 모니터링 및 자료 취득 요구 사항			○	○
	지표하 기능 위험 및 기회 요인			○	○
	개발정 생산성 및 주입성			○	○
	웰헤드 생산 및 셧인 상태 조건(압력 등)			○	○
	가스 리프트, ESP 요구 사항			○	○
	물 관리 전략			○	○
	모래 생산 평가			○	○
	모래 생산 제어 요구 사항			○	○
	개발정 배치 및 테스트 요구 사항			○	○

유정 기능	개발정의 개수 및 타입	○	○	○	○
	시추 시설 기능 사양		○	○	○
	개발정 인터벤션 요구 사항			○	○
	시추 및 완결 계획		○	○	○
	개발정 제어 요구 사항			○	○
	시추공저 데이터 취득 요구 사항			○	○
	시추공저 화학 물질 주입 요구 사항			○	○
	개발정 클린업 방법 및 요구 사항			○	○
생산물 사양	상품 이송 사양		○	○	○
	상품 판매 사양		○	○	○
	주입 가스 사양			○	○
	주입 물 사양			○	○
	처분 물 사양			○	○
시설 기능	탑사이드 설계 요구 사항(인터페이스 포함)		○	○	○
	하부 구조물 설계 요구 사항		○	○	○
	서브씨 구조물 설계 요구 사항		○	○	○
	파이프라인 설계 요구 사항		○	○	○
	라이저 설계 요구 사항		○	○	○
	서브씨 레이아웃 관련 제한/요구 조건			○	○
	향후 추가 시설 명세			○	○
	항후 추가 타이인 명세			○	○

(4) 웨이트 추정

비용 추정의 주요 요소인 웨이트의 경우에도 비용 추정 클래스에 따라 초기에는 탑다운 방식을 주로 사용하다가 프로젝트가 진행되면서 점차 바텀업 방식(MTO 사용)의

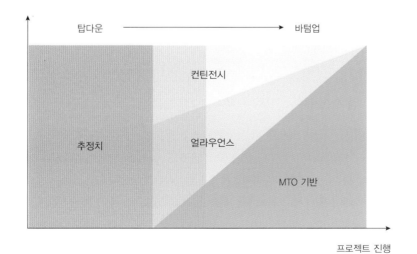

그림 6-20 프로젝트 진행에 따른 웨이트 추정 방식 흐름

추정 요소 비중을 늘려가게 된다.

클래스 A와 B에서는 주로 유사 프로젝트와의 비교/스케일링 방법과 웨이트—처리 용량 경험 관계식 등을 사용하게 된다.

첫 프로세스 시뮬레이션이 수행된 후 주요 장비들에 대한 충분한 정보가 마련되었을 경우에는 MEL을 바탕으로한 중량 벌크 인자/단위 부피당 중량 자료 등을 사용한 웨이트 추정 방법을 사용하게 된다. 이는 클래스 B와 C에 일반적으로 적용되며 클래스 D에도 어느 정도 사용된다.

6.4 단계별 활동 및 산출물

여기서는 SGP상 각 단계 및 DG에서 이루어지는 활동 및 산출물을 살펴보도록 한다.

6.4.1 DG0

평가 단계를 시작할지 여부에 대한 의사 결정이 이루어지는 DG이다. 이러한 의사 결정 내용에는 평가 단계에서의 프로젝트 계획 및 예산에 대한 승인(AFE)이 포함되어야 한다.

DG0에서의 의사 결정은 탐사정 시추 결과 발견한 탄화수소 자원에 대해 실시하는 경제성 평가 결과를 기반으로 이루어진다. 경우에 따라서는 인근 지역에 추가적인 유망구조 등의 존재 가능성을 평가하여 통합 개발 가능성을 개발 진행 여부 검토 시 반영하기도 한다.

발견된 저류층이 추가적인 스터디를 통해 개발 가능성이 높은 것으로 판단될 경우 공식적으로 유전개발을 진행하게 되며 평가 단계로 넘어가게 된다.

평가 단계로 넘어가기 전에 프로젝트 합의서(PA)를 작성한다.

6.4.2 평가 단계

평가 단계는 공식적으로 유전 개발 프로젝트가 개시되는 시기이다. 평가 단계의 목표는 탐사 단계에서 발견된 유전이 기술적으로 개발 가능하고 경제적 잠재성이 충분한지를 검토하고 확인하는 것이다.

이 단계에서는 해당 유전에 적용 가능한 하나 이상의 개발 시나리오를 도출하고 그중 최소 한 가지 이상의 개발 시나리오가 적절한 가정 사항을 바탕으로 기술적/상업적으로 타당함을 증명하게 된다. 또한 추가적인 개발 활동을 뒷받침하기 위한 타당성 평가 및 프로젝트 이해관계자 분석을 수행한다.

평가 단계의 주요 활동을 각 분야별로 정리하면 다음과 같다.

표 6-4 평가 단계 주요 활동

분야		활동
프로젝트 관리		• 프로젝트 매니저 지명 • 프로젝트 조직 구성 및 업무 분장 확립 • 프로젝트 합의서(PA) 업데이트 • 비교 가능한 유사 프로젝트들에 대해 주요 변수들의 벤치마킹 수행 • DG1 통과 요구 사항 충족 여부에 대한 자체 평가 • 잠재적인 프로젝트 스토퍼(stopper) 확인 • 유전개발 베이시스 사항 검토, 평가 및 문서화
기술적 사안	공통	• 평가 전략 마련 • 디자인 베이시스 초안 마련 • 기술적으로 실현 가능한 하나의 개발 시나리오(베이스 케이스) 도출 • 베이스 케이스에 활용 가능한 기술의 적합성 평가 • 개략적 수준의 검토 작업을 통해 적용 가능한 다른 개발 시나리오들을 파악하고 신기술 적용 시의 이점 등을 평가 • 현지 기술/운영 요구 사항 검토 • 이송 시 생산물 및 판매 상품 요구 사양 검토
	지표하	• 정적/동적 데이터 수집, 모형 구축, 시뮬레이션, 회수율 추정, 자원량/매장량 추정 • 생산 전략 수립 • 생산 프로파일 초안 작성 • 생산 데이터 관리 필로소피 마련 • 저류층 유체 조성 및 생산 화학 특성 평가 • 상업적 잠재성 평가 및 위험/기회 요인 분석 • 개발정의 종류(생산정/주입정) 및 개수 검토
	유정	• 관련 데이터 수집 • 평가정 시추 및 데이터 취득 • 개발정 시추 작업 요구 사항 검토 • 개발정 시추 및 완결 프로그램 초안 마련
	시설	• 공정 및 유틸리티 시스템 명세 • 공정 모사 리포트 작성 • PFD (초안) 작성 • 이송 미터링 필로소피 마련 • MEL (초안) 작성 • 탑사이드/하부 구조물 웨이트 추정 • 서브씨 레이아웃 검토 • 시설 디자인의 운영 요구 사항 마련
상업적/경제성 사안		• 프로젝트 수익성을 개략적 수준에서 평가 • 프로젝트의 불확실한 결과에 따른 잠재적 영향 파악 • 상품 판매 및 제3자 보유 인프라 사용과 관련하여 장기 구매(off-take) 계약과 이송(transportation) 계약 등의 체결 필요성 검토 • 기술 솔루션 사용 관련 계약 체결 등 상업적 요구 사항 확인 • 상품 사양 및 시장성 검토

프로젝트 컨트롤	• 클래스 B(오차 범위 ±40%) 수준 비용 추정 • Level 1 수준 스케줄 수립 • 프로젝트 불확실성 요인 검토: 자원량/매장량, 상품 시황, 기술 솔루션, HSE, 프로젝트 실행, 오일 서비스 업계 시황, 비용 추정, 수익성 등 모든 기술/상업적 측면 포함 • 위험 및 기회 분석 수행: 불확실성 저감 • 관련 규정에 따른 산유국 관련 기관에 대한 제반 신청/제출 스케줄 • 다음 단계(선정 단계)에서의 활동에 대한 계획(작업 프로그램 등), 예산, 조직(보고 체계 등)을 수립/업데이트
HSE	• HSE 관련 저해 요인, 잠재 위험, 유관 기관 요구 사항 확인. 관련 위험 평가 및 저감 방안 검토 • 개발 컨셉에 대한 HAZID(Hazard Identification) 스터디 수행

(1) 주요 산출물

평가 단계의 주요 산출물은 다음과 같다.

표 6-5 평가 단계 주요 산출물

주요 산출물
• 평가 단계에서의 활동 결과 및 권고 사항 등을 정리한 보고서. DG1에서의 의사 결정을 위한 DSP의 주요 구성 문건으로 다음과 같은 내용을 포함 　− 스타트업 미팅 시 가정 사항과 평가 단계에서 수행된 작업들 　− 베이스 케이스 개발 시나리오 명세 　− 검토 및 평가 기준, 주요 가정 사항, 주요 요인 등 　− 위험 및 기회 분석 　− 다음 단계(선정 단계)의 프로젝트 스케줄과 DG2 마일스톤 　− 오차 범위 ±40% 수준 추정 비용 　− 추가 작업 권고 사항 • SOC(Statement On Commerciality) • 기술적으로 실현 가능하고 경제성 있는 최소 하나 이상의 개발 시나리오 명세 • 디자인 베이시스 및 TORG 초안 • 모니터링 계획 수립 • 프로젝트 벤치마킹 • 평가 단계 작업 계획, 조직 구성도, 자원 배정, 예산

6.4.3 DG1

프로젝트를 계속 진행하여 선정 단계로 넘어갈지 여부에 대한 의사 결정이 이루어지는 DG이다. 의사 결정 내용에는 선정 단계에서의 프로젝트 계획 및 예산에 대한 승인 (AFE)이 포함되어야 한다.

의사 결정은 다음과 같은 사항에 대한 검토를 기반으로 이루어진다.

- DSP에서 평가 단계에서의 작업 사항이 검토되고 DG1 통과 요구 사항이 충족되었는지 여부에 대한 결론이 내려져야 한다.
- 주요 지배 문건 또는 요구 사항과의 불합치 사항 유무가 확인되어야 한다.
- DG1에서의 각 보고서들은 관련 기능별 매니저의 검토를 거쳐 관련 권고 사항이 있을 경우 DSP에 포함시켜야 한다.

6.4.4 선정 단계

선정 단계의 목표는 적용 가능한 모든 개발 시나리오들을 파악/평가하여 기술적/상업적으로 최선호되는 컨셉을 선정하는 것이다. 이때 선정된 개발 컨셉은 오퍼레이터의 가이드라인에 따라 검토 및 기록되어야 한다.

(1) 주요 활동

선정 단계의 주요 활동을 각 분야별로 정리하면 다음과 같다.

표 6-6 선정 단계 주요 활동

분야		활동
프로젝트 관리		• 문서화된 프로젝트 관리 시스템 수립: 프로젝트 범위 및 규모 반영 • 프로젝트 목표 설정: 수익성, 프로젝트 실행, HSE 및 품질 관리 활동 등 • PA 업데이트 • PA를 기초로 프로젝트 실행 전략(PES)과 전체 조달 전략(OPS) 수립 • 프로젝트 실행 계획(PEP) 초안 마련: 주요 활동, 주요 마일스톤, 유관 기관 및 파트너 참여 수준, 주요 감독 활동 등 포함 • 프로젝트 범위, 복잡성, 여타 요구 사항에 대한 이해관계자 분석 실시 • PES를 기초로 상업적 계약, 정보 기술, 운영 및 유지 보수 전략을 수립 • 변경 컨트롤 시스템 수립 • 다음 단계(정의 단계) 목표 설정 • 비교 가능한 유사 프로젝트들에 대한 주요 변수들의 벤치마킹 수행 • DG2 통과 요구 사항 충족 여부에 대한 자체 평가 • 개발 시나리오 도출 과정에서 유전 개발 베이시스 사항의 검토, 평가 및 문서화
	공통	• 컨셉 스터디 수행 • 디자인 베이시스 업데이트 및 검토 • 기술 검토/검증 보고서 평가 • 생산 시스템에 대한 신뢰성(reliability) 분석 실시 • 적용 가능한 모든 개발 시나리오의 파악 및 평가 • 최선의 컨셉 솔루션 선정 • 선정된 컨셉을 비용 추정 클래스 C(오차 범위 ±30%) 수준으로 구체화 • 프로젝트 단위 TORG 초안 마련 • 기술 정보 취급 문서 체계 마련

기술적 사안	지표하	• 지질/시뮬레이션 모형 업데이트, 회수율/매장량 업데이트 • 생산 전략 업데이트 • 생산 프로파일 마련 • 물 관리 전략 수립 • 주입 프로파일 검토 • 저류층 유체 조성 및 생산 화학 특성 평가 업데이트 • 흐름 건실성 관리 전략(왁스, 하이드레이트, 아스팔텐 등 관리) 초안 검토 • 저류층 모니터링 및 데이터 취득 요구 사항 검토 • 개발정의 종류(생산정/주입정) 및 개수 업데이트
	유정	• 개발정 시추 작업 요구 사항 업데이트 • 개발정 시추 시추선 요구 사항 검토 • 개발정 시추 시추선 시장 분석 • 개발정 시추 및 완결 프로그램 업데이트 • 개발정 인터벤션 요구 사항 검토 • 개발정 제어 요구 사항 검토
	시설	• PFD 작성 • UFD(Utility Flow Diagram) 작성 • 공정 데이터 시트 작성 • MEL 작성 • 장비 데이터 시트 작성 • 탑사이드/하부 구조물 웨이트 업데이트 • 서브씨 레이아웃 업데이트 • 플랫폼 웨이트와 무게 중심 불확실성 평가 • 선박 운송 방식을 포함한 개발 컨셉의 경우 관련 시뮬레이션 수행 • 건조 전략 초안 마련 • 해상 운송/리프팅/설치 작업 기술적 검토 • 시설 디자인의 운영 측면 검토 • 운영 모델, 운영 및 유지 보수 전략 마련 • 생산 개시 및 셧다운 필로소피 마련
상업적/경제성 사안		• 수익성 분석 수행: 프로젝트의 오퍼레이터 요구 사항 충족 여부 확인, 가치 사슬 분석 포함 • 개발 과정에서 필요한 금융 및 상업적 계약 및 협의 사항 파악, 협상 전략 마련 • 컨셉 스터디 엔지니어링 서비스 계약 체결 • OPS 수립: PES를 기초로 오일 서비스 업계 시황, 계약 패키지, 조달 전략, LLI 파악, 기존 프레임 어그리먼트 활용 검토 등 포함 • OPS에 따라 선정 단계에서 필요한 계약 체결 • OPS를 기초로 계약 전략 수립 • 다음 단계(정의 단계) 관련 계약 ITT 패키지 준비 및 입찰 실시 • 상품 사양 및 시장성 검토 업데이트
프로젝트 컨트롤		• 클래스 C(오차 범위 ±30%) 수준 비용 추정 • Level 2 수준 스케줄 수립(LLI 포함) • 종합적인 불확실성 분석 수행: 모든 기술/상업적 측면 포함 • 위험 및 기회 분석 업데이트 • 다음 단계(정의 단계)에서의 활동에 대한 계획(작업 프로그램 등), 예산, 조직(보고 체계 등)을 수립/업데이트

HSE	<ul><li>건강, 작업 환경, 안전, 보안 관련 저해 요인 및 잠재 위험 파악. 관련 위험 평가 및 저감 방안 검토</li><li>관련 유관 기관 요구 사항 업데이트</li><li>개발 컨셉에 대한 HAZID 스터디 업데이트</li><li>환경영향평가(EIA) 계획 수립: 프로젝트 마스터 스케줄 범위 내에서 수행되도록 준비</li><li>전체 위험 분석 수행</li><li>HSE 프로그램 및 계획 수립</li><li>작업 환경(working environment) 설계 검토</li></ul>

(2) 주요 산출물

선정 단계의 주요 산출물은 다음과 같다.

표 6-7 선정 단계 주요 산출물

주요 산출물
<ul><li>선정 단계에서의 활동 결과 및 권고 사항 등을 정리한 보고서. DG2에서의 의사 결정을 위한 DSP의 주요 구성 문건으로 다음과 같은 내용을 포함<ul><li>스타트업 미팅 시 가정 사항과 평가 단계에서 수행된 작업들</li><li>선정된 개발 컨셉의 상세 명세</li><li>평가된 여타 개발 컨셉 들의 명세</li><li>개발 컨셉 평가 기준, 주요 가정 사항, 주요 요인 등</li><li>위험 및 기회 분석</li><li>다음 단계(정의 단계)의 프로젝트 스케줄과 DG3 마일스톤</li><li>오차 범위 ±30% 수준 추정 비용</li><li>추가 작업 권고 사항</li></ul></li><li>업데이트된 디자인 베이시스 및 TORG</li><li>컨셉 스크리닝/선정 리포트: 평가된 모든 개발 컨셉 및 스크리닝/선정 프로세스 정리</li><li>프로젝트 벤치마킹</li><li>정의 단계 작업 계획, 조직 구성, 자원 배정, 예산</li></ul>

6.4.5 DG2

프로젝트를 계속 진행하여 정의 단계로 넘어갈지 여부에 대한 의사 결정이 이루어지는 DG이다. 의사 결정 내용에는 정의 단계에서의 프로젝트 계획 및 예산에 대한 승인 (AFE)이 포함되어야 한다.

의사 결정은 다음과 같은 사항에 대한 검토를 기반으로 이루어진다.

- DSP에서 선정 단계에서의 작업 사항이 검토되고 DG2 통과 요구 사항이 충족되었는지 여부에 대한 결론이 내려져야 한다.
- 주요 지배 문건 또는 요구 사항과의 불합치 사항 유무가 확인되어야 한다.

- DG2에서의 각 보고서들은 관련 기능별 매니저의 검토를 거쳐 관련 권고 사항이 있을 경우 DSP에 포함시켜야 한다.

6.4.6 정의 단계

정의 단계의 목적은 선정 단계에서 결정된 개발 컨셉을 추가적으로 프로젝트 승인이 이루어질 수 있는 수준까지 발전/정의하는 것이다. 정의 단계에서는 FEED 스터디와 유전 개발 계획 수립 작업이 동시에 진행된다. 또한 이전 단계에서 결정되지 않은 주요 기술적 솔루션들의 적용 여부에 대한 최종 결정이 이루어지게 된다.

(1) 주요 활동

정의 단계의 주요 활동을 각 분야별로 정리하면 다음과 같다.

표 6-8 정의 단계 주요 활동

분야		활동
프로젝트 관리		• 프로젝트 조직과 관리 시스템을 정의 단계 활동에 적합하도록 조정 • 유전 개발 계획 수립 • PA, PES, OPS 등 프로젝트 문서들을 업데이트 • PEP 업데이트: 주요 활동, 주요 마일스톤, 주요 산출물, 유관 기관 및 파트너 관련 활동, 주요 감독 활동 등 포함 • 시운전 전략 수립: 시운전 계약, 설계 및 제작 기획 기반 자료로 활용 • 실행 단계의 변경 컨트롤 시스템 수립 • 산유국 정부에 제출해야 하는 서류 준비 • 비교 가능한 유사 프로젝트들에 대한 주요 변수들의 벤치마킹 수행 • DG3 통과 요구 사항 충족 여부에 대한 자체 평가 • 개발 컨셉 발전 과정에서 유전 개발 베이시스 사항의 검토, 평가 및 문서화
	공통	• FEED 스터디 수행 • 디자인 베이시스 업데이트 및 검토, 최종 확정 • 기술 검토/검증 보고서 평가 • 생산 시스템에 대한 신뢰성 분석 업데이트 • 선정된 개발 컨셉 최적화 • 선정된 컨셉을 비용 추정 클래스 D(오차 범위 ±20%) 수준으로 구체화 • 프로젝트 단위 TORG 확정 및 승인
	지표하	• 지질/시뮬레이션 모형 업데이트, 회수율/매장량 업데이트 • 생산 전략 업데이트 • 생산 프로파일 업데이트 • 저류층 유체 조성 및 생산 화학 특성 평가 완료 • 흐름 견실성 관리 전략(왁스, 하이드레이트, 아스팔텐 등 관리) 확정 • 저류층 모니터링 및 데이터 취득 요구 사항 업데이트 • 개발정의 종류(생산정/주입정) 및 개수 확정

기술적 사안	유정	• 개발정 시추 작업 요구 사항 확정 • 개발정 시추 시추선 요구 사항 확정 • 개발정 시추 시추선 ITT 패키지 마련 • 개발정 시추 및 완결 프로그램 확정 • 유정 인터벤션 요구 사항 업데이트 • 유정 제어 요구 사항 업데이트
	시설	• PFD 업데이트 • UFD 업데이트 • 프로세스 안전성 리포트 마련 • P&ID 작성 • 프로세스 HAZOP(Hazard and Operability) 스터디 수행 • MEL 업데이트 • 탑사이드/하부 구조물 웨이트 업데이트 • 서브씨 시스템 운영 및 유지 보수 프로그램 마련 • 선박 운송 방식을 포함한 개발 컨셉의 경우 관련 시뮬레이션 업데이트 • 건조 전략 완료 • 건조 및 설치 방식 결정
상업적/경제성 사안		• 수익성 분석 업데이트: 프로젝트의 오퍼레이터 요구 사항 충족 여부 확인 • 모든 금융 및 상업적 계약 관련 계약 전략 검토 및 업데이트, DG3 이전에 계 약 체결 및 승인 • FEED 스터디 엔지니어링 서비스 계약 체결 • OPS 업데이트 • 계약 전략 업데이트 • 계약 전략에 따라 LLI에 대한 주문서 발행 • 계약 전략에 따라 다음 단계(실행 단계) 관련 계약 ITT 패키지 준비 및 입찰 실시 • 상품 사양 및 시장성 검토 업데이트
프로젝트 컨트롤		• 실행 단계 자원 및 인력 계획 수립 • 감독 계획 수립 • 클래스 D(오차 범위 ±20%) 수준 비용 추정 • Level 3 수준 스케줄 수립 • 프로젝트 컨트롤 베이시스 마련 • 종합적인 불확실성 분석 수행: 모든 기술/상업적 측면 포함 • 위험 및 기회 분석 업데이트 • 실행 단계에서 가용한 오퍼레이터 내부 인력 확인 • 실행 단계에서 요구되는 오일 서비스 산업 규모 평가
HSE		• 개발 컨셉에 대한 HAZID 스터디 완료 • EIA 계획 승인, 관련 스터디 작업 수행 • 종합 위험 분석 업데이트 • 작업 환경 설계 업데이트 • 실행 단계에서의 HSE 프로그램 완료

(2) 주요 산출물

정의 단계의 주요 산출물은 다음과 같다.

표 6-9 정의 단계 주요 산출물

주요 산출물
• 정의 단계에서의 활동 결과 및 권고 사항 등을 정리한 보고서. 프로젝트 기획 단계를 마무리하고 　DG3에서의 의사 결정을 위한 DSP의 주요 구성 문건으로 다음과 같은 내용을 포함 　　− 스타트업 미팅 시 가정 사항과 정의 단계에서 수행된 작업들 　　− 최종 확정된 개발 컨셉의 상세 명세 　　− 검토 및 평가 기준, 주요 가정 사항, 주요 요인 등 　　− 위험 및 기회 분석 　　− 계약 전략 　　− 입찰 평가 자료 　　− 실행 단계의 프로젝트 스케줄 　　− 오차 범위 ±20% 수준 추정 비용 　　− 추가 작업 권고 사항 • 유전 개발 계획 • 확정된 상세 디자인 베이시스 및 TORG • 시설 관련 기술 명세 • 확정된 LLI 목록 • AVL • 실행 단계 작업 계획, 조직 구성도, 자원 배정, 예산

6.4.7 DG3

유전 개발 프로젝트 실행 여부, 즉 프로젝트 승인에 대한 최종 의사 결정이 이루어지는 DG이다. 의사 결정 내용에는 실행 단계에서의 프로젝트 계획 및 예산에 대한 승인 (AFE)이 포함되어야 한다.

의사 결정은 다음과 같은 사항에 대한 검토를 기반으로 이루어진다.

· DSP에서 정의 단계에서의 작업 사항이 검토되고 DG3 통과 요구 사항이 충족되었는지 여부에 대한 결론이 내려져야 한다.
· 주요 지배 문건 또는 요구 사항과의 불합치 사항 유무가 확인되어야 한다.
· DG3에서의 각 보고서들은 관련 기능별 매니저의 검토를 거쳐 관련 권고 사항이 있을 경우 DSP에 포함시켜야 한다.

DG3이 통과되면 관련 규정에 따라 유전 개발 계획을 산유국 유관 기관에 제출하게 된다. DG3 통과와 함께 프로젝트 승인, 최종 투자 결정(FID)이 이루어지게 된다.

07

금융

이번 장에서는 해양 유전 개발 금융 전반에 대하여 살펴보도록 한다.

석유산업은 기본적으로 자본 집약적인 산업으로, 석유산업의 긴 개발 역사를 통해 다양한 투자 및 금융 기법이 개발되었으며, 다수의 투자자 및 금융 재원 공급자들이 참여하고 있다. 또한, 금융 조달과 투자 유치 시 국가 간의 이해관계 및 제도에 영향을 받으며, 특히 유가에 따라서 금융시장의 반응과 조달 가능 범위의 편차가 큰 특징을 갖고 있다.

특히, 해양 유전 개발은 기술적인 난이도 및 개발 단계의 복잡성으로 인해 일반적으로 육상 유전 개발보다 상대적으로 더 큰 자금이 필요한 반면, 해양 프로젝트의 특수성으로 인해 투자자와 금융기관에서의 접근 및 취급이 쉽지 않다. 투자 및 금융 제공 타당성 분석을 위해서는 해양 유전 개발과 관련된 석유 산업의 특징과 관련자들에 대한 이해가 선행되어야 하며, 해상이라는 작업 환경상 개발 및 생산 단계에 투입되는 각종 해양 설비의 역할과 기능에 대한 이해도 필요하다.

이번 장에서는 해양 유전 개발 프로젝트에서의 개발 및 생산 단계에서의 금융 조달 방안 및 금융 재원에 대하여 먼저 살펴보고, 추가로 주요 해양 개발 및 생산설비 금융 시 고려 사항에 대하여 기술하겠다.

7.1 금융 재원 및 금융 조달 방안

해양 유전 개발 자금 조달 기본 고려 사항

해양 유전 개발에는 투입되는 인원과 관련된 해양 설비도 상당하고, 또한 그 규모와 소요 시간이 상대적으로 크고 길기 때문에 탐사부터 개발 그리고 생산 단계의 정상화에 도달할 때까지 대규모의 자금이 필요한 것이 특징이다. 또한, 해상에서의 작업은 고도의 전문적인 기술력과 적재 적소에 필요 해양 설비가 제 역할을 해야만 가능하다. 이를 위해서는 오퍼레이터인 E&P 회사 및 주요 해양 설비 운용자인 오일 서비스 업체가 전체 프로젝트의 성공적인 진행을 위해 개발 계획이 차질 없이 집행될 수 있도록, 투자 재원 조달 계획을 마련해야 한다.

투자 재원(investment source)

해양 유전 개발을 위해서는 크게 Equity(자기자금－회사가 보유하고 있거나, 유보되어 투자 가능한 자금) 및 Debt(차입금－타인, 주로 금융기관에서 여러 금융 기법 및 경로를 통해 차입한 자금)를 각각 어떻게 확보 및 활용할 것인가가 자금 조달의 가장 근본적인 1차 고려 사항이다.

우선, 오퍼레이터와 유전개발 참여 사업주는 자신이 재정 상태와 활용 가능한 자금에 대하여 분석이 필요하며, 프로젝트 개발 필요 자금의 예상 금액과 집행 일정 그리고 향후 프로젝트에서 예상되는 수입을 고려하여 금융 조달에 대한 계획을 수립해야 한다. 특히, 해양 유전 개발에서 큰 부문을 차지하는 개발 및 생산설비의 투자에 관해서는 이를 전체 프로젝트 필요 자금에 포함시켜 진행할지 아니면 해당 설비의 전문 오일 서비스 업체(컨트렉터)와의 이용 계약을 통해 설비 이용료만을 지불하는 형태로 진행할 지를 판단하여 프로젝트 구조와 자금 계획을 수립해야 한다.

금융 재원(financing source) 및 금융 기법(financing scheme)

각 기업, 특히 오퍼레이터와 유전 개발 참여 사업주의 재무 현황과 해당 기업이 활용할 수 있는 금융 재원은 다르며, 재무 전략에 따라 사용할 금융 기법과 이에 따라 가장 효율적으로 활용이 가능한 금융 재원을 고려할 필요가 있다. 금융 기법은 크게 기업금융(corporate finance)과 구조화 금융(structured finance)으로 나눌 수 있으며, 금융 재원은 크게, 금융기관 자금, 특히 은행차입금(bank debt)과 자본시장(capital market)으로 구분할 수 있다. 또한, 정책 및 국제 출현 금융기관과 석유 산업 관련 전문 Private Equity Fund도 주요 금융 재원으로, 프로젝트 규모의 확대와 국가 간의 이해관계를 감안해야 하는 현 추세상 더욱 중요한 재원으로 부각되고 있다.

해양 유전 개발 관련 금융 기법과 금융 재원의 선택의 폭은 해양 유전을 개발하는 오퍼레이터가 많은 국가일수록 발전되어 있다. 이는 해양 유전 개발 관련 금융의 주 사용자는 해양 유전을 개발하려는 E&P 회사와 유전 개발 참여 사업주이며, 또한 오일 서비스 업체도 이 금융의 주 사용자이다. 주요 오일 메이저 및 E&P 회사 그리고 해양 유전 관련 장비 제조 및 설비 운용 오일 서비스 업체가 많은 미국, 노르웨이는 타 금융 시장 및 국가에 비해 금융 재원의 구성이 다양하며, 특히 자본시장을 활용한 금융 기법들이 발달되어 있는 특징을 갖고 있다.

7.2 금융 재원

해양 유전 개발 관련 업체들의 활용할 수 있는 금융 재원들은 다음과 같다.

민간 부분(private)

민간 부분에서의 금융 재원 중 가장 큰 부분을 차지하는 기관은 상업은행(commercial bank)이다. 상업은행 중 국제금융 및 석유산업을 전통적으로 장기간 지원하고 있는 미국계, 유럽계 상업은행들은 주요 해양 유전을 개발하는 E&P 회사와 주요 개발 및 생산설비 컨트렉터에 기업금융 및 구조화 금융 형태로 지원하고 있다. 이들의 특징은 석유산업의 특징, 특히 해양 유전 개발에 관한 이해가 높고, 전담 부서의 전문 인력을 통해 프로젝트 진행 경험이 많은 것이 장점이다. 특히, 구조화 금융부의 Oil & Gas 담당자들은 주요 사업주의 비즈니스 모델과 관련 계약 관계 분석에 능하며, 해당 해상 광구의 매장량을 기술적으로 접근할 수 있는 인력을 갖고 있는 점이 강점이다.

상업은행과 더불어 투자은행(investment banking)도 중요한 금융 재원 조달 기관이며, 대표적으로 증권사는 기관 투자자의 자금 및 자본시장을 이용한 주식 및 채권 발행, 유동화 증권 발행을 통해 해양 유전 개발업자의 자금을 제공하고 있다. 특히, 미국과 노르웨이 업체는 상대적으로 석유 산업에 대한 이해가 높은 투자자 pool(군)이 형성된 자본시장에서 장기 High Yield 채권 발행을 통해 대규모의 자금을 조달하고 있다. 미국과 유럽의 시추선 업체들은 상업은행 자금에만 의존하는 것이 아니라, 이런 적극적인 자본시장 접근을 통해 자본시장 자금을 활용하고 있다.

또한, 기관투자자 및 고자산가에게 모집한 자금을 기반으로 하는 Private Equity Fund는 상업은행과 자본시장에서 미처 지원하지 못하고 있는 부분도 지원 가능하며, Lease 사도 주로 개발 및 생산설비 구조화 금융 분야에 참여 기회를 갖고 있다.

공공 부분(sovereign)

각국의 수출 촉진과 고용 확대를 목적으로 설립된 수출신용기관(ECA; Export Credit Agency)은 공적 금융기관으로서 자국 기업의 수출 확대 및 국익 확대를 금융 측면에서 지원하기 위해 설립되었다. 한국의 경우 한국수출입은행(KEXIM)과 한국무역보험공사(K-SURE)가 있으며, 한국 조선 및 건설업자가 수행하는 해양 유전 개발 및 생산설비의 경우 일반적으로 지원 가능 대상으로 ECA 금융을 활용한 자금 조달을 고려할 수 있다. 또한, 직접적인 자본재 수출뿐만 아니라, 국내 기업 및 투자자가 해외 해양 유전 개발에 주주, 주요 서비스 제공자 그리고 생산물 구입자(offtaker)로 참여했을 경우에도, 원자재 자급률 향상 측면에서 국익(Korean Interest) 증대에 기여한 것으로 간주되어 ECA 금융 활용이 가능하다.

또한, 각국에서는 ECA와 더불어 개발은행(Development Bank)이 주요 공공부분 금융 재원으로 활약하고 있으며, 해양 유전 개발에 국력을 기울이고 있는 브라질의 경우 BNDES(브라질 개발은행)에서 해양 유전 개발 프로젝트에 대규모 자금 지원을 하고 있다. 또한, 국제 개발 금융기관(MDB; Multinational Development Bank)은 주로 개발도상국 프로젝트에 활용할 수 있는 금융 재원이다.

최근의 해양 유전 개발 프로젝트는 더 깊은 심해(deep sea)에서 대형 설비들이 투입되어 개발되는 추세로 프로젝트의 자금 조달 규모가 증가하고 있다. 반면, 전통적으로 장기 구조화 금융을 제공해 오던 국제 상업은행들이 장기 대규모 대출(long term project finance) 실행에 부담이 늘어가고 있어, ECA 및 개발은행 같은 공적 금융기관의 참여와 지원이 더욱 더 중요해지고 상황이며, 자본시장을 통한 장기 Project Bond 발행도 적극적으로 고려되고 있으나 아직 제한적이다.

각국의 수출신용기관(ECA)은 자국 기업의 참여와 전략적인 사유로 협조금융을 확대하고 있다. 한 예로, 국내 조선소에서 건조된 최신식 시추선의 경우 주요 시추설비 (drilling package)를 노르웨이 업체에서 납품받아 건조하는 것이 대부분이다. 이 경우 노르웨이 수출신용기관인 GIEK 및 Export Credit Norway가 한국의 수출신용기관과 협조금융을 진행하고 있다.

7.3 금융 기법

기업금융

기업금융은 기업이 자기 신용(재무제표)을 이용하여 차입하는 방안으로 금융기관, 주로 은행에서 단기로 차입하고 진행 과정이 비교적 단순하며, 자본시장에서는 기업공개(IPO), 사채 발행, 신주 발행 및 각종 금융상품 발행을 통해 이루어진다. 오일 메이저 및 NOC는 막대한 자금 동원 능력으로 주로 자기자금 및 기업금융 기법을 활용하여 상류 부문 관련 투자를 진행하고 있다. 상류 부문 개발에서 주로 유가스전 개발/생산에 관련 비용을 자금 집행 계획에 따라 기업금융 형태로 조달하며, 이때 해양개발 및 생산설비 관련 투자 비용도 감안하여 금융 조달을 하고 있다.

구조화 금융

구조화 금융에서 가장 대표적인 금융 기법이 Project Finance와 선박금융(ship finance) 이며, 해양 유전 개발에서 광의의 선박으로 분류할 수 있는 시추선, OSV, Heavy Lift Vessel 등은 건조가와 시장가를 감안하고, 현금흐름 등을 종합적으로 검토하여 금융 조건을 결정하는 선박금융의 방식을 주로 따르며, 전반적으로 해양 유전 개발 및 생산 설비 분야에서는 현금흐름 및 추가 담보 장치에 좀 더 초점을 맞춘 Project Finance 방식으로 접근하는 것이 일반적이다. 특히, 생산 관련 설비(FPSO와 해양 플랫폼)의 경우에는 해당 설비를 오퍼레이터 및 해양 유전 개발 사업주가 직접 소유 운영할 경우, 전체 상류 부문 관련 자본 비용(CAPEX)에 포함시켜 금융이 진행되며, 설비 운영 전문 컨트렉터로부터 임대/용선하여 운영되는 경우에는 설비별로 단독으로 컨트렉터 앞으로 금융을 진행한다.

- 선박금융: 선박 자체의 자산가치 및 선박으로부터 발생하는 미래수익을 담보로 이루어지는 대표적인 자산담보 형태의 금융. Asset Backed Finance의 가장 대표적인 분야
- Project Finance: Project 자체의 현금흐름을 대출금 상환 재원으로 하고, 프로젝트 수행을 목적으로 설립된 특수목적법인에 자금을 제공하는 방식

7.4 해양 유전 개발 및 생산설비 금융 자금 조달 시 고려 사항

금융기관의 주요 리스크 점검 조건들은 다음과 같다.

완공 위험(completion risk)

일반 상선과 달리 고성능/고가의 목적물을 발주자 및 용선자의 요구 사항을 충족하여 요구되는 기간 내에, 원 예상 예산 안에서 건조/완공해야 하므로 제작 컨트렉터의 건조 능력과 건조경력(track record)을 중점적으로 검토해야 한다. 이와 더불어, 사업주와 제작 컨트렉터 간의 제작 계약의 적정성과 계약상 제작 컨트렉터의 귀책사유를 통한 해당 설비의 인도 지연 및 성능 저하에 대하여 적절한 보상 체계, 용선자와의 계약 구조, 특히 용선 및 서비스 계약의 해지 조항 간의 연결 관계를 분석하는 것이 중요하다. 완공 지연에 따른 개발 및 생산 일정 지연은 프로젝트 사업성을 포함해 상당한 영향을 미치기 때문에, 제작 컨트렉터의의 완공 책임과 더불어 발주자의 책임 관리가 필요하다.

자산가치 위험(asset risk)

해양개발 및 생산설비 분야는 특정 광구를 대상으로 건조 제작되는 것이 보통으로, 목적 대상물의 자산가치보다 설비 운용을 통한 프로젝트 현금흐름의 건전성이 가장 중요한 고려 요소이다. 반면, 시추선 및 광의의 OSV 분야는 선박의 운용 형태에 따라 시장가가 형성되어 있어, 건조선가 대비 금융 비율을 정할 때 최근 건조 가격과 비슷한 사양의 선박의 중고 시장가를 참고하고 있다. 결국, 유가에 따른 해당 설비의 근본적인 수급 관계에 영향을 받으며, 해당 설비의 사양이 목표로 하고 있는 시장에서 생존 경쟁력을 갖고 있는지, 사용자 측면에서 전략적인 가치가 있는 설비인지를 고려하는 것이 필요하다.

현금흐름 위험(cashflow risk)

해양 유전 개발 및 생산설비 분야는 특정 해양 유전 개발 프로젝트에 적합한 사양을 가지고 건조되어, 사업 목적을 달성하기 위해 운용된다. 따라서, 금융기관 입장에서는 목적 대상물(해양 생산설비)을 통해 창출 가능한 현금흐름의 건전성을 주요 검토 기준으로 프로젝트를 분석/평가하게 된다. 각 대상물마다 용선(charter)/운영(service) 계약의 주요 조건이 상이하고, 금융기관마다 위험 수용 범위(risk appetite)가 달라 가장 중요하게 다루어지고, 이 현금흐름 분석 결과에 따라 주요 금융 조건 및 담보장치 (security package)를 사업주와 논의하게 된다.

재금융 위험(refinancing risk)

통상적으로 해양 유전 개발 및 생산설비 분야는 장기간의 상환 기간을 요구하는 금융구조로 설계되며, 용선/운용 계약이 완료되는 시점 및 상환 기간 종료 시 상환 잔액(balloon)이 남는 것이 보통이다. 이에 금융기관 입장에서는 사업주의 신용 상태, 해당 설비의 시장업황, 용선/운용 계약의 연장 가능성 그리고 시장 가격 등 다양한 요소를 고려하여, 사업주가 과연 남은 상환 잔액의 재금융이 가능할지를 판단하여, 추가적인 담보 장치의 필요성을 판단하게 된다.

사업주 위험(corporate risk)

사업주의 전반적인 사업 및 재무 현황을 종합적으로 판단하여 사업주가 사업을 진행할 수 있는 능력이 있는지, 현재 재무 현황과 미래 재무 상황을 예측하여 차입금의 정도가 적절한지 검토해야 한다. 또한, 사업주의 지배 구조의 검토를 통해 의사 결정 과정 및 모/자회사의 영향력/지배 관계를 살펴볼 필요가 있다.

운영 위험(operational risk)

해양 유전 개발 및 생산설비 분야에서 우수한 운영/관리 인력/조직을 확보하여 용선/운영 계약을 충실히 수행할 수 있는지를 중점적으로 살펴볼 필요가 있다. 특히, 해당 설비의 운영 경험과 과거 운용/관리 경력 검토는 필수적이며, 우수한 인력을 보유 및 유지할 수 있는 시스템 유무를 확인할 필요가 있다. 신규 사업주의 경우 자본력만으로 진입이 어려운 이유도 이 부분과 크게 연관되어 있다.

사업성 위험(underlying risk)

해양 유전 개발 및 생산설비는 투입이 예정되어 있는 상류 프로젝트에 요구되는 사양에 적합하게 설계되어 제작되는 것이 보통이므로, 해당 설비를 투입될 프로젝트의 사업성이 중요한 고려 대상이다. 여기서 사업성이라 함은 단순한 수익성을 넘어 해당 광구가 양질의 석유 매장량을 보유하고, 적합한 개발 방식을 채택하여 진행 여부 가능성 전반을 지칭한다.

국가 위험(country risk)

해당 국가의 주요 정치 및 제도 변화에 따라, 프로젝트의 사업성 및 일정에 중대한 영향을 미칠 수 있다. 특히, 개발도상국 프로젝트의 경우 관련 법제도 정비 미비와 잠재적인 정치 위험이 프로젝트에 미칠 영향이 크기 때문에 좀 더 면밀한 법률 실사뿐만 아니라 수출신용기관 및 국제 개발 금융기관의 협조 금융 조달을 적극 고려할 필요가 있다.

환경 위험(environment risk)

해양 유전 개발은 많은 물리적인 위험을 수반하며, 특히 해저와 해상에서 작업을 하기 때문에 환경 위험 준수가 반드시 필요하다. 2010년 Gulf of Mexico 지역에서 발생한 Tranocean 시추선 폭발 사건(일명 Macondo 사건)으로 인해 대량의 석유가 유출되어 엄청난 환경 재해를 유발한 적이 있다. 해당 해양 유전 개발 프로젝트의 환경 평가와 대책 마련 수준의 적합 여부는 반드시 점검해야 한다.

7.5 FPSO 금융

7.5.1 FPSO 금융의 기본 고려 사항

FPSO는 부유식 생산설비 중 가장 많이 활용되는 설비로 해양 유전 개발에서 대표적인 생산설비이다.

FPSO를 사용하려는 오퍼레이터나 금융 제공을 고려하는 금융업자 모두 생산설비의 특징상 사전에 FPSO가 투입될 해양 유전에 대한 특징을 이해하는 것이 선행되어야 한다. 이를 바탕으로 해당 설비가 해당 유전에서 생산될 것으로 예상되는 석유 가스 생산물을 효율적으로 처리하고, 안정적으로 운영될 수 있도록 최적의 설계 및 건조가 가능한지를 살펴봐야 한다. 그리고 개발 대상 해상 유전에 대한 정보, 특히 생산 가능한 매장량에 대하여 가능한 최선의 노력으로 실사를 진행할 필요가 있다. 이는 생산 가능한 매장량과 유가는 오퍼레이터 입장에서 FPSO 사양과 운영에 결정적인 영향을 미치는 요소이기 때문이다. 또한 광구의 물리적인 환경, 예를 들어 수심, 인근 해상 광구와의 개발 연계성, 유전 생산물 중 석유와 가스의 구성 비율 등도 큰 영향을 미친다.

FPSO가 다른 생산설비와 비교하여 다른 특징 중 하나는 상대적으로 우수한 가용성이다. 투입되어야 할 해상 유전의 특성에 따라 사양이 결정되는 대부분의 생산설비들은 투입되는 유전 전용으로 설계되어 해당 유전이 고갈되어 더 이상 생산을 하지 못할 경우 생산설비의 재기용(redeployment)에 제약이 있는 것이 현실이다. 이 점에서 FPSO도 완전히 자유롭지는 못하지만, FPSO 임대 컨트렉터들은 이익의 극대화 및 운영 유연성 확보 측면에서 재기용을 염두에 두고 FPSO 사양 및 설계를 진행하고 있다. 물론, 재기용 시 해당 유전에 적합하게 추가적인 비용을 들여 기존 사양을 수정 및 향상시키는 작업이 수반되어야 한다.

가용성이 높다는 측면에서 FPSO는 반드시 신규 설비를 발주하여 건조하는 방법 외에 기존 대형 유조선을 개조하여 활용하는 방법도 많이 채택되고 있다. 이는 해당 광구의 생산 계획 및 예산 그리고 생산설비 투입 시기에 따라 영향을 받으며, 이를 경제적인 측면에서 신조와 개조의 효익 비교분석을 통해 최종적으로 결정한다.

7.5.2 FPSO 금융 구조

FPSO 금융 구조를 이해하기 위해서는 해양 유전 개발 프로젝트의 주요 가치사슬과 주요 참여자에 대한 이해가 필요하다. 오퍼레이터와 유전 개발 참여 사업주, 즉 라이선스 파트너들은 광구의 개발/운영권을 획득하고 해양 유전을 탐사 및 개발하여 생산되는 석유를 구매자에게 운송 및 판매함으로써 경제적 이익을 달성하고 있다.

생산설비의 자금 조달 기법은 이론적으로 기업금융과 구조화 금융, 그리고 소구(recourse) 정도에 따라 소구금융(recourse finance)과 비소구금융(non/limited recourse finance)으로 나눌 수 있지만, 여기서는 구조화 금융 중 비소구금융의 형태를 중심으로 설명하겠다.

금융 구조를 구분하기 위해서는 1차적으로 생산설비의 소유 및 운영을 오퍼레이터 및 라이선스 파트너들이 책임지는지, 2차적으로 생산물을 판매하여 발생하는 현금흐름을 오퍼레이터가 관리하는지 아니면 생산설비 운용 컨트렉터가 관리하는지를 파악하여야 한다. 그에 따라 아래와 같이 3가지 프로젝트 구조가 가능하다.

(1) 통합 개발 구조(integrated structure)

통상 석유가스산업에서 유전의 운영 개발은 광구의 지분을 가장 많이 갖고 있거나, 아니면 개발 및 자금 능력이 있는 라이선스 파트너가 맡게 된다. 즉, 오퍼레이터가 개발의 주체가 된다. 대부분의 경우 광구의 지분을 여러 파트너들이 소유하고 있고, 해당 산유국의 파트너나 정부기관이 주주로 참여하는 경우, 주주 간의 이해관계 조율 및 사업 진행에 많은 어려움이 따르는 편이다.

통합 개발 구조에서는 라이선스 파트너들이 주주로 구성된 프로젝트 회사(project company)가 생산설비를 포함한 전체 개발 비용을 조달하는 차주가 되는 경우를 상정하고 있다. 생산설비를 소유 및 운영하는 프로젝트 회사와 유전을 소유 및 운영하는 프로젝트 회사가 달라도 양사 모두 동일한 지분의 동일한 주주로 구성되어 주주 간의 프로젝트 진행 간의 의사 결정, 특히 가장 대규모 투자가 요구되는 생산설비 확보 등에 대한 일치된 이해관계를 바탕으로 사업을 검토할 수 있게 된다.

대규모 해양 유전 개발 프로젝트의 경우 별도의 생산설비 운용 컨트렉터에서 생산

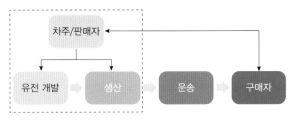

그림 7-1 통합 개발 구조

설비를 임대하여 사용하는 경우 제3자로 인한 프로젝트 진행 위험(project on project risk)이 발생할 가능성이 있어 큰 재무적 부담에도 불구하고 E&P 회사들이 통합 개발 구조를 선호하게 된다. 이 구조는 프로젝트 회사가 개발, 생산, 매장량, 생산설비 운용 그리고 판매까지 모든 부분을 책임지는 구조로, 금융제공업자는 생산설비에 관련된 분석을 포함한 프로젝트 전반에 대한 강도 높은 분석을 통해 지원 여부와 범위를 결정하게 된다.

(2) 차익 거래 구조(merchant structure)

차익 거래 구조는 생산설비 운용 컨트렉터가 수익을 극대화할 수 있는 방법이다. 통합 개발 구조에서는 유전 개발 운영 프로젝트 회사와 생산설비 운용 프로젝트 회사의 주주가 동일하여 공동의 경제적 이익을 추구하는 반면, 차익 거래 구조에서는 생산설비 운용 컨트렉터가 유전 개발 운영 프로젝트 회사로부터 유전 생산물을 공급받아 생산설비를 이용해 최종 생산물로 처리하여 구매자에게 직접 매각하는 방식이다.

  주로 생산설비 운용 컨트렉터가 오퍼레이터보다 판매에 더 경쟁력이 있고, 이미 구매자를 확보한 경우 채택되는 방식이다. 유전 개발 운용 프로젝트 회사와 생산설비 운용 프로젝트 회사의 주주 구성이 동일하지만 각 주주의 보유 지분율이 상이한 경우에 고려해 볼 수 있는 구조이다.

  생산설비 운용 컨트렉터에게 금융 제공을 고려하는 금융업자 입장에서는, 프로젝트가 해양 유전으로부터 원재료 공급이 원활하게 될 수 있는지가 가장 큰 위험 요소이며, 생산 단가와 판매가의 변동에 따른 수익성 변동 가능성에 대한 면밀한 시나리오 테스트 및 안정 장치 마련이 필요하다. 특히, 산유국마다 원재료 공급에 대하여 비상 시 국내에서 일정 부분 강제 할당해야 하는 조항이 존재하는 경우도 있을 수 있어, 해당 산유국의 석유산업의 수출 관련 법률과 정책에 대한 면밀한 실사가 필요하다.

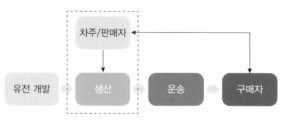

그림 7-2 차익 거래 구조

(3) 임대 거래 구조(tolling structure)

임대 거래 구조는 생산설비 운용 컨트렉터가 생산설비를 유전 개발 프로젝트 회사에게 제공함으로써 설비 사용료를 주 금융 상환 재원으로 사용하는 구조이다. 유전 개발 프로젝트 회사와 생산설비 운용 프로젝트 회사가 동일 주주로 구성된 경우에도 통합

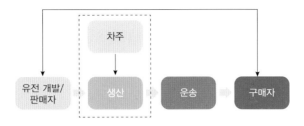

그림 7-3 임대 거래 구조

개발 구조로 금융 조달이 어려울 경우, 임대 거래 구조를 통해 생산설비 건조 자금 조달을 모색하기도 한다. 그 이유는 차주인 생산설비 프로젝트 회사는 광구의 운영, 생산물 판매, 매장량 그리고 유가에 대한 위험 노출이 제한적이기 때문이다. 따라서 금융 제공업자는 생산설비 임대 사용료를 지불하는 유전 개발 프로젝트 회사의 주주, 특히 오퍼레이터의 신용 및 광구 운영을 통한 수익 확보 능력에 초점을 맞추어 분석하게 된다.

FPSO 임대 컨트렉터들은 주로 이 구조를 통해 프로젝트에 참여하게 되며, 오퍼레이터는 FPSO 임대 컨트렉터의 운용 능력과 경쟁력 있는 임대료(사용료) 제시 가능 여부를 기준으로 거래 상대방을 선정하고 있다. FPSO 임대 컨트렉터들은 재기용 가능성을 중시하기 때문에 주로 대형 신조 FPSO를 건조하는 국내 조선소보다 중고 유조선 개조나 기존 FPSO 사양 향상에 강점을 가진 싱가폴 및 중국 조선소와의 거래를 선호하여 그들과의 거래 비중이 높다.

7.6 해양 유전 개발 금융의 국내 상황

국내 해양 유전 개발 금융의 현황

국내 E&P 회사의 해외 자원 개발의 경우 대부분 지분 참여를 통한 생산물 확보에 초점을 맞추고 있고, 국내 회사가 직접 오퍼레이터가 되어 초기 탐사부터 개발, 생산, 금융 조달 및 운영까지 전 단계를 진행한 경험이 안타깝게도 제한적인 것이 사실이다. 이는 국내에서 경제성이 있는 유전 개발 프로젝트가 나오기 어려운 지질학적 조건과 산유국 및 주요 오퍼레이터인 오일 메이저와의 첨예한 이해 역학 관계 속에서 상대적인 열세에 있는 국내 업체들의 운영권 획득이 쉽지 않다는 점에도 기인한다.

국내 해운산업의 경우 일반 국제 해상 운송업 분야에서는 주요 국가로 언급되고 있지만, 해양 유전 개발 및 생산설비 운용 및 장비 제조업 분야에서는 국내 업체의 진출이 상대적으로 미진한 것이 사실이다. 이는 해양 유전 개발산업의 특성상 오퍼레이터 중심으로 산업이 운영되고 있으며, 오퍼레이터와 오랜 관계를 맺고 있는 주요 오일 서비스 업체들이 해양 유전 개발 오퍼레이터가 많은 미국, 북유럽 등 특정 지역에서 주로 성장해온 것과 무관하지 않다

이에, 국내 업체의 해양 유전 개발 분야의 진출이 저조한 환경에서 국내 금융권의 자원개발 분야, 특히 해양 유전 개발 분야에 참여한 경험이나 지원을 확대해야 하는 전략적인 이유를 기대하기에는 어려움이 따르는 것이 현실이다.

국내 금융기관에서의 해양 유전 개발 일반적인 접근

국내 금융권에서 해양 유전 개발 금융 분야에 참여한 경험은 대부분 국내 EPC 업체의 해양 유전 개발 및 생산설비 제작 및 수출과 관련된 수출 금융 분야에 대부분 국한되어 있다. 국내 업체가 일부 지분 참여나 생산물 주 구매자로 참여하는 프로젝트의 경우 주로 국내 수출신용기관인 수출입은행과 무역보험공사를 통해 지원되고 있는 상황이다. 따라서 수출신용기관 및 한국산업은행을 제외한 일반 국내 금융권에서는 해양 유전 개발 분야에 접할 수 있는 기회가 상대적으로 낮다보니 이해나 관심이 낮은 형편이다.

금융은 사업주의 필요에 의해 제공되며, 금융 지원의 확대를 위해서는 국내 E&P 회사의 해양 유전 개발의 적극적인 참여와 국내 업체의 해양 오일 서비스 산업에의 진출이 확대되어 경쟁력 있는 컨트렉터가 많이 나와야 해양 유전 개발 금융 분야의 발전과 확대로 자연스럽게 연결되지 않을까 생각된다. 이미 국내 수출신용기관을 포함한 공공금융기관에서 운영하는 해외 사업 및 해외 자원 개발 지원 금융 프로그램 등 다양한 지원제도가 마련되어 있으나, 결국 자국의 업체가 주 사업주 및 운영자가 되어 양질의 프로젝트를 확보해야 그 파급 효과가 금융산업과 하위 연관 산업(기자재 및 운용 및 관련 인력 양성 포함)에 미칠 수 있다.

일본과 중국의 해양 유전 개발 진출과 시사점

해외 자원 개발의 경우 한국과 비슷한 상황에서 다른 전략으로 해양 유전 개발 분야에 접근 중인 일본과 중국의 사례를 살펴보는 것이 의미가 있을 것 같다.

일본의 경우 한국과 같이 자국의 산업에 필수적인 원자재 자급률을 높이고 투자 이익 확대를 위해 일본 상사를 중심으로 지속적으로 해외 자원 개발에 적극적으로 참여해 왔다. 초기의 단순 유전 개발 참여 사업주 입장에서 현재는 해외 주요 프로젝트에 오퍼레이터로 참여하는 등 기회 확대에 매우 적극적이다. 이러한 추세에 맞추어 일본 주요 상업은행들과 일본 공적금융기관(JBIC, NEXI, JOGMEC)들도 일본 상사와 일본 E&P 기업들의 해외 해양 유전 개발 프로젝트를 적극적으로 지원하였고, 이 과정에서 상당한 금융 전문 인력과 경험을 확보하게 되었다. 또한, MODEC 같은 세계 TOP 3의 FPSO 전문 컨트렉터가 나타나 해양 유전 개발 및 생산설비 전문 운용 인력을 확보하

게 되었으며, 노르웨이 셔틀 탱커 전문업체와의 합작법인을 통해 북해 지역 진출에도 성공하였다.

중국의 경우 중국 근해의 해양 유전 개발에 중국 국내 업체들의 적극적인 참여를 통해 중국의 해양 유전 개발 및 생산설비 그리고 관련 장비의 인증과 기술력 확보에 주력하고 있다. 중국 업체들은 미국과 노르웨이 업체가 주도하는 시장에서 높은 진입 장벽을 극복하기 위해서 자체 제작한 설비와 장비의 실전 투입을 통한 사용 이력 (reference) 확보를 우선시해 왔다. 그러한 노력을 통해 중국 오일 서비스 업체에서 제작한 장비가 대거 탑재된 해양 유전 개발 및 생산설비를 중국 조선소에서 건조 및 투입하여 산업 파급 효과를 확대하여 왔다.

일본과 중국의 경우 각기 다른 산업 발전 전략을 사용했으나, 공통적으로 해양 유전 개발 분야 진출에 있어 자국 산업, 특히 오퍼레이터와 오일 서비스 업체의 육성을 위해 이미 자국 기업이 진입한 분야와 연계하여 확장하는 전략을 적극적으로 모색하여 실행에 옮기고 있다는 점이 우리에게 시사하는 바가 크다. 우리나라의 경우 국영 및 민간 E&P 회사 그리고 국내 대형 조선소들을 포함한 EPC 업체들이 해양 유전 개발 산업 분야의 주요 참여자로 활동하고 있다. 따라서 제한적으로나마 나타나는 협업 기회를 적극 활용하여 국내 산업의 파급 효과 극대화를 위해 초기부터 적극적으로 같이 고민하는 것이 필요하다.

American Petroleum Institute (API), 2015. General Overview of Subsea Production Systems. Washington, D.C.: API Publishing Services.

Barltrop, N. D. P. ed., 1998. Floating structures: a guide for design and analysis. London: Centre for Marine and Petroleum Technology.

Barton, C. M., 2014. Introduction to Deepwater Development, UH Petroleum Industry Expert Lecture Series. Houston: Wood Group Mustang.

Bessa, F., 2004. Reservoir characterization and reservoir modeling in the northwestern part of Hassi Messaoud Field, Algeria. Ph. D. University of Hamburg.

Bjelland, A., 2012. Project Risk Management-A Study on the risk management approach utilized by ConocoPhillips Capital Projects. MSc. Universitet I Stavanger.

Caers, J. K., 2005. Petroleum Geostatictics Primer. Society of Petroleum Engineers.

Chakraborty, A. B., 2004. Holistic Approach to HSE Performance Asset, Monitoring and Management in an Integrated Upstream Oil/Gas Corporation. Health, Safety, and Environment in Oil and Gas Exploration and Production, Calgary, Canada, 29-31 Mar 2004.

Dahl, R. E., 2013. Investment Analysis. Universitet I Stavanger.

Demirmen, F., 2007. Reserves Estimation: The Challenge for the Industry. Journal of Petroleum Technology, 59(5), p. 80-89.

DNV GL Oil & Gas, 2014. Subsea Facilities–Technology developments, Incidents and Future Trends. Stavanger: Petroleumstilsynet.

EYGM Limited, 2015. Global oil and gas transactions review 2014. Bahamas: EYGM Limited.

Fjelde, K. K., 2013. Management, economy and drilling operations. Universitet I Stavanger.

Galp Energia, 2016. Oil reserves and resources. [online] Available at: 〈http://www.galpenergia.com/EN/agalpenergia/Os-nossos-negocios/Exploracao-Producao/Paginas/Reservas-e-recursos-petroliferos.aspx〉

GTN Energy Partners, 2016. Waterflooding. [online] Available at: 〈http://www.gtnenergypartners.com/technology/waterflooding〉

Gudmestad, O. T, Zolotukhin, A. B., and Jarsby, E, T., 2010. Petroleum Resources with Emphasis on Offshore Fields. WIT: Southampton, UK.

Hickman, T. S., 1995. A Rationale for Reservoir Management Economics. Journal of Petroleum Technology, 47(10), p. 886-890.

Höök, M., 2009. Depletion and decline curve analysis in crude oil production. Licentiate Degree, Uppsala University.

Howell, G. B., Duggal, A. S., Heyl, C., and Ihonde, O., 2006. Spread Moored or Turret Moored FPSO's for Deepwater Field Development. Offshore West Africa, Abuja, Nigeria, 14-16 Mar 2006.

Hutchinson, R. and H. Wabeke, 2006. Opportunity and Project Management Guide. Rijswijk: Shell International Exploration and Production B.V.

International Energy Agency, 2010. NATURAL GAS LIQUIDS–SUPPLY OUTLOOK 2008-2015. Paris: International Energy Agency.

International Energy Agency, 2013. Resources to Reserves 2013-Oil, Gas and Coal Technologies for the Energy Markets of the Future. Paris: International Energy Agency.

Jahn, F., Cook, M., and Graham, M., 2006. Hydrocarbon Exploration and Production. Oxford: Elsevier Science Ltd.

Janssen, E. F., 2013. Subsea Technology. Universitet I Stavanger.

Johnston, D., 2003. International Exploration Economics, Risk, and Contract Analysis. Tulsa: PennWell Books.

Kalaydjian, F. and Bourbiaux, B., 2002. Integrated Reservoir Management: A Powerful Method to Add Value to Companies' Assets. A Modern View of the EOR Techniques. Oil & Gas Science and Technology, 57(3), p. 251-258.

Karimi G., 2015. Reservoir Management by Identifying Subsurface Uncertainties and Impact on Recovery Factor and Production Rate. Petroleum & Coal, 57(4), p. 373-381.

Lee, M. Y., 2011. An Operator's View on Deepwater Floating Systems and Technology Development. Symposium on Marine Resource & Technology. Taipei, Taiwan, 16 Oct 2011.

Leffler, W. L., Pattarozzi, R., and Sterling, G., 2011. Deepwater exploration & production: a nontechnical guide, 2nd edition. Tulsa: PennWell Corporation.

Magoon, L. B. and Dow, W. G., 1994. The petroleum system. Tulsa, Oklahoma, American Association of Petroleum Geologists Memoir 60, p. 3-24.

Mireault, R. and Dean, L., 2008. Reservoir engineering for geologists. Calgary: Fekete Associates Inc.

Miyoshi, M., Doty, D. R., and Schmidt, Z., 1988. Slug-Catcher Design for Dynamic Slugging in an Offshore Production Facility. SPE Production Engineering, 4(3), p. 563-573.

Natarajan, S., 2010. Dry Tree vs. Wet Tree–Considerations for Deepwater Field Developments. SPE Applied Technology Workshop, Kota Kinabalu, Malaysia, 1-5 Mar 2010.

Nergaard, A., 2009. Subsea Production Systems. Universitet I Stavanger.

Newendorp, P. D. and Schuyler, J. R., 2000. Decision Analysis for Petroleum Exploration. Aurora: Planning Press.

Nogueira. A. C. and Mckeehan D. S., 2005. Design and construction of Offshore Pipelines. Houston: Intec Engineering.

Norwegian Energy Partners, 2017. Oil & Gas Upstream. [online] Available at: 〈http://www.norwep.com/Partners/Oil-Gas-Upstream〉

Norwegian Petroleum Directorate (NPD), 2010. Guidelines for plan for development and operation of a petroleum deposit (PDO) and plan for installation and operation of facilities for transport and utilisation of petroleum (PIO). Stavanger: NPD.

Norwegian Petroleum Directorate (NPD), 2017. Production Licences. [online] Available at: 〈http://www.npd.no/en/Topics/Production-licences/〉

Norwegian Petroleum Directorate (NPD), omrekningsfaktorar_engelsk. [online] Available at: 〈http://www.npd.no/global/norsk/6%20-%20om%20od/oljeordliste/omrekningsfaktorar_engelsk.pdf〉

Norwegian Technology Centre, 2002. NORSOK standard Z-016 Rev. 1, Dec 1998.

Norsk Petroleum, 2017. The Petroleum Act and the Licensing System. [online] Available at: 〈http://www.norskpetroleum.no/en/framework/the-petroleum-act-and-the-licensing-system/〉

Odland, J., 2014. Field Development Course. Stavanger: Acona.

Olesen, T. R., 2015. Offshore Supply Industry Dynamics: The Main Drivers in the Energy Sector and the Value Chain Characteristics for Offshore Oil and Gas and Offshore Wind. Frederiksberg: CBS Maritime.

Osmundsen, P., 2013. Choice of Development Concept? Platform or Subsea Solution? Implications for the Recovery Factor. Oil & Gas Facilities, 2(5), p. 64-70.

Perrons, R. K. and Donnelly, J., 2012. Who Drives E&P Innovation? Journal of Petroleum Technology, 12, p. 62-72.

Pettersen, Ø., 2006. Basics of Reservoir Simulation with the Eclipse Reservoir Simulator. Universitet I Bergen.

Raza, S. H., 1990. Data Acquisition and Analysis for Efficient Reservoir Management. SPE Annual Technical Conference and Exhibition, New Orleans, Louisiana, 23-26 Sep 1990.

Richard, D. S. and Shiladitya B., 2011. Field Development Planning and Floating Platform Concept Selection for Global Deepwater Developments, Offshore Technology Conference. Houston, Texas, 2-5 May 2011.

Richard, D., Shiladitya, B., and Ray, F., 2012. Selecting the Right Field Development Plan for Global Deepwater Development. Deep Offshore Technology. Perth,

Australia, 27-29 Nov 2012.

Roland Berger Gmbh, 2015. Think Act Beyond Mainstream: Retooling for the "New Normal" Oil & Gas Industry Environment. Munich: Roland Berger Gmbh.

Schlumberger Ltd., 2017. Oil and Gas Exploration. [online] Available at: ⟨http://www.slb.com/services/technical_challenges/exploration.aspx⟩

Standard Norway, 1996. NORSOK standard Z-DP-002 3rd ed. Oslo: Standard Norway.

Standard Norway, 2012. NORSOK standard Z-014 2nd ed. Oslo: Standard Norway.

Suslick, S.B., Schiozer, D., and Rodriguez, M. R., 2009. Uncertainty and Risk Analysis in Petroleum Exploration and Production. TERRÆ 6(1), p. 30-41.

Tordo, S., Tracy, B. S., and Arfaa, N., 2011. National Oil Companies and Value Creation. Washington D.C.: The International Bank for Reconstruction and Development/The World Bank.

U.S. Energy Information Administration (EIA), 2017. Units and Calculators. [online] Available at: ⟨http://www.eia.gov/energyexplained/index.cfm/index.cfm?page=about_energy_units⟩

Valbuena, G., 2013. Decision Making Process-a Value-Risk Trade-off Practical Applications in the Oil & Gas Industry. Management, 3(3), p. 142-151.

Ward, S., 2005. Concept Selection, Estimating and Project Economics. Petromin, 12, p. 20-29.

World Petroleum Council, 2011. Guidelines for Application of the Petroleum Resources Management System. London: World Petroleum Council.

길상철, 박관순, 조진동, 2014. 해저 석유탐사 학술정보 분석. 자원환경지질, 47(6), p. 673-681.

임현수, 2014. 석유지질학. In: 최천규 외 ed. 2014. 네이버 학문명백과: 자연과학. 서울: 형설출판사. [online] http://terms.naver.com/entry.nhn?docId=2083682&cid=44413&categoryId=44413#TABLE_OF_CONTENT23

민재형, 2015. 스마트 경영과학. 파주: 생능출판사.

서진영, 이철우, 2010. 탄성파 자료 해석을 위한 효율적인 단층면 도출 방법. 자연과학연구, 24(12), p. 77-83.

성원모, 김세준, 임종세, 이근상, 2009. 국내 석유자원량 분류체계의 표준화. 석유가스개발, 46(4), p. 498-508.

유원우, 양영순, 2011. Subsea Production System 구성에 관한 조사 연구: Multiple Well Tie-Back을 중심으로. 한국해양과학기술협의회 공동학술대회, 부산, 대한민국, 2-3 Jun 2011.

감수

양영순
현, 서울대학교 엔지니어링디자인리서치센터 교수
서울대학교 조선해양공학과 명예교수

임종세
현, 한국해양대학교 에너지자원공학과 교수
현, 한국해양대학교 생산유가스전기술개발사업단 단장

임영섭
현, 서울대학교 조선해양공학과 부교수
서울대학교 화학생물공학 박사

해양 유전 개발
해양 플랜트 산업 개론

2018년 3월 20일 1판 1쇄 펴냄
지은이 안병무 · 정우송 │ 펴낸이 류원식 │ 펴낸곳 (주)교문사(청문각)

편집부장 김경수 │ 책임진행 김보마 │ 본문편집 OPS design │ 표지디자인 유선영
제작 김선형 │ 홍보 김은주 │ 영업 함승형 · 박현수 · 이훈섭
주소 (10881) 경기도 파주시 문발로 116(문발동 536-2) │ 전화 1644-0965(대표)
팩스 070-8650-0965 │ 등록 1968. 10. 28. 제406-2006-000035호
홈페이지 www.cheongmoon.com │ E-mail genie@cheongmoon.com
ISBN 978-89-363-1731-7 (93530) │ 값 29,500원